Para Julia por su inestimable ayuda,
sus enriquecedoras aportaciones,
y su incondicional apoyo.

fisiQuotidianía

La física de la vida cotidiana

CAYETANO GUTIÉRREZ PÉREZ

2ª EDICIÓN

"Invertir en conocimientos produce siempre los mejores intereses"

(Benjamín Franklin)

ACADEMIA DE CIENCIAS DE LA REGIÓN DE MURCIA

Murcia, 2007

2ª EDICIÓN

I.S.B.N.: 978-84-611-4959-9

Depósito Legal: MU-97-2007

Printed in Spain

ÍNDICE

BREVE CURRÍCULO DEL AUTOR

Cayetano Gutiérrez Pérez (Cartagena, 1954), Lcdo. en Ciencias Químicas (Universidad de Murcia), es **Catedrático de Física y Química, Divulgador Científico**. A lo largo de su carrera docente, ha sido **Director, Jefe de Estudios, Profesor colaborador de la Universidad de Murcia**,... Tiene **14 publicaciones**, con importantes innovaciones educativas, y ha publicado **44 artículos**.

Como divulgador científico ha escrito "Fisiquotidianía, la física de la vida cotidiana" (2007), y "La actuación frente al cambio climático" (2009). "**Fisiquotidianía, la física de la vida cotidiana**", es un libro de ciencia divulgativa y recreativa, editado por la Academia de Ciencias de la R. de Murcia, y presentado en el Museo de las Ciencias "Príncipe Felipe", de Valencia, por **Manuel Toharia,** en cuya presentación afirmó que "**Fisiquotidianía es un libro extraordinario, divertidísimo, ameno, que educa divirtiendo**", y su autor "**es un científico eminente y un profesor, como hay pocos**". Los contenidos del libro se han difundido en importantes medios de comunicación, especialmente en emisoras de radio, a nivel nacional (SER, COPE, RNE, ONDA CERO, ONDA REGIONAL DE MURCIA, PUNTO RADIO, etc.), con más de **477 colaboraciones en los medios de comunicación**.

Asimismo, **es una persona comprometida éticamente con el Medio Ambiente y especialista en temas de sostenibilidad**. Su última publicación "**La actuación frente al cambio climático**", editada por la Universidad de Murcia, ha sido calificada por la "**Fundación Terra**" como "**manual vital para la concienciación ambiental**".

Por otra parte, ha sido **Director, Ponente y Responsable del Área de Ciencias Experimentales** de numerosas actividades de perfeccionamiento del profesorado, en varios Centros de Profesores y Recursos, tanto en Ciencias Experimentales, como en Formación de Equipos Directivos.

Ha participado en numerosas actividades en el campo de la innovación, experimentación e investigación educativa y ha obtenido varios premios. Es miembro de la "**Asociación Española de Comunicación Científica**" (AECC). En resumen, siempre he sido una persona comprometida con la enseñanza, a la que le ha aportado lo mejor de sí mismo, siendo consciente de que no hay una manera perfecta de enseñar ciencia.

Más información: **http://www.cayetanogutierrez.net/sobre-mi/**.

EDITORIAL (1ª Edición)

Los fines de la Academia de Ciencias de la Región de Murcia, tal y como vienen fielmente expresados en el Artículo 1 de sus Estatutos, son el cultivo, fomento y difusión de las Ciencias Exactas, Físicas y Naturales, y sus aplicaciones, especialmente en el ámbito de la Región de Murcia. La reciente Ley 2/2005, de 11 de marzo, de Academias de la Región de Murcia, viene a refrendar esos objetivos cuando establece que "Las academias realizan su función de estudiar y observar, así como de investigar la realidad en sus diversos ámbitos y de trasladar sus estudios, informes, asesoramientos y consideraciones a la sociedad, con independencia y objetividad; de ahí que ejerzan también una labor de transmisión de conocimientos y de saberes."

Desde su constitución, y celebrando estos días su cuarto aniversario, esta academia ha puesto su máximo empeño y dedicación en aumentar la cultura científica de sus conciudadanos. El cultivo, fomento y difusión de los avances científicos y tecnológicos no sólo contribuirá a la mejora de las condiciones de vida materiales de la sociedad, sino que –decisivamente- logrará una sociedad más libre, justa y equilibrada en cuanto que haya sido capaz de acceder a las más altas cotas de la cultura.

La declaración por la UNESCO de 2005 como Año Internacional de la Física va a suponer un año de especial significado para la Ciencia y sus aplicaciones. La Academia de Ciencias ha querido estar en su sitio, ser fiel a sus principios y poner a disposición pública una serie de preguntas y respuestas que deseamos sirvan de acicate para crear afición a la Ciencia y estimular la curiosidad por esa ciencia del día a día que, formando parte de nuestras vidas, se hace casi imperceptible, aunque no por ello de menor importancia. Esta obra, concebida como un intento en esa dirección, refleja la experiencia acumulada de un docente inquieto que se ha rebelado contra la atonía galopante de su entorno más cercano. En una época donde parece que casi todo se puede encontrar en Internet, la letra impresa –por lo que tiene de inmediatez, cercanía, organización y legado- sigue reclamando su hueco en cualquier biblioteca.

Se trata de una invitación a la hermosa tarea de hacerse preguntas con el ánimo de responderlas. Queremos divulgar la Ciencia y sus aplicaciones de manera amena y rigurosa, procurando la concordia entre ambas, pero a sabiendas de lo que es esta obra, lo que pretende y los lectores a quienes va destinada. Debe quedar claro, pues, que la Academia ha considerado oportuno la presente edición, pero sólo su autor es el responsable de su contenido.

El capítulo de agradecimientos comienza con uno muy especial para la Dirección General de Universidades, que a través de la Fundación Séneca ha patrocinado la presente edición. Al autor, Cayetano Gutiérrez Pérez, por su encomiable esfuerzo de redacción y composición para que *Fisiquotidianía* llegue a sus lectores en las mejores condiciones. Al Dr. Rafael García Molina, por haber dado a conocer esta obra a la Academia y su continuo asesoramiento. Y a Compobell, por su habitual maestría como hacedora de libros.

Ángel Ferrández Izquierdo
Presidente de la Academia

PRÓLOGO (1ª Edición)

Una parte apreciable de la sociedad actual no es consciente de la importancia que tiene la Ciencia, en general, y la Física, en particular, en nuestras vidas cotidianas. De hecho, en nuestra actividad diaria somos usuarios, y en muchas ocasiones totalmente dependientes, de multitud de dispositivos que se han desarrollado basándose en principios físicos.

Son muchos los ejemplos que podrían citarse. Los reproductores de discos compactos. Los omnipresentes códigos de barras que identifican los productos en los supermercados. La mensajería electrónica. La tecnología digital. Los aparatos de diagnosis y tratamiento médicos. Los ordenadores... y tantísimos aparatos cotidianos que sería prolijo enumerar.

Todo lo anteriormente citado no hubiera sido posible sin importantes descubrimientos realizados en diversas áreas de la Física, tales como la Óptica, la Electrónica, la Mecánica Cuántica, etc. Descubrimientos derivados tanto de la investigación aplicada como de la investigación básica, esta última, en muchas ocasiones, discriminada frente a la primera en aras de una supuesta rentabilidad inmediata del trabajo realizado.

Si reflexionamos un poco, nos daremos cuenta que prácticamente todo el sistema de alumbrado y suministro energético en las grandes ciudades y también en áreas rurales está basado en el Electromagnetismo, una parcela de la Física que comenzó a desarrollarse a principios del siglo XIX, sin el propósito de ninguna aplicación inmediata, únicamente para entender la relación entre la materia y los fenómenos eléctricos y magnéticos. A principios del siglo XX surgió la Mecánica Cuántica, otra revolución en la Física que ha tenido como consecuencia, entre otras muchas cosas, la proliferación y miniaturización de los dispositivos electrónicos a los que estamos tan acostumbrados hoy en día. Hasta algo tan abstracto como la Teoría de la Relatividad General ha posibilitado la puesta a punto del moderno sistema de posicionamiento sobre la superficie terrestre (conocido por las siglas GPS) que ya incorporan muchos coches familiares.

Pero de tanto convivir con estos dispositivos, apenas les otorgamos importancia y no somos conscientes de la gran cantidad de procesos y principios científicos que han intervenido en su fabricación y que seguirán siendo necesarios para disponer de nuevos productos. La mejora de la calidad de vida, indefectiblemente, pasa por aumentar los conocimientos científicos e invertir más recursos en investigación y desarrollo.

Quizá, la forma más evidente de apreciar la omnipresencia de la Ciencia en nuestra vida es cuando “algo” falla, deja de funcionar o escasea. Por ejemplo, notamos la crisis energética porque los combustibles son cada vez más caros o se producen restricciones en el suministro de corriente eléctrica durante algunas épocas del año. Unos conocimientos mínimos de los fundamentos físicos que intervienen en la generación y transformación de energía son esenciales para ahorrar muchos recursos energéticos.

Así, pues, es deseable y necesario que la población tenga una mayor cultura científica, y para ello son imprescindibles los libros (así como otro tipo de actividades) dedicados a la divulgación científica.

Cayetano Gutiérrez Pérez es Catedrático de Física y Química, en el Instituto de Educación Secundaria "Politécnico", de Cartagena. Su curiosidad (algo innato en las personas humanas y que todos deberíamos cultivar con esmero, para que no decaiga nunca), así como su deseo de enseñar, le ha llevado durante años a recopilar informaciones y hechos diversos relacionados con la Física del mundo que nos rodea. Ahora nos ofrece en este libro un número apreciable de cuestiones y curiosidades físicas (329 cuestiones, más de 120 curiosidades y anécdotas científicas, y 51 lecturas complementarias), aunque también las hay relativas a otras disciplinas del conocimiento humano. Están presentadas de una forma amena y amigable, sin excesivos tecnicismos, aunque sin renunciar al lenguaje científico, de manera que su lectura resulte entretenida y curiosa para cualquier tipo de público.

Las cuestiones cubren un amplio y variado espectro de tópicos, temas y situaciones, no desprovistos de ciertos toques de humor. El rigor y profundidad con que se discute cada cuestión es variable, predominando un nivel medio, asumible por cualquier lector sin necesidad de ser un especialista en la materia. Pero también se ofrecen discusiones más extensas, para lectores más exigentes o curiosos. Así, pues, las respuestas (por su extensión, su profundidad...) pueden satisfacer a unos y dejar inquietos a otros. Una vez despierto el gusanillo de la curiosidad, cada persona puede (y debería) acudir a bibliografía más especializada, para documentarse, contrastar y ampliar sus conocimientos, de manera que, en caso de duda, pueda sacar sus propias conclusiones.

Puesto que este tipo de cuestiones son ideales para estimular la curiosidad del público, la recopilación que ha preparado Cayetano ayudará, con toda seguridad, a que el lector preste más atención a los objetos y fenómenos que nos rodean, y reflexione sobre los principios físicos (y los científicos, de ambos géneros, de tantos países...) a los cuales se debe su desarrollo. Aparte de la adquisición de algunos conocimientos concretos, espero que comprenda la relevancia que tiene la Ciencia (en general) y la Física, en particular, para el desarrollo (sostenible) de nuestra sociedad.

Murcia, 28 de abril de 2005
(Día en que Correos emite un sello dedicado al Año Mundial de la Física)

Rafael García Molina
Profesor Titular de Física Aplicada
Universidad de Murcia

INTRODUCCIÓN (1ª Edición)

¿Por qué somos más altos por las mañanas que por las noches? ¿Por qué se mide en nudos la velocidad de los barcos? ¿Por qué los pájaros no caen de las ramas del árbol cuando duermen? ¿Por qué se oye el mar en una caracola? ¿Por qué parece el Sol más grande al amanecer? ¿Por qué enfría el agua un botijo? ¿Por qué las enredaderas trepan de derecha a izquierda, en el hemisferio norte? ¿Por qué es más fácil batir récords de atletismo en Madrid que en Moscú? ¿Es azul el cielo en los demás planetas? ¿Por qué algunas personas pueden caminar sobre el fuego la noche de San Juan sin quemarse? ¿Por qué algunos animales ven en blanco y negro? ¿Por qué el hielo se debe colocar encima de las latas de refrescos para que se enfríen bien?... y tantas otras preguntas y curiosidades científicas, tienen su respuesta en el presente libro, cuyo propósito principal es fomentar la afición por la ciencia recreativa y divulgativa, en personas de cualquier edad, ya que para hacer ciencia no se requiere ningún requisito especial, tan sólo sentir la necesidad de aprender. No obstante, este libro puede suponer una gran ayuda a los profesores de ciencias, especialmente de Física, tanto de Enseñanza Primaria, Secundaria, e incluso Universitaria, ya que aunque el carácter del libro es propedéutico, no por ello, carece de rigor.

A lo largo de mi dilatada carrera profesional, como docente, siempre pude comprobar que los alumnos disfrutaban enormemente cuando veían una relación directa entre los conceptos abstractos de la física y los fenómenos de la vida cotidiana, pudiéndose explicar estos últimos con los primeros. Por otra parte, la mejor manera de estimular la curiosidad y el interés de las personas es brindándoles abundantes oportunidades de participación activa. Además, la interacción social en forma de discusión y cooperación entre las personas es uno de los factores que promueven el desarrollo intelectual. Por todo ello, poco a poco, fui recopilando abundante información sobre la explicación de numerosos fenómenos cotidianos, así como una gran cantidad de curiosidades científicas, que me ha permitido la elaboración del presente libro.

Siendo consciente de que no hay una manera perfecta de enseñar ciencia, este trabajo pretender ser una pequeña aportación para mejorar la enseñanza y aprendizaje de la misma. No obstante, he huido de un vocabulario excesivamente específico o rebuscado y de demostraciones matemáticas complicadas, que pudiesen ahuyentar al lector, por lo que sólo he recurrido a fórmulas físicas en limitadísimas ocasiones, por ser imprescindible para la explicación del fenómeno estudiado.

Entre los objetivos que persigue este libro, destacaría los siguientes:

- Mostrar que la Física es una disciplina encaminada a conocer y entender la naturaleza, en beneficio de toda la sociedad.

- Poner de manifiesto que la Física está estrechamente relacionada con otras ramas del saber, permitiendo el avance de la tecnología, y, consecuentemente, el progreso de la humanidad.

- Evidenciar que la Física se construye a partir de la experimentación, razonamiento crítico e imaginación creativa.

- Estimular la creatividad y pensamiento reflexivo.

Espero que el esfuerzo que ha supuesto la elaboración del presente libro, **con sus 329 preguntas, más de 120 curiosidades y anécdotas, y 51 lecturas complementarias**, surta los efectos deseados y logre atraer a todos esos ciudadanos llenos de inquietudes, creatividad, imaginación y con muchas ganas de aprender a aprender.

Conviene recordar que la educación, en general, permite la adaptación de las personas al entorno en el que se desenvuelven, preparándolas para un desarrollo integral y una vida personal satisfactoria, que puedan disfrutarla con responsabilidad. Pero más concretamente, la educación científica contribuye a que los ciudadanos desarrollen los valores y destrezas intelectuales necesarios para ser personas capaces de pensar por sí mismas y afrontar la vida de forma inteligente y responsable. Asimismo, aporta los elementos necesarios para participar racionalmente en la construcción de una sociedad democrática, plural, abierta, tolerante, libre, próspera, solidaria, respetuosa con el medio ambiente y justa.

El año 2005 ha sido proclamado Año Internacional de la Física, por la **Organización de la Naciones Unidas** (ONU), ya que este año se cumple el centenario de la publicación de varios trabajos de Albert Einstein que han sido las bases de la Física moderna. Con este gesto se pretende rendir el merecido homenaje a este gran físico y tratar de acercar esta disciplina a todos los ciudadanos del mundo. Pues bien, curiosamente, este centenario coincide con mis 25 años de docencia. Por este motivo, esta es una gran ocasión para aportar mi pequeño granito de arena, en estas fechas conmemorativas, con la presentación de este libro, fruto de esos 25 años dedicados a la enseñanza. En todos estos años, ilusionado con mi profesión, siempre he disfrutado y sigo gozando como el primer día, al intentar que cada curso académico sea diferente del anterior, para no caer en el llamado síndrome del "profesor quemado".

Por último, si alguien piensa que la ciencia es aburrida, monótona y soporífera, comete un gran error. Por el contrario, la ciencia, en general, y la física, en particular, permite disfrutar y divertirse aprendiendo y adquiriendo unos conocimientos y estrategias útiles para nuestra vida cotidiana, que van a permitir desarrollar la imaginación y la creatividad; es decir, el pensamiento divergente, y, por tanto, la consecuente gratificación emocional que este hecho producirá en el lector. Prueba de ello es la presente obra, que seguro que logrará despertar la curiosidad y la imaginación de muchos de sus lectores. Como afirmaba **William Shakespeare**: ***"Sabemos lo que somos, pero ignoramos lo que podemos ser"***, por este motivo te invito a leer este libro, asegurándote que gozarás con su lectura y puede que acabe despertando tu espíritu científico.

Finalmente, quiero dedicar el presente libro a todas aquellas personas que siempre han confiado en mí, por su animosa y continuada ayuda y su gran apoyo moral.

No sería justo finalizar esta introducción sin expresar mi agradecimiento a la **Academia de Ciencias de la Región de Murcia**, muy especialmente a su Presidente, **Ángel Ferrández Izquierdo**, y al profesor, **Rafael García Molina,** del Departamento de Física, de la Universidad de Murcia, por la confianza que depositaron en esta publicación y las valiosas sugerencias que aportaron a la misma.

Cayetano Gutiérrez Pérez
Cartagena, mayo de 2005

INTRODUCCIÓN (2ª Edición)

Me gustaría comenzar resaltando la importancia que tiene la ciencia en la sociedad, ya que la educación científica contribuye a que los ciudadanos desarrollen los valores y destrezas intelectuales necesarios para ser capaces de pensar por sí mismos y afrontar la vida de forma inteligente y responsable. Además, aporta los elementos necesarios para participar racionalmente en la construcción de una sociedad libre, abierta, próspera y respetuosa con el medio ambiente.

De un modo u otro, a todos nos afecta el desarrollo científico tecnológico, ya que en palabras de D. Manuel Toharia, **"Si entendemos mejor el mundo tecno-científico somos más libres para tener opinión propia y es más difícil que nos engañen los demás"**.

La Ciencia y la Tecnología son las auténticas locomotoras que mueven los países. En los próximos años la carrera por el conocimiento va a ser muy dura y los países que no estén preparados para ello fracasarán, perdiendo la batalla del progreso, porque su independencia científica y tecnológica será prácticamente nula. La repercusión para los países que no inviertan en investigación, desarrollo, e innovación (I+D+i) será que no atraerán nuevas inversiones y perderán las ya existentes.

Como ilustración de esto, en Japón y EE.UU. el porcentaje del producto interior bruto (PIB) para I+D+i es alrededor del 3%, mientras que la media europea ronda el 2%. Si Europa no recupera pronto el tiempo perdido, irá al fracaso, ya que los capitales no tardarán en huir. En España la situación es aún peor, ya que en 2005 el porcentaje del PIB para inversión en I+D+i fue del 1,13%, en este asunto nos definimos a nosotros mismos al figurar a la cola de la Unión Europea. A esto hay que añadir que los países emergentes están invirtiendo grandes cantidades, prueba de ello es que a finales de 2006, China será el segundo país después de EE.UU. en dicha inversión.

En este sentido, **es fundamental potenciar la presencia de la ciencia y la Tecnología en la enseñanza**, incrementando la cultura científica de nuestros jóvenes y acercando nuestros científicos a la sociedad, con el objetivo de valorar la tarea que realizan. Debemos hacer todo lo posible para que los ciudadanos incrementen su cultura científica, que es muy baja, como consecuencia de la escasa importancia que le dan a la misma la mayoría de los políticos y medios de comunicación. La escasa importancia que la mayoría de los políticos prestan a la ciencia se refleja en el progresivo descenso de horas lectivas de Ciencia y Tecnología en nuestro sistema educativo llevado a cabo por los diferentes gobiernos del país. Y esa miopía política pasará factura al país, será cuestión de tiempo.

Resulta paradójico que por un lado sea difícil ser investigador y por el otro falten investigadores. El número de licenciados en la mayoría de las universidades europeas, incluida la española, sigue decreciendo, pese a que aumenta la población. En España no generamos el número de investigadores que necesitamos, según señala el Presidente del CSIC, y vamos a requerir más de 50.000 investigadores hasta 2010.

Una vez resaltada la importancia de la ciencia en la sociedad, quiero señalar que una de las características principales del libro es su **versatilidad**, pudiéndose adaptar a cualquier nivel educativo, desde educación infantil hasta la universidad, adecuando la profundización de las respuestas a las preguntas planteadas, ya que aunque el carácter del libro es propedéutico, no por ello, carece de rigor. En este sentido, **va dirigido a personas de cualquier edad y con cualquier tipo de formación y puede ser de gran ayuda a los profesores de ciencias como material curricular**, para hacer más atractiva la asignatura.

Recordemos que el objetivo principal del libro es romper con el tópico del carácter abstracto y aburrido de la física, ofreciendo los aspectos más divertidos, curiosos y creativos de la misma. Además, el libro cubre parte de las lagunas existentes en el mercado editorial para transmitir la física de una forma diferente y logra atraer a la gente que la rechaza por su forma tradicional de exponerse.

La 1ª Edición, fue subvencionada por la **Fundación Séneca, de la Dirección General de Universidades y Política Científica,** de la Consejería de Educación y Cultura de la C. A. de la R. de Murcia, y distribuida gratuitamente a todos los institutos de la región, pero ante el éxito, nos vimos obligados a realizar la segunda reedición no subvencionada, que se presentó, en Cartagena, el 1 de diciembre de 2005, en el salón de actos de Caja Murcia.

Agotada la 1ª Edición y reedición, y tras continuar la demanda por parte de los lectores, nos planteamos publicar una 2ª Edición incorporando todas aquellas preguntas y curiosidades que no incluí en la primera y revisando el contenido de algunas preguntas, para mayor clarificación. Por supuesto, he incrementado el número de preguntas, curiosidades y datos científicos, contando ahora con **337 preguntas, más de 356 curiosidades**

y anécdotas, 71 lecturas complementarias, incluidos 10 consejos ecológicos y 13 experimentos de física recreativa. Entre las novedades de la 2ª Edición, destacaré los consejos ecológicos y los experimentos de Ciencia recreativa.

CONSEJOS ECOLÓGICOS: Siempre he compartido y he hecho mía la famosa frase del político y filósofo inglés Edmund Burke: **"El mayor error lo comete quien no hace nada porque sólo podría hacer un poco"**. Siguiendo el espíritu de esta frase, me considero una persona responsable y comprometida éticamente con el Medio Ambiente, que como tal, no puede estar ajena al calentamiento global, por tratarse del problema ecológico más grave que en la actualidad tiene el planeta Tierra. En este sentido, con la inclusión de estos consejos ecológicos, he pretendido poner de manifiesto que el desarrollo de determinados hábitos de consumo puede ser la clave para ganarle la batalla al cambio climático. Con tal fin, he incorporado al final de cada bloque temático los siguientes consejos ecológicos:

- ✌ El cambio climático (Pág. 48)
- ✌ Medidas para paliar el cambio climático (Pág. 66)
- ✌ Las viviendas bioclimáticas (Pág. 87)
- ✌ Instala energías renovables en tu casa (Pág. 98)
- ✌ Cómo ahorrar agua (Pág. 141)
- ✌ El reciclaje (Pág. 185)
- ✌ Coches y ahorro energético (Pág. 219)
- ✌ Las etiquetas energéticas (Pág. 238)
- ✌ El uso del "stand by" (Pág. 271)
- ✌ El uso de la bicicleta (Pág. 290)

EXPERIMENTOS DE FÍSICA RECREATIVA: Por diversas razones, en la 1ª Edición sólo pude incluir un número reducido de experimentos de Ciencia recreativa. Convencido del valor didáctico de los mismos, como aplicación práctica de algunos de los principios científicos expuestos en el libro, he incorporado en esta edición 10 experimentos más, que puede visualizarlos en mi canal de youtube "**disfrutalaciencia**" (https://goo.gl/N57K4O), dedicado a Ciencia Recreativa y Medio Ambiente.

Los experimentos incluidos son los siguientes:

- ☺ Un bote de arroz mágico (Pág. 63)
- ☺ Un globo mágico (Incluido en la 1ª edición) (Pág. 121)

☺ Un bote equilibrista (Incluido en la 1ª edición) (Pág. 123)
☺ Un vaso mágico (Incluido en la 1ª edición) (Pág. 125)
☺ El globo que no explota (Pág. 127)
☺ Un globo sorprendente (Pág. 129)
☺ La botellas mágica (Pág. 130)
☺ ¿Cómo levantar a una persona soplando? (Pág. 133)
☺ ¿Cómo funciona un submarino? (Pág. 135)
☺ Un gigante invisible aplasta una botella (Pág. 138)
☺ El huevo mágico (Pág. 180)
☺ ¿Puede hervirse el agua en un recipiente de papel? (Pág. 182)
☺ El reloj frutero (Pág. 269)

Para mayor información sobre el libro se puede visitar mi página web **http://www.cayetanogutierrez.net/** (o **www.disfrutalaciencia.es)**, con información completa sobre el mismo, y a través de la cual el lector puede contactar conmigo vía correo electrónico.

La evolución del libro en su primer año de vida ha sido francamente positiva y las expectativas despertadas han resultado ser muy superiores a las que yo esperaba. Prueba de ello han sido:

- las numerosas entrevistas realizadas por los diferentes medios de comunicación social,
- las más de **900 referencias** que aparecen en el buscador **GOOGLE**,
- la publicación de reseñas en la web **www.fisimur.org**, de la **Asociación de Estudiantes de Física de la Universidad de Murcia** y en la revista electrónica **"Eureka"** (**www.apac-eureka.org/revista**), sobre enseñanza y divulgación de las ciencias,
- la difusión de los contenidos del libro en la emisora **COPE** de Cartagena, a lo largo de 17 programas, y actualmente en la emisora **Onda Regional de Murcia,** en un programa semanal de ciencia recreativa para toda la Región, con 18 programas emitidos hasta la fecha.

Lo más gratificante de esta experiencia ha sido conseguir que tanto padres e hijos, jóvenes y mayores disfrutaran haciendo ciencia, analizando sus preguntas y curiosidades, y comprobando los experimentos de ciencia recreativa, según he podido constatar en las numerosas charlas impartidas en este período.

Finalmente, una de las últimas satisfacciones ha venido de la mano de **Dr. D. Manuel Toharia Cortés**, director del **Museo de las Ciencias**

"Príncipe Felipe", de la Ciudad de las Artes y de las Ciencias de Valencia, con su generoso ofrecimiento para realizar una nueva presentación, en ese magnífico museo, para dar a conocer mi humilde aportación a la difusión de la ciencia. Esta nueva presentación tuvo lugar el 16 de enero de 2007, con un acto organizado conjuntamente por dicho museo, la Academia de Ciencias de la Región de Murcia y la Consejería de Educación de la Comunidad Autónoma de la Región de Murcia, y en la misma intervinieron **D. Manuel Toharia Cortés, D. Ángel Ferrández Izquierdo** (Presidente de la Academia de Ciencias de la Región de Murcia) y yo mismo.

En el capítulo de agradecimientos, deseo expresar mi gratitud a la **Academia de Ciencias de la Región de Murcia**, muy especialmente a su Presidente, D. **Ángel Ferrández Izquierdo**, y al profesor, D. **Rafael García Molina,** del Departamento de Física, de la Universidad de Murcia, por la confianza que depositaron en esta publicación y sus valiosas sugerencias. Asimismo, a **D. Francisco García García, Subdirector General de Programas Educativos y Formación del Profesorado,** de la Consejería de Educación y Cultura de la C. A. de la R. de Murcia. Y como no, al **Museo de las Ciencias "Príncipe Felipe", y en particular al director del mismo D. Manuel Toharia Cortés, y a D. José Antonio Gordillo Martorell,** del Departamento de Promoción y Publicidad, por la gentileza que han tenido al permitirme presentar mi libro este museo tan emblemático.

Igualmente, deseo resaltar el apoyo de numerosos medios de comunicación, por su valioso papel en la difusión de la ciencia: **Onda Regional de Murcia**, **Cadena COPE, Cadena Ser, Onda Cero, Radio Nacional de España, Radio Exterior de España,** diario **"La Verdad"** y **"La Opinión"**, y **Tele Cartagena**.

También hago constar mi agradecimiento a mis compañeros **D. Julián Galindo Carbonell**, Jefe del Departamento de Educación Física y Deportiva, del I.E.S. "Politécnico", de Cartagena, y Director de la revista electrónica Cybertrokel, que ha realizado las fotografías y vídeos de los diferentes experimentos de ciencia recreativa y los ha incluido en diversas páginas web y a **D. Salvador Martínez Pérez**, por el diseño de la portada. Igualmente, a **D. Miguel Manzano García**, coordinador de la web **www.fisimur.org** de la Asociación de Estudiantes de Física, de la Universidad de Murcia, por la colaboración en la difusión del libro. Asimismo, haré una mención especial a **Dª. Julia Torres Vera**, por su inestimable ayuda en la redacción y diseño de la 2ª Edición. A todos ellos agradezco la confianza que depositaron en esta publicación y las valiosas sugerencias que aportaron a la misma.

Por último, quiero dedicar el presente libro a todas aquellas personas que siempre han confiado en mí, por su animosa y continuada ayuda y su gran apoyo moral.

Si alguien piensa que la ciencia es aburrida y monótona, comete un gran error. Por el contrario, tal y como he tratado poner de manifiesto en la presente obra, la ciencia permite disfrutar y divertirse aprendiendo, desarrollar la imaginación y la creatividad, y nos proporciona conocimientos y estrategias útiles para nuestra vida cotidiana.

Espero que el esfuerzo que ha supuesto la elaboración de este libro, surta los efectos deseados y logre interesar a los ciudadanos que ya tenían esa inquietud por conocer la ciencia de la vida cotidiana, y despertar el interés de aquellos que aún no la sentían.

Quiero concluir esta introducción con la idea de que **un país que invierte en Ciencia y Tecnología está realizando una auténtica apuesta de futuro**, por eso este libro pretende difundir la ciencia para fomentar nuevas vocaciones científicas, de las que nuestro país es tan deficitario. Os invito a leerlo, con la absoluta garantía de que gozaréis con su lectura y con la esperanza de que acabe despertando el espíritu científico de alguno de los lectores, ya que como dijo **Miguel de Unamuno: "*Nos debe importar poco lo que somos, lo realmente importante es lo que queremos ser*"**.

Cayetano Gutiérrez Pérez
Cartagena, enero de 2007

MOVIMIENTOS

MOVIMIENTOS

CURIOSIDADES Y PREGUNTAS	
¿Por qué una agencia cobra más caro el viaje de ida, desde una ciudad de la desembocadura del río hasta otra situada en su curso medio, que el de vuelta?	¿Sabías que el rey Enrique VIII definió la yarda como la distancia existente entre la punta de su nariz y la punta de su pulgar con el brazo completamente extendido?
Si queremos cruzar perpendicularmente un río a nado, ¿en qué dirección hemos de nadar para llegar a la orilla opuesta?	¿Por qué parece que la Luna sigue nuestro mismo trayecto cuando viajamos en cualquier medio?
¿Por qué las moscas vuelan igual en el aire en reposo que dentro de un tren en marcha?	¿Sabes a qué velocidad se mueve nuestro sistema solar por el universo?
¿A qué velocidad se separan América del norte y América del sur?	¿Por qué en el universo no existe ningún cuerpo en reposo absoluto?
¿A qué velocidad sale el aire al toser?	¿Con qué velocidad caen las gotas de lluvia?
¿Cuál es el mamífero más veloz?	¿Con qué velocidad crece el pelo?
¿Cuál es el ave más veloz?	¿Cuál es el pez más rápido?
¿Sabías que un avión llegó a dispararse a sí mismo?	El animal más lento es el caracol, pero ¿conoces su velocidad?
¿Se puede superar la velocidad de la luz?	¿Qué acontecimientos suceden en el mundo en 1 segundo?
¿Cuántas veces aletea una mosca en un segundo?	¿A qué dedican el tiempo las personas a lo largo de su vida?
El año en que vivimos (calendario católico) es diferente del calendario judío, budista, musulmán, chino, etc., ¿a qué se debe?	¿Sabías que el crecimiento de las uñas es mucho más rápido en los niños que en los adultos, mayor en verano que en invierno?
¿Por qué se mide en nudos la velocidad de los barcos?	¿Por qué el 3 de septiembre de 1752 jamás existió en Inglaterra?
¿Por qué en Francia hubo semanas de 10 días en 1792?	¿Crees que los años siempre han empezado el 1 de enero?
¿Quién inventó el año bisiesto?	¿Cuánto espacio recorre una persona a lo largo de su vida?

CURIOSIDADES Y PREGUNTAS

¿Por qué algunas de las estrellas que vemos en una preciosa noche de verano puede que no existan realmente?	**El mamífero más lento es el perezoso, que se mueve a una velocidad de 1 km por mes y duerme 20 horas diarias.**
A los diez años ya no tenemos ninguna de las células con las que nacemos, salvo unas pocas células.	**El diámetro del tronco de un árbol varía a lo largo del día, alcanzando su máximo valor durante la noche y su mínimo valor a mediodía.**

PROBLEMA DE LÓGICA

Un senderista sale de su casa y camina 10 km hacia el Sur, luego otros 10 km hacia el este y finalmente recorre otros 10 km hacia el norte. Tras todo ese largo recorrido se encuentra de nuevo en casa, donde le está esperando un enorme oso. ¿De qué color es el oso y por qué?

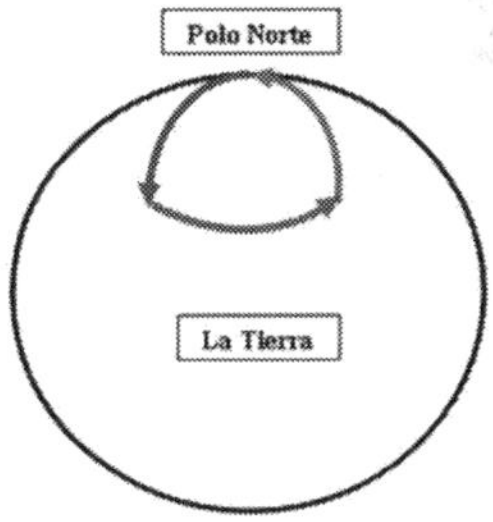

(**Solución:** El oso debe ser blanco, porque el único punto de la Tierra donde al realizar ese recorrido (triángulo curvo) llegas al mismo lugar desde el cual saliste es el Polo Norte, y en el Polo Norte sólo puede haber osos blancos)

No uses el coche en los desplazamientos cortos en ciudad. Si los haces andando contribuirás a disminuir el cambio climático.

MOVIMIENTOS

PREGUNTAS Y RESPUESTAS

1. ¿Por qué algunas de las estrellas que vemos en una preciosa noche de verano puede que no existan realmente?

   Porque las estrellas, como los seres vivos, también tienen un ciclo vital, por lo que nacen y mueren. Así cuando vemos una estrella puede que ya no exista, bien porque haya desaparecido al explotar o porque haya sido tragada por un agujero negro. Como la luz que emite, a pesar de que viaja a 300.000 km/s, tarda mucho tiempo en llegar al planeta Tierra, cuando llega es posible que ya no exista dicha estrella.

   Igualmente, puede suceder lo contrario. Algunas de las estrellas que existen actualmente no las podemos ver en una noche estrellada, porque se han formado hace poco tiempo y su luz aún no ha llegado a la Tierra.

2. ¿Se puede superar la velocidad de la luz?

   La luz viaja en el vacío a una velocidad máxima de 300.000 km/s. Einstein demostró que ninguna partícula material puede alcanzar la velocidad de la luz en el vacío. Sin embargo, algunas partículas generadas en reacciones nucleares, como las partículas beta (que son electrones), se mueven a 290.000 km/s, valor próximo al de la luz.

3. Una compañía de navegación fluvial, cobra más caro el viaje de ida, desde una ciudad de la desembocadura del río hasta otra situada en su curso medio, que el de vuelta. ¿Por qué?

Porque la velocidad resultante de marcha (suma de la del barco y la del río) es menor en la ida que en la vuelta. Por tanto, en el viaje de vuelta el barco consume menos combustible que en el de ida.

4. Si queremos cruzar transversalmente un río a nado, ¿en qué dirección hemos de nadar para llegar a un punto situado justo frente al lugar de salida en la orilla opuesta?

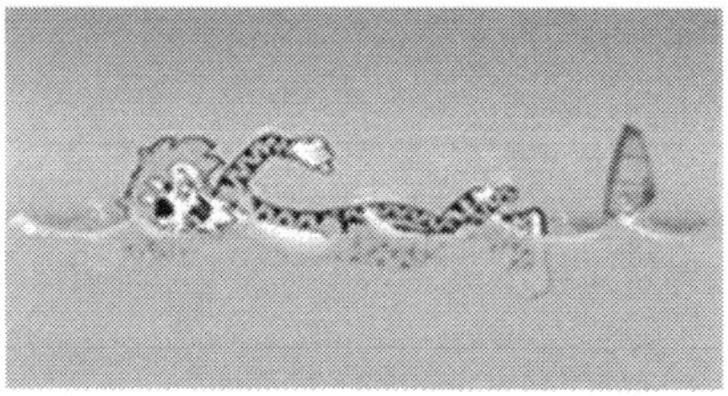

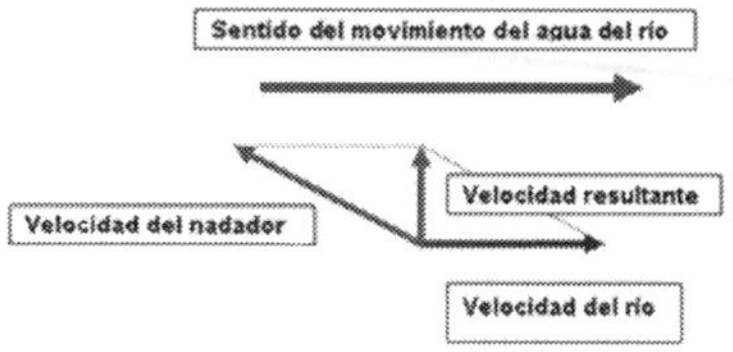

Tendremos que nadar en una dirección ligeramente oblicua, contra la corriente, para que, por composición de movimientos, alcancemos el punto deseado en la orilla opuesta.

5. ¿Por qué las moscas vuelan igual en el aire en reposo que dentro de un tren en marcha, que se mueve a velocidad constante y con una trayectoria recta?

Porque el tren en marcha lleva un movimiento rectilíneo y uniforme y constituye un sistema inercial, y, por tanto, en su interior no hay ninguna fuerza externa que actúe sobre la mosca y que le haga modificar su estado de movimiento. No sucedería lo mismo, si el tren frenase o acelerase, ya que entonces la mosca sí se vería sometida a una fuerza y se movería hacia delante (si el tren frena) o hacia atrás (si el tren acelera). Tampoco ocurre lo mismo, en una curva, debido a la fuerza centrípeta (la mosca se iría hacia el exterior de la curva). Este mismo fenómeno tendría lugar cuando una persona lanza una pelota hacia arriba en un tren. Sólo caería en la mano si lleva un movimiento rectilíneo y uniforme, pero no caerá en la mano cuando frene o acelere, o en una curva.

6. ¿Por qué parece que la Luna sigue nuestro mismo trayecto cuando viajamos en cualquier medio?

La Luna se encuentra a unos 385.000 km de distancia de la Tierra. En comparación con esa distancia el recorrido de un auto u otro medio de transporte es ínfimo y al mirar la Luna es difícil establecer esa diferencia, dando la sensación de que la Luna nos sigue en nuestro trayecto.

7. ¿A qué velocidad caen las gotas de lluvia?

Seguro que en alguna ocasión, al ver llover nos hemos preguntado a qué velocidad caen las gotas de lluvia. Pues bien, su velocidad aumenta progresivamente, hasta que la fuerza de rozamiento ofrecida por el aire se equipara con el peso. A partir de ese momento, adquiere una velocidad constante (denominada velocidad límite o terminal), cuyo valor depende del tamaño de la gota. Cuanto más gorda sea, más rápidamente cae. Así, una gota de una décima de milímetro de diámetro alcanza una velocidad límite de 14,4 km/h, mientras que si tiene 6 mm de diámetro cae a una velocidad límite de 38 km/h. Lo mismo que con las gotas de agua sucede con cualquier otro cuerpo en caída libre en el aire (donde hay rozamiento), como un paracaidista. Así una persona, de 80 kg, que se lance desde un avión, a 3.000 m de altura nunca caerá a más de 250 km/h. En caída libre una persona cayendo boca abajo y con un traje de goma ha logrado alcanzar la espectacular velocidad de 526 km/h.

CURIOSIDADES SOBRE VELOCIDADES

- El récord de velocidad lo posee el avión no tripulado X-43, de la NASA, que alcanzó los 7.700 km/h (más de 6 veces la velocidad del sonido, es decir, más de 6 Mach), en marzo de 2004.
- A temperatura ambiente (20 °C), una "molécula" de aire viaja a la velocidad de una bala de fusil (800 m/s).
- El viento de superficie alcanzó su máxima velocidad, en 1934, en el Monte Washington, en New Hampshire (USA), adquiriendo una velocidad de 372 km/h.
- Los balines de una escopeta de aire comprimido alcanzan velocidades que oscilan entre los 150 y los 200 m/s. Los proyectiles de una carabina de caza pueden llegar a los 600 m/s.
- El animal más lento es el caracol que avanza 1,5 mm por segundo.
- Entre los mamíferos, los animales más lentos son los perezosos que se mueven a una velocidad de 1 km por mes y duermen 20 horas diarias.

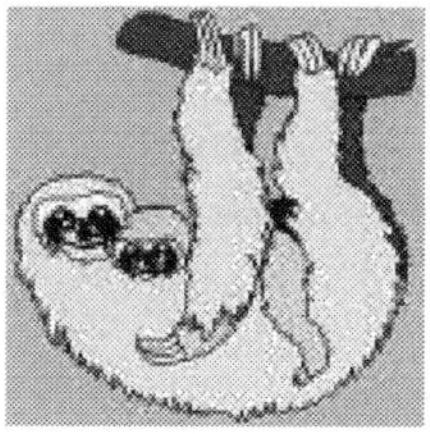

- Cada tipo de células vive un tiempo determinado y se renuevan cada cierto tiempo, por lo que a partir de los diez años ya no tenemos ninguna de las células con las que nacemos, salvo las neuronas de la corteza cerebral, las células de la lente interna del ojo y algunas células musculares del corazón. Así, por ejemplo, los glóbulos rojos sólo viven 120 días; las células de la epidermis se renuevan cada 2 semanas; las células de los huesos cada 10 años, y las del hígado tienen un plazo de regeneración de entre 300 y 500 días.

- El diámetro del tronco de un árbol varía a lo largo del día, de tal manera que alcanza su máximo valor durante la noche y su mínimo valor a mediodía, ya que por la noche no se pierde agua por las hojas al estar los estomas cerrados.

¿QUÉ DISTANCIA RECORRE ANDANDO UNA PERSONA A LO LARGO DE SU VIDA?

La distancia media que ha recorrido andando una persona normal, a lo largo de sus 75 años es de unos 100.000 km. Esta distancia equivaldría a dar 2,5 vueltas alrededor de la Tierra ($L = 2.\pi.\ R_T = 2\ \pi.6370 = 40\ 024$ km , y para ello ha tardado unas 20 000 horas, es decir, unos 833,3 días, casi 2,28 años, en realizar ese recorrido.

EL AVIÓN QUE SE DISPARÓ A SÍ MISMO

Parece de película, pero es cierto Los fusiles militares disparan balas con una velocidad de 900 m/s (casi 3 veces la velocidad del sonido), y es parecida a la que alcanzan los aviones de combate, como el Mig 25 soviético o el SR-71 Blackbird norteamericano. Los proyectiles disparados alcanzan su velocidad máxima en el momento de salir por la boca del cañón. Por efecto de la resistencia del aire, la velocidad de la bala disminuye progresivamente y sigue una trayectoria curva hacia abajo. Por este motivo, en 1950, ocurrió un accidente insólito en el que un cazarreactor norteamericano se derribó a sí mismo: durante unos ejercicios de tiro, después de disparar una ráfaga, el aparato descendió en la misma dirección de los disparos, siendo alcanzado por sus propias balas.

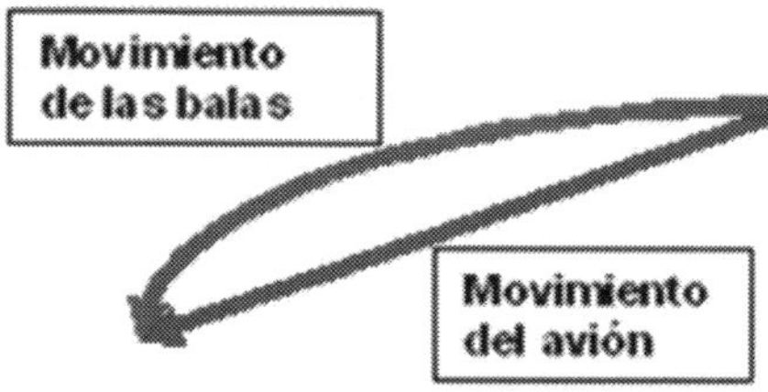

VELOCIDADES ESPECTACULARES (km/h)	
Luz	**1.080.000.000**
Rayo	**180.000.000**
Corriente eléctrica	**120.000.000**
Electrón del átomo de hidrógeno	**7.200.000**
Satélites artificiales	**29.000**
Bala de fusil	**2.880**
Sonido	**1.224**
Avión comercial a reacción	**1.000**
Saque de pelota de tenis del americano Roddick (Copa Davis, 2004, Sevilla)	**236**
Aire expelido al toser	**150**
Viento huracanado	**130**
Persona corriendo	**15**
Persona andando	**5**
Persona nadando	**4,5**
Separación entre América del norte y América del sur ($3,42.10^{-9}$ km/h)	**3 cm cada año**

VELOCIDADES DE ALGUNOS ANIMALES (km/h)	
MAMÍFEROS	
GUEPARDO	115
LEOPARDO	112
LEÓN	80
CABALLO DE CARRERAS	70
ELEFANTE	40
CAMELLO	20
AVES	
FRAGATA DE LOS MARES DEL SUR	400
GAVIOTA	180
ÁGUILA	161
PALOMA MENSAJERA	160
AVESTRUZ	80
ESTORNINO	80
CRIATURAS ACUÁTICAS	
AGUJA DE MAR	109
PEZ ESPADA	100
ATÚN	100
DELFÍN	65
SALMÓN	26
ANGUILA	12
PULPO	6
INSECTOS	
ABEJA	45

ESPERANZA DE VIDA DE ALGUNOS ANIMALES	
ELEFANTE	70 AÑOS
LORO GRIS AFRICANO	60 AÑOS
BALLENA	30 AÑOS
CAMELLO	20-35 AÑOS
CABALLO	20-30 AÑOS
TIGRE	20 AÑOS
GATO	15 AÑOS
LEÓN	15 AÑOS
PERRO	12 AÑOS
TARÁNTULA	10 AÑOS
PEZ TROPICAL	8 AÑOS
GALLINA	7 AÑOS
MURCIÉLAGO	5 AÑOS
HÁMSTER	2-4 AÑOS
RATÓN DOMÉSTICO	2 AÑOS
HORMIGA OBRERA	1-2 AÑOS
ESCARABAJO	1 AÑO
ABEJA OBRERA	1-2 MESES
MOSQUITO	1 MES
MARIPOSA	3 SEMANAS
MOSCA DOMÉSTICA	10-14 DÍAS
ESPERANZA DE VIDA MÁS ALTA EN 2005 (JAPÓN)	82 AÑOS
ESPERANZA DE VIDA MÁS BAJA EN 2005 (BOTSWANA, ÁFRICA)	35 AÑOS
ESPERANZA DE VIDA EN ESPAÑA EN 2005	80 AÑOS

NOTA: La esperanza de vida depende de muchos factores, por lo que esas cifras son aproximadas.

RELATIVIDAD DEL MOVIMIENTO

Si alguien piensa que estando sentado, tranquilamente, en su sillón favorito, permanece en reposo, está totalmente equivocado, ya que en el universo no existe ningún cuerpo en reposo absoluto. Un cuerpo está en movimiento, respecto a un sistema, cuando cambia de posición, respecto a dicho sistema (sistema de referencia), a medida que el tiempo transcurre. Así, por ejemplo, **la Tierra gira sobre de sí misma** con una velocidad, respecto al centro de la Tierra de **1.674 km/h**; además, **la Tierra se mueve alrededor del Sol** con una velocidad de **106.560 km/h** y **el Sol se desplaza respecto al centro de nuestra galaxia**, la "Vía Láctea" con una velocidad de **1.042.560 km/h**; por último, las galaxias se alejan entre sí, dentro del Universo. Por tanto, vemos como nos estamos moviendo, constantemente, a velocidades enormes por el universo sin tener esa sensación en ningún momento.

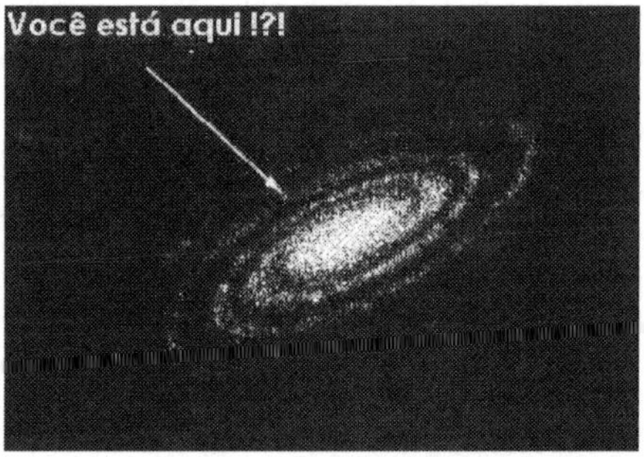

¿POR QUÉ SE MIDE EN NUDOS LA VELOCIDAD DE LOS BARCOS?

Muchos ciudadanos son aficionados a los deportes náuticos o les encanta navegar, y probablemente no conozcan de dónde viene la palabra nudo, que como sabemos se usa para medir la velocidad de los barcos.

Recordemos que un nudo es una milla marina por hora, es decir, 1.852m/h. Antiguamente, cuando los barcos navegaban con vela, se utilizaba un rudimentario velocímetro, para medir la velocidad de los mismos. Este aparato de medida consistía en una pequeña barquilla de corredera atada al barco mediante una cuerda, enrollada en un rodillo. Dicha cuerda presentaba en toda su longitud nudos, a distancias iguales (uno cada 15,4 m). Cuando se quería medir la velocidad del barco, se lanzaba por la borda la barquilla, la cual era frenada por el agua, provocando que el rodillo al que estaba sujeta la cuerda fuese soltando el cordel. Con ayuda de un reloj de arena, se determinaba el número de nudos que habían pasado en un determinado tiempo, y así se averiguaba la velocidad aproximada que llevaba el barco.

CRECIMIENTO DE UÑAS Y PELOS

El crecimiento de las uñas es mucho más rápido en los niños que en los adultos; mayor en verano que en invierno, pues la misma uña se renueva en 116 días en verano y 132 en invierno; más rápido por el día que por la noche; y más rápido por la mañana que por la tarde. Crecen más rápido las de la mano derecha que las de la izquierda. La velocidad de crecimiento en cada dedo es mayor o menor según su longitud; así, crece más la uña del dedo corazón y menos la del pulgar. La mano derecha tarda 82 días menos que la izquierda para cambiar sus uñas. Las uñas de las manos crecen más deprisa que las de los pies. La velocidad de crecimiento de las uñas es de 0,15 mm al día (4, 5 mm al mes o unos 5,4 cm al año)

La velocidad de crecimiento del cabello es lenta. Cada 3 días aumenta 1 mm su longitud (de 0,35 a 0,44 mm diarios), lo que equivale a unos 12 cm al año. El crecimiento es menor durante la noche que durante el día, como ocurre con todas las demás secreciones, y mayor en verano que en invierno. Un adulto suele tener unos 100.000 cabellos aproximadamente.

¿QUÉ SUCEDE EN EL MUNDO EN 1 SEGUNDO?
La Tierra recorre 30 km alrededor del sol.
Los países de la OPEP producen 304,4 barriles de petróleo (1-11-06) (DATO: 1 barril de petróleo son 159 litros).
Los atletas más rápidos del mundo recorren 10 m.
El río Amazonas vierte 2 10^8 litros de agua en el Océano Atlántico.
Las cataratas del Niágara precipitan 6 millones de litros de agua.
En la atmósfera terrestre se producen 100 rayos.
En el espacio sideral la luz recorre 300.000 km
La Tierra recibe 1350 J por cada metro cuadrado
En una película pasan 24 fotogramas.
Nuestro corazón bombea 80 ml.
En nuestro cuerpo mueren 2 millones de glóbulos rojos.
Nuestro cuerpo, en reposo, consume 23 cal.
Un caracol se mueve 1,5 mm
Un colibrí mueve las alas 80 veces
Una mosca bate las alas 600 veces.
Un guepardo recorre 31 m.
En la zona del amazonas, se destruye una superficie de selva tropical equivalente a medio estadio de fútbol
El corazón humano da un latido
Nacen en el mundo 4,3 personas (2005)
Mueren en el mundo 1,9 personas, de ellas 0,4 de pobreza (2005)
La Tierra pierde 186 kilómetros cuadrados de bosque
La población del planeta aumenta con 2,89 personas
En la guerra de Irak se gasta 2.315 dólares (1.749 €)
Mueren de hambre 0,4 niños (24 niños cada minuto) (FAO)
Se fabrican 3,17 bicicletas (100 millones anuales)
Se fabrican 1,27 coches (40 millones anuales)
Se gasta en armamento 32.407 dólares (24.489 €)

En 1 s la Tierra recorre 30 km alrededor del sol.

ORDEN DE MAGNITUD DE ALGUNOS TIEMPOS CARACTERÍSTICOS (s)	
Tiempo que tarda la luz en atravesar una ventana	10^{-11}
Duración de un flash	10^{-5}
Aleteo de una mosca	10^{-3}
Aleteo de un colibrí	10^{-2}
Parpadeo	10^{-1}
Latido del corazón	10^{0}
Carrera de los 100 m lisos	10^{1}
Vida de una mariposa	10^{5}
Vida humana	10^{9}
Tiempo transcurrido desde la aparición de los seres humanos en la Tierra	10^{13}
Edad de la Tierra	10^{17}

¿A QUÉ VELOCIDAD VIAJAN LOS PENSAMIENTOS?

Si en el cerebro tuviésemos guardias de tráfico los pensamientos se quedarían sin puntos para el carnet de conducir, por exceso de velocidad. Efectivamente, los científicos han logrado determinar que las señales nerviosas viajan por las fibras nerviosas o musculares a velocidades que pueden llegar a los 322 km/h.

¿A QUÉ DEDICAN EL TIEMPO LAS PERSONAS?

UNA PERSONA DE 75 AÑOS HA DEDICADO:	
ACTIVIDAD	**TIEMPO**
Estar de pie	30 años
Dormir	23 años
Estar sentado	17 años
Caminar	16 años
Trabajar	8-9 años
Comer	6-7 años
Ver la TV	5 años + 303 días
Soñar	4 años
Reír	1 año + 258 días
Ligar	1 año + 139 días
Ir a la escuela	1 año + 40 días
Leer	250 días
Telefonear	180 días
Vestirse	Hombre 177 días
	Mujer 531 días
Hacer el amor	110 días
Hacer pis	106 días
Cepillarse los dientes	92 días
Defecar	53 días
Llorar	50 días
Saludar	8 días
Consultar el reloj	3 días

MEDIDA EXACTA DEL TIEMPO: RELOJES ATÓMICOS

Para la medida exacta del tiempo se usan en la actualidad los relojes atómicos, con un grado de precisión de ± 1 segundo en 150 millones de años, con el llamado reloj de trampa de iones de mercurio.

¿CUÁL ES EL SER VIVO MÁS GRANDE QUE EXISTE?

Quizá esté pensando en algún animal, como la ballena o el cachalote, que son muy grandes; sin embargo, a veces olvidamos que los vegetales también son seres vivos y entre ellos se encuentra el más grande de la Tierra. Se trata de un árbol llamado **SEQUOIA GIGANTE**. Se encuentra en California, mide 112 m de altura y tiene una circunferencia de 24,11 m a 1,52 m del suelo. Si suponemos que cada persona con los brazos abiertos abarca un metro y medio, significaría que se necesitan unas 17 personas con los brazos abiertos para que pudieran abrazar a dicho árbol en su totalidad, (25/1,5 = 17 personas).

¿POR QUÉ EN INGLATERRA SE CONDUCE POR LA IZQUIERDA?

El origen de esta norma de conducción vial, exclusiva de los británicos, se remonta a la época medieval. En aquellos tiempos, la circulación a caballo se realizaba por la izquierda, con el fin de dejar la mano derecha del jinete libre y así disponer de ella en caso de lucha.

Otra explicación da un motivo distinto a este hecho: la circulación por la izquierda se remitiría a la conducción de carruajes. El cochero llevaba las riendas con la mano izquierda, dejando la derecha para el látigo. Si la conducción no se realizaba por la izquierda, el látigo fustigaría involuntariamente a los peatones. Esta tradición se conservó cuando aparecieron los primeros vehículos motorizados.

¿EN QUÉ AÑO VIVIMOS?

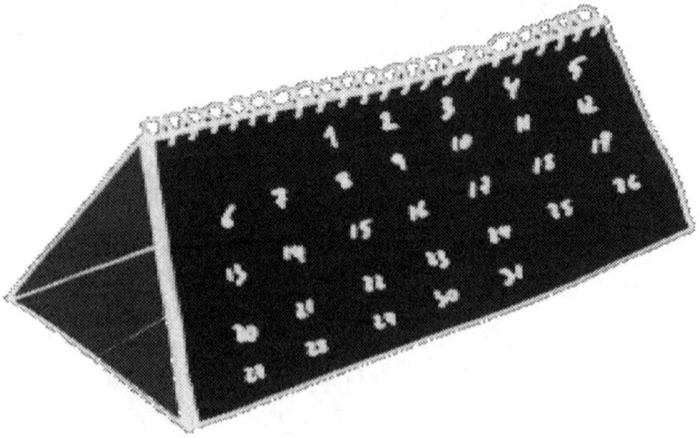

Cada vez que comienza un nuevo año quizá algunas personas se pregunten si en el resto del mundo el comienzo del año es el día 1 de enero y si el año que se inicia es el mismo que en nuestro país. En esta lectura le daremos una adecuada respuesta a esas preguntas.

Hoy en día los calendarios más usados en todo el mundo son el gregoriano (que es el nuestro), el judío, el islámico y el budista. Todos **los calendarios están basados en fenómenos astronómicos**, especialmente en la periodicidad del Sol y la Luna, en sus movimientos observados desde nuestro planeta.

El origen de los distintos calendarios es consecuencia de que el año solar no consta de un número exacto de meses lunares, ni contiene un número entero de días. El año solar es el tiempo que tarda la Tierra en dar una vuelta alrededor del Sol) y equivale a 365,24220 d, es decir, a 365 días, 5 h, 48 minutos y 45,57 s. El mes lunar es el tiempo entre dos lunas llenas y equivale a 27 días, 7 horas, 43 minutos y 4,7 segundos. Salvo el calendario católico que emplea el año solar, los demás calendarios son lunares.

CALENDARIO CATÓLICO O GREGORIANO: Es el más preciso de todos ya que sólo se desajusta 1 día cada 3.000 años. Está basado en el calendario de Julio César, modificado por Dionisio el Exiguo, en el s. VI, y reformado por Gregorio XIII, en 1582, por eso se le conoce como calendario gregoriano. También debemos a dicho Papa, que el año comience el 1 de enero, ya que hasta 1582, el año se iniciaba el 25 de abril.

CALENDARIO JUDÍO: Es uno de los más antiguos. Sigue la cronología de la Biblia y el primer año corresponde al de la creación del mundo según la tradición judía (3761 antes de nuestra era). Los años tienen una duración variable; así, unos duran 353 días, otros 354 y otros 355. Todos los años tienen 12 meses, cuya duración es de 29 y 30 días alternativamente, con algún año de 13 meses cada cierto tiempo. También tiene años bisiestos y cada año comienza en un día diferente; así el 2007 de nuestro calendario gregoriano, comenzará el 13 de septiembre; y el 2008 comenzará el 30 de septiembre.

AÑO JUDÍO = 3761 + AÑO CATÓLICO

CALENDARIO BUDISTA: Existen varios calendarios budistas, pero la mayoría toman como referencia para calcular su cronología la muerte de Buda, acaecida en el año 543 a.C. Los años budistas tienen nombre de animal.

AÑO BUDISTA = 543 + AÑO CATÓLICO

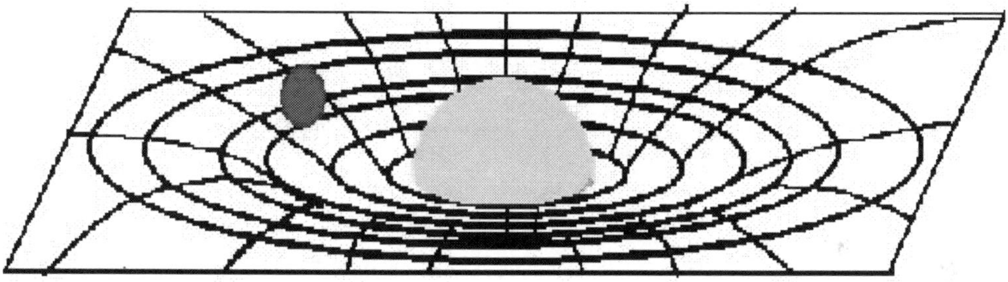

CALENDARIO ISLÁMICO: Toman como referencia la salida de Mahoma de La Meca (la Hégira), en el año 622, de nuestra era. Cada 34 años musulmanes equivalen a 33 años del calendario gregoriano. Tiene 12 meses de 29 y 30 días alternos. La fórmula equivalente no es tan fácil por lo dicho anteriormente. Cada año comienza en un día diferente; así el 2007, comenzará el 20 de enero; y 2008, comenzará el 10 de enero de nuestro calendario gregoriano.

AÑO MUSULMÁN = 1,0307 (AÑO CATÓLICO – 621,54)

CALENDARIO CHINO: Establecido por Huang Di (el emperador amarillo), en el año 2637 a. de C. Se rige por ciclos de 60 años, divididos en períodos de 12, cada uno con el nombre de un animal del zodiaco chino. Estuvo vigente hasta 1911, año en el que se adoptó el calendario gregoriano.

El 2007 para los judíos será el año 5768, para los budistas será el año 2550, y para los islamistas será el año 1428.

ORIGEN ARBITRARIO DE ALGUNAS UNIDADES DE MEDIDA

Las personas, desde la más remota antigüedad, han empleado su propio cuerpo como referencia para efectuar medidas basadas en el dedo pulgar, en el brazo, en el pie, etc., a fin de conseguir unidades permanentes.

El **codo bíblico**, medida que utilizó Noé para construir su arca, se estableció hace 4.000 años como la longitud existente desde el codo hasta la punta del dedo medio en el antebrazo del rey Og de Basán.

La **pulgada** que se inventa más tarde, representaba en un principio la anchura del dedo pulgar de un hombre. En el siglo XIV, Eduardo I, de Inglaterra, decretó que en lo sucesivo equivaldría a tres granos de cebada seca medidos longitudinalmente.

Unos 200 años más tarde, el polémico rey Enrique VIII utilizó su propio dedo para definir la **yarda**, como la distancia existente entre la punta de su nariz y la punta de su pulgar, con el brazo completamente extendido. Como habría sido molesto para el rey pasarse toda la vida midiendo personalmente, mandó que esta medida se traspasase a una barra de bronce.

El **pie**, como su nombre indica, fue en principio la distancia entre el talón y la punta del dedo grueso.

El **Sistema Métrico Decimal** fue el primer y único sistema de unidades basado en la lógica y no en accidentes físicos. Fue elaborado en la Revolución Francesa, en parte como reacción general contra la tradición. Este sistema fue el resultado del trabajo de 12 científicos nombrados expresamente por la Asamblea Nacional Francesa de 1791. Estos científicos decidieron hallar una longitud fundamental que existiese ya en la naturaleza que se llamaría metro, que viene del griego "metrón", que significa medida y convertirla en unidad de un sistema de múltiplos de 10. Se tomó el metro como la diezmillonésima parte de la distancia entre el polo norte y el Ecuador, sobre el meridiano que pasa por París (Francia).

El 3 de septiembre de 1752 jamás existió en Inglaterra. Tampoco existieron los diez días posteriores. La causa fue que en el año 1752 Inglaterra tuvo que adoptar el calendario gregoriano y para acomodarse a él tuvo que perder 11 días (Para entender esto, imaginemos que tenemos un reloj que se retrasa cada día 30 minutos, con lo cual cada 2 días se retrasa 1 h, y al cabo de 48 días, se ha retrasado 24 h, es decir, un día, con lo cual en vez de ser las 12 horas del lunes, por ejemplo, en realidad son las 12 horas del martes). Tal decisión provocó tumultos, pues la gente creía que el gobierno les había robado 11 días de su vida.

La mayoría de los calendarios anteriores se basaban en los ciclos lunares, cada uno duraba 29 días y medio. Los calendarios antiguos, judíos y mahometanos se basaban totalmente en la Luna, con 12 meses que, alternativamente, constaban de 29 y 30 días, con lo que se lograba un año de 354 días. Pero este calendario pronto se adelantó a las estaciones, para lo cual los judíos se sirvieron del eclipse lunar, al observar que éstos tenían lugar una vez cada 19 años y llegaron a la conclusión de que 7 de cada 19 años habrían de tener 13 meses en lugar de 12. Como esto era molesto para la gente que tenía que saber si el presente año tenía 12 o 13 meses, prosiguieron las investigaciones para idear un calendario que se aproximase a la duración real del año: 365 días, 5 horas, 48 minutos y 46 segundos, que, además, tuviese 12 meses.

El año bisiesto lo creó Julio César, para compensar el excedente de horas sobre los 365 días, dándole al mes de febrero 30 días, cada 4 años. El calendario de Julio César duró mucho tiempo y era mucho más exacto que todos los anteriores, pero excedía en 0,0078 días (11 minutos) al real, por lo que al cabo de 1.500 años se había adelantado 10 días.

Fue entonces el Papa Gregorio XIII el que creó el calendario actual, en Occidente, para subsanar la anomalía, en 1582, abolió los 10 días que se llevaban en exceso, decretando que el 4 de octubre iría seguido del día 15 de octubre, suprimiendo así 10 días. El calendario gregoriano fue una versión reformada del calendario juliano, quedando como está actualmente y para saber qué año es bisiesto ordenó que el año que completase el siglo, como por ejemplo: 100, 1500, 2000, etc., no tenía que ser divisible por 4, sino por 400. Así, los años 1700, 1800 y 1900 no fueron bisiestos, mientras que el año 2000 sí lo fue.

También decretó el Papa Gregorio XIII, en 1582, que los años se iniciaran el 1 de enero y no el 25 de abril, como se venía haciendo.

La semana de 7 días se debe a los judíos, que se basaron en el relato de la Creación del libro del Génesis. "Dios creó el mundo en 7 días". **En 1792, los franceses introdujeron la semana de 10 días** para acomodarla al nuevo sistema métrico decimal pero Napoleón la abolió enseguida, ante el fracaso de la medida. También los rusos intentaron en 1929 implantar la semana de 5 días, fracasando también.

La división del día en 24 horas es debida a los egipcios. Eligieron 24 horas porque los astrónomos comprobaron que el cielo nocturno aparecía tachonado por 12 estrellas brillantes, así dividieron el día de igual forma para relacionarlo con las leyes del firmamento.

Los babilonios (actual Irak) utilizaron el primer calendario basado en 360 días, que cometía un error de 5 días por año. De esta idea babilónica hemos heredado el dividir en 360 grados una vuelta completa alrededor de un círculo.

En resumen, los días dependen de la rotación de la Tierra alrededor de sí misma, los meses de las fases de la Luna y los años de la traslación de la Tierra alrededor del Sol.

Vemos que a lo largo de la historia la humanidad, ante la necesidad de comparar las cosas, los humanos se vieron obligados a aprender a medir. Para ello, lo primero que hicieron fue inventar las unidades, de la forma, a veces, más arbitraria posible. Aunque en primer lugar lo que se inventó fue la numeración, y actualmente utilizamos la base de numeración 10, porque el ser humano es un animal con 10 dedos, si tuviésemos 8 dedos, el sistema de numeración sería el 8 y no existiría el número 8 ni el 9. No obstante, existen actualmente tribus primitivas que utilizan otra base de la numeración, como, por ejemplo, el 6, por lo que para ellos el número 15 se representaría por 23, es decir, 2.6 + 3 = 15.

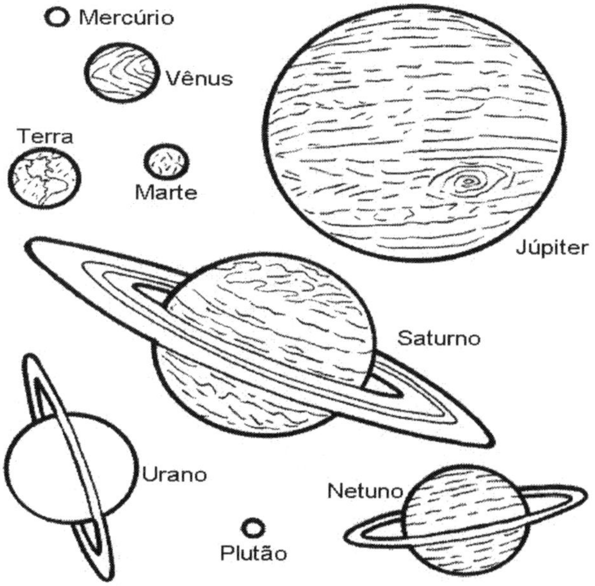

La conquista del universo será el gran reto del siglo XXI

CONSEJO ECOLÓGICO: EL CAMBIO CLIMÁTICO

El cambio climático es el problema ambiental más importante a corto, medio y largo plazo que existe en nuestro planeta, que amenaza a las generaciones futuras, como consecuencia de mantener un desarrollo no sostenible.

Las catástrofes recientes (aumento de la fuerza y frecuencia de los huracanes, sequía en nuestro país, incremento de los incendios, etc.) no han sido fruto de la casualidad, sino del cambio climático, cuyas consecuencias están empezando, y cuya causa principal es la producción de CO_2. El cambio climático es un grave problema social, económico y político, aunque la sociedad se está desentendiendo, como si no fuese a ocurrir.

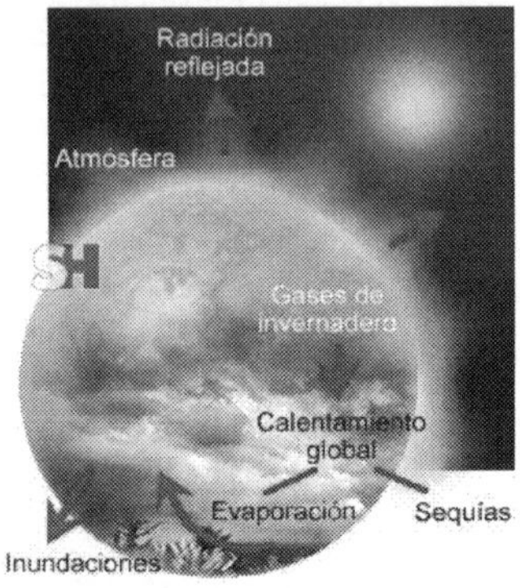

El panorama en España, es poco halagüeño: **Más inundaciones y olas de calor, junto a la pérdida de un número importante de playas, etc., lo que perjudicará a sectores como el turismo y la agricultura**. Las conclusiones de la Evaluación Preliminar de los Impactos en España del Cambio Climático (estudio realizado por 450 científicos), auguran que el país, por sus características geográficas y socioeconómicas, será muy vulnerable al calentamiento global.

En los últimos cien años, España se ha calentado unos 1,5 °C, mientras que el promedio global ha sido de 0,6° C y el europeo de 0,95 °C. Los veranos serán cada vez más calurosos, con subidas de temperaturas de hasta 7° C en verano y 4° en invierno durante el periodo estudiado 2070-2100. En general lloverá menos y se intensificarán los fenómenos climáticos extremos como las inundaciones, los incendios y las olas de calor. El sur de la Península irá perdiendo recursos hídricos. Y si esto fuera poco, **la subida del nivel medio del mar** (a finales de siglo puede elevarse entre 10 y 68 cm) **acabará con muchas playas** y deltas, como el del Ebro y la **Manga del Mar Menor**, lo que alterará los ecosistemas naturales, favoreciendo la expansión de especies invasoras y plagas.

Pero lo realmente preocupante es que las grandes industrias del carbón y el petróleo, americanas, han invertido millones de dólares para mantener al público con dudas sobre el cambio climático. Permitir que el clima se estabilice exige que la humanidad reduzca su consumo de carbón y petróleo en un 70%. Eso amenaza la supervivencia de las mayores empresas comerciales de la historia. En 1995, los servicios públicos de Minnesota descubrieron que la industria del carbón había pagado más de 800 millones de euros a cuatro científicos que mostraban públicamente su disconformidad con el calentamiento global. Y ExxonMobil ha gastado más de 10 millones de euros desde 1998 en una campaña de relaciones públicas y cabildeo contra el calentamiento global. En 2000, los magnates del petróleo y el carbón se apuntaron su mayor victoria electoral hasta la fecha cuando el presidente George W. Bush salió elegido, aceptando las insinuaciones del sector respecto a su política climática y energética. El cinismo político y la doble moral no deja lugar a dudas y el ciudadano es manipulado de forma reiterada.

Muchos investigadores temen que ya nos encontremos en una fase irreversible y descontrolada. Durante años, la industria de los combustibles fósiles ha presionado a los medios para que confieran el mismo peso a un puñado de escépticos del calentamiento global que a los hallazgos de la Comisión Intergubernamental sobre el Cambio Climático (más de 2.000 científicos procedentes de 100 países que informan a Naciones Unidas).

Por eso es importantísimo que todos ¡FRENEMOS EL CAMBIO CLIMÁTICO!, para paliar este fenómeno, de efectos imprevisibles. Recuerda ***"El mayor error lo comete quien no hace nada porque sólo podría hacer un poco"*** (Edmund Burke, político y filósofo inglés).

¡Comprométete éticamente para luchar contra el cambio climático!

CAMBIO CLIMÁTICO: FRASES PARA MEDITAR

- Cada 2 s, en la zona del Amazonas, se destruye una superficie de selva tropical equivalente a la superficie de un campo de fútbol.
- El 60 % de la riqueza del mundo está en los bosques.

- Cada tonelada de papel reciclado evita la tala de 17 árboles adultos (de 20 años), 100 m^3 de agua, y 3.800 kW.h de energía.
- El artículo 45 de la Constitución Española dice: Todos tenemos derecho a disfrutar de un medio ambiente adecuado para el desarrollo de la persona, así como el deber de conservarlo.

- Podríamos ahorrar más de 20 millones de litros de combustible, al año, aunque sólo uno de cada 100 conductores optase por el transporte público para ir al trabajo.
- El sol irradia anualmente un equivalente a 10.000 veces la energía consumida por la población mundial en el mismo período.

- Gastamos la misma agua en lavarnos los dientes (10 litros) que un habitante del tercer mundo en todo el día.
- Mantener verde un campo de golf exige un millón de litros de agua diarios, cantidad que daría de beber a 4.000 habitantes.

- La demanda de agua crece a un ritmo del 13 %. Cada español consume 150 litros de agua diarios y los turistas 230 litros diarios.

FUERZAS

¿Por qué los pájaros no se caen de las ramas cuando
¿Por qué hacen ruido las ruedas de los coches en las curvas?
¿Por qué las naves espaciales apagan sus motores cuando salen del campo gravitatorio te-

FUERZAS

CURIOSIDADES Y PREGUNTAS	
¿Por qué las naves espaciales apagan sus motores cuando salen del campo gravitatorio terrestre?	¿Por qué se ven manchas de aceite sólo en las curvas, pendientes y semáforos, normalmente?
¿Por qué los pájaros no se caen de las ramas cuando duermen?	¿Qué utilidad tienen los alerones de Fórmula 1?
¿Qué hace volver un bumerán?	¿Para qué sirven los lubricantes?
¿Qué sucede si colocas una moneda sobre un papel y tiras fuertemente?	¿De qué depende la velocidad máxima a la que un vehículo puede tomar una curva sin derrapar?
Si nos elevamos, verticalmente, en un helicóptero y esperamos, sin movernos, 24 horas, habremos dado la vuelta al mundo sin movernos. ¿Puede ser esto cierto?	En los grandes supermercados hay jóvenes con patines. Si coge un carrito de ruedas, y le empuja, soltándolo después del empujón, ¿qué crees que le sucederá?
¿Por qué escribe un lápiz?	¿Por qué podemos andar?
¿Qué función tienen los dibujos antideslizantes que llevan las cubiertas de los neumáticos?	¿Por qué la Luna siempre se mantiene a la misma distancia de la Tierra?
¿Por qué hacen ruido las ruedas de los coches en las curvas?	¿Por qué chirrían los neumáticos al salir rápidamente de un semáforo?
¿Qué factores producen un sobreconsumo de combustible en los coches, debido al rozamiento con el suelo y con el aire?	En una nave espacial, que se mueve a 30.000 km/h, un astronauta deja su bolígrafo fuera de la nave, junto a la ventanilla, ¿dónde estará el bolígrafo cuando haya recorrido 50.000 km?
Un patinador, en reposo, tira un objeto, ¿qué sucede?	¿Por qué las armas de fuego experimentan un retroceso al disparar?
¿Crees que el filo de una cuchilla de afeitar es totalmente horizontal?	¿Para qué sirven las medidas de seguridad pasiva de los coches?

FUERZAS

PREGUNTAS Y RESPUESTAS

1. En alguna ocasión habrás experimentado que si colocas una moneda sobre un papel y tiras fuertemente de éste, la moneda apenas se mueve, ¿por qué ocurre esto?

Como la fuerza actúa sobre el papel y no sobre la moneda, al no estar rígidamente unida al papel, y al permanecer la moneda en reposo, continuará en reposo, por el Principio de Inercia. O bien, porque al ser muy pequeño el impulso mecánico (ya que es corto el tiempo), la moneda no cambia sensiblemente de velocidad, es decir, sigue en reposo, en todo caso la velocidad adquirida la pierde rápidamente por rozamiento.

2. Un estudiante con mucha imaginación sueña un día lo siguiente: "Como la Tierra gira, si nos elevamos, verticalmente, en un helicóptero, por ejemplo, en Cartagena, y esperamos, sin movernos, 24 horas, que es el tiempo que tarda la Tierra en dar una vuelta completa alrededor de sí misma, habremos dado la vuelta al mundo sin movernos, ya que habrá pasado por debajo nuestra el océano Atlántico, América, el Pacífico, Asia, etc.". ¿Puede ser esto cierto?

No es posible, ya que la Tierra, en su movimiento de rotación, mantiene a la atmósfera unida a ella y todo lo que contenga ésta. Por lo que al elevarse el helicóptero, por inercia, tenderá a moverse con la atmósfera, con lo cual el sueño es imposible.

3. En los grandes supermercados existen jóvenes con patines. Si uno de ellos coge un carrito de ruedas, en reposo, y le empuja, sobre una superficie horizontal, soltándolo después del empujón, ¿qué crees que le sucederá?

   Que el carrito irá hacia delante y el joven hacia atrás, debido a que el carrito ejerce una fuerza sobre él y el joven sobre el carrito, según el Principio de Acción y Reacción.

4. ¿Cómo explicarías que la Luna se mantenga siempre a la misma distancia de la Tierra, si ambas se atraen?

   Sobre la Luna actúa la fuerza de atracción que ejerce la Tierra, la cual está dirigida de la Luna a la Tierra, por tanto, es centrípeta y origina un movimiento circular uniforme, cuyo radio permanece constante, por tanto, no se modifica la distancia Luna-Tierra.

   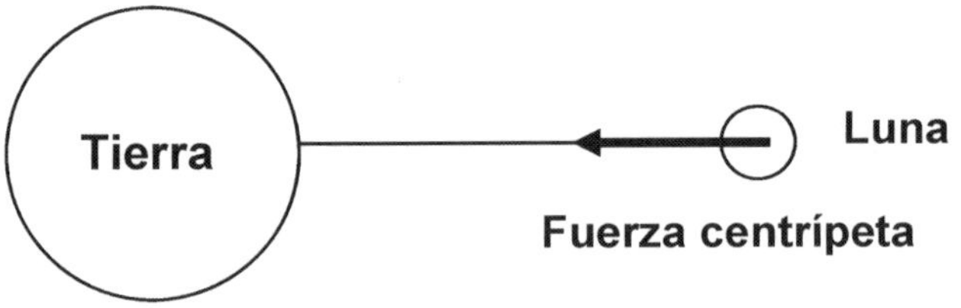

5. Un patinador, en reposo, tira un objeto, ¿qué sucede?

   Que se desplazará hacia atrás, debido a que la cantidad de movimiento debe permanecer constante, tanto antes como después de tirar el objeto, y si inicialmente era nula, por estar en reposo, cuando lance el cuerpo seguirá siendo nula, lo que implica que ambos se muevan en la misma dirección, pero en sentidos contrarios.

6. Si mirases, en un microscopio potente, el filo de una cuchilla de afeitar, te sorprenderías al ver que tiene un perfil como éste:

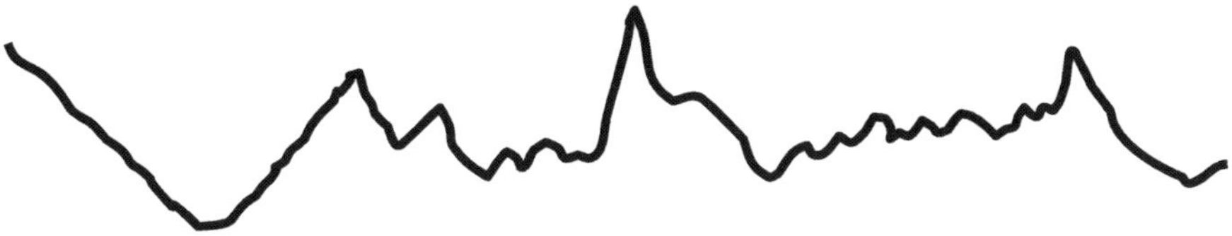

Según esto, ¿qué opinas que ocurrirá, realmente, al deslizarse un cuerpo sobre otro?

Que se romperían todos los entrantes y salientes de ambos cuerpos, y, para ello, se necesita una fuerza, que es la fuerza de rozamiento.

7. En los coches, el 6 o el 7% del consumo de gasolina, se emplea en vencer los rozamientos con el suelo y aire, pero ¿qué otros factores o características del coche producen un sobreconsumo por rozamiento?

Dado elevado precio de los combustibles, vamos a dar unos consejos para ahorrar combustible y contaminar menos, analizando los principales factores que producen sobreconsumo debido al rozamiento con el aire y con el suelo.

- La baca produce hasta un 35 % de sobreconsumo.
- Llevar las ventanillas totalmente abiertas origina un 5 % sobreconsumo.
- Cuanto más aerodinámica sea la forma del coche menor será su consumo.
- Ir con sobrepeso provoca hasta un 5 % de sobreconsumo.
- Tener el depósito de gasolina lleno.
- El uso del aire acondicionado provoca un 25 % de sobreconsumo.
- La falta de presión en los neumáticos da lugar a un 3 % de sobreconsumo.

- La velocidad excesiva produce grandes incrementos en el sobreconsumo, además de ser penalizada con un recorte importante de puntos, del carnet de conducir.

Cuando vayas a adquirir un coche no olvides analizar su etiqueta energética y la contaminación que produce (recordemos que la mejor etiqueta energética es la "A"). Para ello puedes visitar previamente la página Web del Instituto para la Diversificación y Ahorro de la Energía I.D.A.E. (**http://www.idae.es**.).

El ahorro energético en los coches contribuirá a minimizar el cambio climático, que es el gran problema ambiental que amenaza al planeta Tierra actualmente

8. ¿Por qué podemos andar, desde el punto de vista de los rozamientos?

Para avanzar hay que vencer la fuerza de rozamiento. Si no existiera rozamiento, no podríamos andar. Así, a menor rozamiento, mayor dificultad para caminar. Por eso sobre hielo se anda peor que sobre tierra, debido a que el rozamiento es menor.

9. ¿Por qué podemos escribir con un lápiz?

Debido al rozamiento existente entre el lápiz y el papel, que rompe los trozos de grafito, que quedan adheridos al papel, al ir rompiendo los salientes y entrantes del papel y lápiz. El trazo del lápiz no es continuo, por eso si se mira con una simple lupa, se observan los trazos de lápiz sólo en unas zonas y no en otras donde no ha llegado a pintar, por no quedar adheridos trozos de grafito en la misma.

10. Un cohete que se dirige a la Luna, ha salido del campo gravitatorio terrestre, ha adquirido una velocidad adecuada y ha tomado una trayectoria correcta. Una vez obtenida una velocidad de 30.000 km/h, un astronauta abandona su bolígrafo fuera del cohete, junto a la ventanilla. Cuando el cohete ha recorrido 50.000 km, ¿dónde estará el bolígrafo y por qué?

El bolígrafo sigue llevando la misma dirección, sentido y velocidad que el cohete, porque no actúa ninguna fuerza que modifique su velocidad, según el Principio de Inercia.

11. ¿Qué función tienen los dibujos antideslizantes que llevan las cubiertas de los neumáticos?

Sirven para aumentar el rozamiento con el suelo y que el coche no derrape cuando llueve, en las curvas o al frenar. Estos dibujos permiten que el agua circule por dichos dibujos, evitando así el **aquaplanning** que consiste en el desplazamiento lateral de un vehículo al perder adherencia el neumático debido a una película de agua sobre el suelo mojado.

12. ¿Para qué se usan los lubricantes?

Para disminuir el rozamiento entre los cuerpos, tapando los diferentes entrantes y salientes de las irregularidades de la superficie de los cuerpos y, por tanto, disminuyendo la fuerza de rozamiento al deslizarse un cuerpo sobre otro.

13. ¿Cuál es el fundamento de las medidas de seguridad pasiva de los coches?

Por desgracia el número de víctimas en la carretera no deja de aumentar. Así en el año 2005, según la Dirección General de Tráfico, fallecieron 4.442 personas en accidentes de tráfico y aunque con la aplicación del nuevo carnet por puntos el número de víctimas ha disminuido, aún es elevadísimo. Por este motivo, les aconsejo mucha precaución en todos los desplazamientos que realicen.

Los fabricantes de coches han ido incorporando nuevas medidas de seguridad pasiva para evitar las víctimas mortales en los accidentes de tráfico. El cuerpo humano empieza a sufrir lesiones a partir de aceleraciones superiores a 10.g (siendo "g", la aceleración de la gravedad. 10.9,8 = 98 m/s$^{2)}$ y no soporta aceleraciones superiores a 30.g = 300 m/s^{2}. La incorporación de carrocerías cada vez más flexibles es una de las medidas de seguridad pasiva de los coches encaminada a evitar que en caso de accidente, sus ocupantes se vean sometidos a las aceleraciones mencionadas. De este modo, la carrocería flexible absorbería la mayor parte de la energía generada en un accidente. Al absorber esta energía, se alarga el tiempo de frenado del coche, haciendo que éste tarde más tiempo en pararse y disminuye así la aceleración del coche y de sus ocupantes.

El objetivo es disminuir la aceleración en el choque, alargando el tiempo de frenado. Por ejemplo, si el coche pasa de 144 km/h (40 m/s) a 0 km/h, su aceleración de frenado dependerá del tiempo que dure el mismo, de tal manera, que cuanto mayor sea el tiempo de frenado, menor será la aceleración, y, consecuentemente, menor será el peligro para las personas que viajen en el mismo.

Tiempo (s)	Aceleración (m/s^2)
Si t = 1,00 s	A = - 40 m/s^2
Si t = 0,50 s	A = - 80 m/s^2
Si t = 0,25 s	A = -160 m/s^2
Si t = 0,10 s	A = - 400 m/s^2

Otra de las medidas de seguridad pasiva basada en el mismo principio que las carrocerías flexibles, es el cinturón de seguridad, ya que alarga el tiempo que un ocupante tarda en pararse cuando se produce un accidente, disminuyendo así su aceleración y las lesiones que pudiera sufrir como consecuencia de la misma. ¡No olvide nunca que el uso del cinturón puede salvarle la vida!

14. ¿Por qué se ven manchas de aceite sólo en las curvas, pendientes y semáforos, normalmente?

Porque en estos lugares las gotas de aceite del cárter, que están suspendidas debajo del motor, caen al sufrir un movimiento brusco; es decir, al ser sometidas a una sobre fuerza que las hace caer. Esta sobre fuerza es la de frenado o acelerado.

15. ¿Por qué los pájaros no se caen de las ramas cuando duermen?

En alguna ocasión habremos visto como duermen las aves en las ramas de los árboles sin caerse. Esto es debido a un sistema de sujeción automática que les permite dormir en las ramas, sin riesgo de perder el equilibrio y precipitarse al suelo. Cuando el ave se detiene en una rama y flexiona la parte posterior de la planta de su patita, el tendón flexor hace que los dedos se replieguen y se aferren fuertemente a la superficie, como lo haría el freno de mano de un coche. Al despertar, el ave salta de la rama tras liberar el mecanismo de sujeción y comienza su maravilloso vuelo.

16. ¿Qué hace volver un bumerán?

El bumerán se comporta como una hélice. El brazo del lanzador proporciona al mismo tiempo una velocidad lineal y otra velocidad angular, que hacen que el bumerán gire sobre su eje, como una hélice. Solo que en este caso el plano de giro no está en la dirección de desplazamiento, sino perpendicular a él. La velocidad angular obliga al bumerán a describir una trayectoria circular, haciéndole volver al punto de origen. El bumerán lanzado por una persona diestra describe una curva hacia la izquierda.

17. ¿Por qué las naves espaciales apagan sus motores cuando salen del campo gravitatorio terrestre?

Las naves espaciales viajan a grandes distancias con poco combustible porque no necesitan utilizar sus motores de impulsión durante todo el recorrido. En este sentido, apagan sus motores de impulsión cuando salen del campo gravitatorio terrestre, ya que al no actuar ninguna fuerza intensa sobre ellas, continúan moviéndose con la velocidad y dirección que llevaban (Principio de inercia). Los motores se vuelven a poner en marcha para realizar cambios de dirección o para tomar tierra en algún planeta o satélite.

18. ¿Por qué se produce el chirrido en las ruedas, al salir demasiado rápido, al tomar una curva, o al frenar bruscamente?

Esto se debe a la vibración de los neumáticos al raspar el pavimento áspero. Al frenar el coche bruscamente, sus ruedas quedan trabadas por los frenos. Sin embargo, el auto avanza por la inercia que llevaba. También al hacer un giro, el auto tiende a seguir en línea recta; las ruedas delanteras, sin embargo, han girado hacia un lado. Esto hace que el auto en movimiento sea arrastrado a lo largo del pavimento hacia su nueva dirección y otra vez se escuche el chirrido de neumáticos. Esta forma de conducir ocasiona un mayor gasto de gasolina, somete al coche a un esfuerzo innecesario y desgasta los neumáticos, acortando la vida útil de éstos y del coche. Las normas de conducción eficiente, cuidadosas con el medio ambiente, desaconsejan ese tipo de conducción; no sólo por los efectos negativos que produce en el coche, neumáticos, y en la economía de la persona, sino también por el impacto ambiental que ese tipo de conducción produce. Esta conducción favorece el cambio climático y la contaminación en las ciudades, que tanto a afecta a la salud.

19. ¿Qué utilidad tienen los alerones de Fórmula 1?

Porque gracias a ellos los coches alcanzan velocidades muy superiores, sin necesidad de motores más potentes. Para ello, se buscó crear una fuerza descendente que pegara los vehículos al suelo y mejorara la adherencia entre el asfalto y las ruedas. El secreto está en la aerodinámica: Los alerones de los Fórmula 1 tienen la misma forma que las alas de los aviones, pero están montados al revés. Así, se origina una poderosísima tracción hacia abajo que comprime los alrededor de 600 kg del bólido contra el asfalto. Esto explica que los pilotos puedan tomar curvas de 180 grados sin apenas desacelerar.

20. ¿Por qué las armas de fuego experimentan un retroceso al disparar?

Porque al no actuar ninguna fuerza exterior, su cantidad de movimiento o momento lineal debe permanecer constante, tanto antes como después de disparar el arma, según el Principio de Conservación del Momento Lineal. Si inicialmente su velocidad era nula (por estar el arma en reposo), después de disparar también seguirá siendo nula.

21. ¿De qué depende la velocidad máxima a la que un vehículo puede tomar una curva sin derrapar?

Depende básicamente de 3 factores: del estado del asfalto de la carretera (rugoso, liso, mojado, con aceite, etc.), del estado de los neumáticos (con buen dibujo o desgastados), y del radio de la curva. Si la superficie de la carretera, en la curva, es horizontal, la única fuerza que retiene al coche, para que no se deslice, es la fuerza de rozamiento. En este caso la velocidad máxima será directamente proporcional a la raíz cuadrada del radio de la curva y del coeficiente de rozamiento. Pero si hay peralte hacia el interior de la curva, a la fuerza de rozamiento hay que sumarle la componente del peso del coche, dirigida también hacia el interior de la misma, como la fuerza de rozamiento, por lo que en este caso la velocidad límite es mayor que en caso de ser horizontal. En este caso la velocidad máxima dependerá del radio de la curva, del coeficiente de rozamiento y del ángulo del peralte.

EXPERIMENTOS DE FÍSICA RECREATIVA

EL RINCÓN DEL ALQUIMISTA

UN BOTE DE ARROZ MÁGICO

Esta experiencia puede visualizarla en la página web del autor www.disfrutalaciencia.es y en el canal de youtube "**disfrutalaciencia**" (**https://goo.gl/N57K4O**).

Si desea visualizar el vídeo puede pulsar el link **http://is.gd/NyUXEH**.

¿CÓMO SE PUEDE LEVANTAR UN BOTE DE ARROZ INTRODUCIENDO UN SIMPLE PALITO DE MADERA?

Con este experimento tus amigos de nuevo volverán a disfrutar de la magia de la ciencia y se preguntarán cómo lo habrás hecho y una vez más lograrás quedar como un auténtico mago, con este fabuloso experimento.

¿QUÉ VAMOS A HACER?: Vamos a llenar un frasquito de arroz. Seguidamente, introduciremos un palo de madera presionando fuertemente al introducirlo en el arroz y observaremos que podemos sujetar el frasco de arroz sólo con sujetar el palito de madera con la mano.

¿QUÉ NECESITAMOS?: Frasco de cristal (por ejemplo, de los jarabes), arroz y un palito de madera cilíndrico.

¿CÓMO LO HACEMOS?: Cogemos un bote de cristal (de jarabe, por ejemplo), lo llenamos de arroz. Le damos golpecitos contra el suelo para que se empaquete bien. Luego introducimos un palito cilíndrico (de 1 cm aproximadamente de diámetro), le empujamos fuertemente contra el fondo de la botella, y al sujetar el palito vemos que no sale y levantamos a la vez el conjunto del palito y la botella llena de arroz.

La fundamentación científica está en el fuerte rozamiento entre el palito y el arroz que impide que salga. Para sacarlo bastaría girar el palito. Por eso en las arenas movedizas no se debe empujar hacia abajo porque nos hundimos, sino que se debe ir girando poco a poco.

¿CÓMO ACABAMOS EL TRUCO?: Es conveniente que siempre pongas la mano debajo del frasco de cristal por si fallase el experimento, evitando así que se rompa el cristal y quedes en ridículo.

Otro consejo muy importante para que te salga bien es el siguiente: a veces tras repetir el experimento varias veces el palito de madera se lubrica con el polvillo del arroz, que disminuye mucho el rozamiento, al actuar como lubricante y entonces no se queda sujeto al arroz. Para evitarlo, lo mejor es cambiar el arroz usado por otro nuevo, después de haber hecho el experimento unas 10 veces, aunque en algunas ocasiones basta limpiar el palito con una servilleta húmeda y así le quitamos el polvo de arroz que actúa de lubricante, aumentando el rozamiento y quedando sujeto al arroz.

Como siempre, para que el truco te salga bien, y no quedes en evidencia, debes practicarlo varias veces antes. El palito de madera no debe estar muy pulido, sino algo rugoso, para aumentar el rozamiento con el arroz. Recréate y hazlo despacio para crear mayor suspense y que todos pasen un rato agradable Con este nuevo experimento comprobarás una vez más lo divertida que puede ser la ciencia

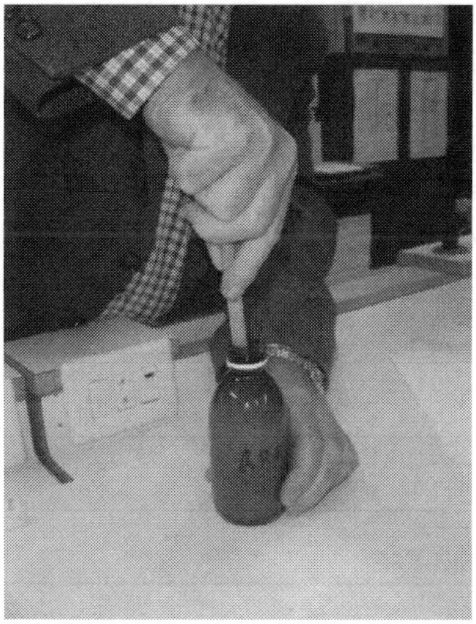

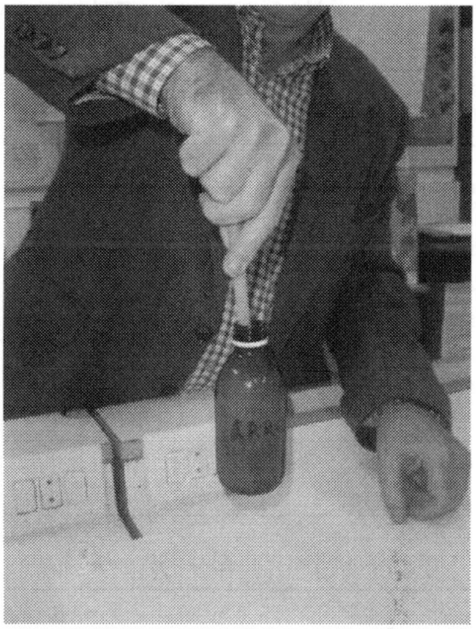

Disfruta La Ciencia

La Física más divertida puedes encontrarla en la vida cotidiana.

CONSEJO ECOLÓGICO: MEDIDAS PARA PALIAR EL CAMBIO CLIMÁTICO

Las consecuencias del cambio climático pueden ser realmente desastrosas. A continuación citaré algunas de ellas:

1. El cambio climático podría hacer desaparecer entre el 18 y el 35 % de las especies de animales y plantas.

2. El nivel del mar sube a razón de 2 mm cada año, como consecuencia del cambio climático.

3. La temperatura global de la Tierra podría subir entre 1,4 y 5,8 °C para 2100.

4. En España la temperatura media anual ha subido una media de 1,5 °C en el período 1970-2000, según el instituto Nacional de meteorología.

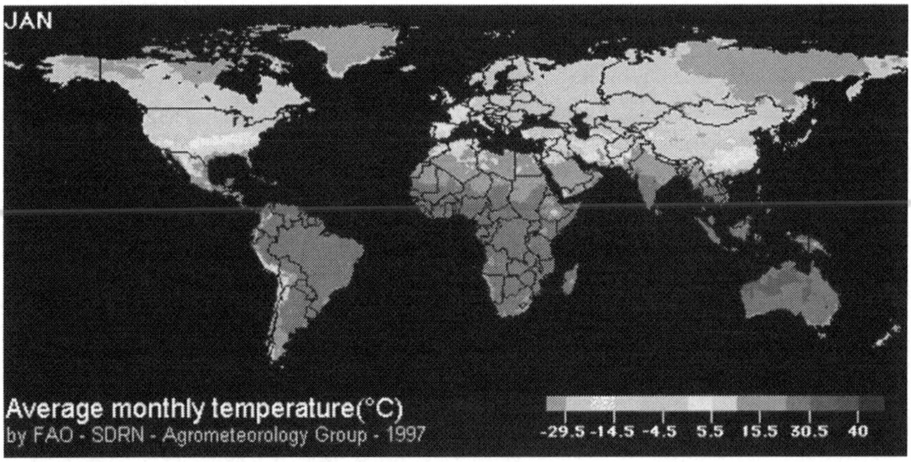

5. En EE.UU., con el 4,7 % de la población mundial, es responsable de cerca del 25 % de las emisiones de gases de efecto invernadero.

6. En los últimos 130 años la temperatura terrestre se ha incrementado entre 0, 3 y 0,6°C.

7. Alrededor de 160.000 personas podrían morir anualmente en el mundo debido a los efectos secundarios del cambio climático.

8. La actual concentración de CO_2 en la atmósfera terrestre es la más alta de los últimos 400.000 años.

9. Según la ONU, las empresas de seguros podrían tener pérdidas de hasta 150.000 millones de dólares durante la próxima década debido a los daños relacionados con el cambio climático.

10. El Instituto Karolinska de Suecia apoya la estimación de que el 80 y el 90 % de los cánceres se deben a factores medioambientales.

Muchos investigadores temen que el cambio climático se encuentre en una fase irreversible y descontrolada, pero otros son más optimistas y creen que la inteligencia humana superará este terrible problema. Para ello, te doy un decálogo de consejos, que puedes ejecutar, como ciudadano, para disminuir el cambio climático.

MEDIDAS PARA PALIAR EL CAMBIO CLIMÁTICO	
1.	Sustituye las bombillas normales por otras de bajo consumo.
2.	Aplica las 3 R: Reducción, Reutilización y Reciclaje. Reduce los desperdicios, reutiliza las bolsas de plástico, y, recicla la basura separándola en desperdicios orgánicos (Contenedor verde), cristal (Iglú verde), envases de plástico-aluminio (Contenedor amarillo), y papel (Contenedor azul).
3.	No tires las pilas usadas al medio ambiente, échalas a los depósitos especiales.
4.	El termostato de la calefacción debe estar a 20°C y el de la refrigeración a 25°C.
5.	Usa la bicicleta en vez del coche (te mantendrá en forma).
6.	Apaga los electrodomésticos y aparatos eléctricos cuando no los uses.
7.	Utiliza transporte público (Exige autobuses con un servicio frecuente y puntual).
8.	Instala energías renovables en tu casa. (Las Energías Renovables contaminan menos, son inagotables, autóctonas, no contribuyen al cambio climático y son muy rentables: 10 kW de instalación fotovoltaica producen 6.000 euros anuales).
9.	Revisa y mantén las ventanas y puertas cerradas para evitar pérdidas de calor o frío.
10.	Repara los grifos que goteen y desperdicia menos agua potable. (El goteo de un grifo puede suponer unos 30 litros al día, cierra el grifo al lavarte los dientes. La obtención de agua potable supone un gasto de

MEDIDAS PARA PALIAR EL CAMBIO CLIMÁTICO	
	energía: bombeo, potabilización. La ducha requiere la quinta parte de agua y energía que un baño).
11.	Yendo a pie en vez de ir en coche, cuando puedas, y compartiendo coche para ir al trabajo, a tu centro de estudios, etc.
12.	Aprovechando los restos vegetales y las basuras del jardín, para la obtención de abono orgánico (La obtención de abonos supone un gasto de energía).
13.	Usando papel reciclado. Cada tonelada de papel reciclado ahorra: 17 árboles adultos (de 20 años), 100 m^3 de agua y 3800 kW.h de energía.
14.	Cambia el papel de aluminio para envolver por fiambreras

Recuerde ***"El mayor error lo comete quien no hace nada porque sólo podría hacer un poco"***.

¡Comprométase éticamente para luchar contra el cambio climático!

En las fotografías se puede observar el estado del glaciar Upsala (Patagonia argentina), en 1918 y 2004, que pone de manifiesto el alarmante grado de deshielo de los glaciares causado por el calentamiento global.

GRAVEDAD Y UNIVERSO

GRAVEDAD Y UNIVERSO

CURIOSIDADES Y PREGUNTAS	
¿Por qué todas las personas medimos un centímetro más por la mañana que por la noche?	¿Por qué el agua de una bañera, al vaciarse, no gira siempre en el mismo sentido en toda la Tierra?
¿Por qué se atrofian los músculos y se descalcifican los huesos de los astronautas cuando están mucho tiempo en el espacio?	¿Por qué si los humanos hubiesen aparecido en la Luna seríamos dos veces más altos y tendríamos los brazos y piernas largas y delgadas?
¿Sabías que en la Luna también hay mareas?	¿Sabías que el suelo de Madrid sube y baja, dos veces al día, 40 cm?
¿Cómo se explica el hecho de que los gatos siempre caigan de pie, de acuerdo con el refrán “siete vidas tiene un gato”?	¿Desde dónde se miden las alturas en la superficie de la Tierra? ¿En España cuál es el nivel de referencia para medir todas las alturas?
¿Puede volar un helicóptero en la Luna?	¿Por qué al levantarnos de una silla inclinamos el cuerpo hacia delante?
¿Sabes cómo se consigue la gravedad cero, para que los astronautas hagan ejercicios?	¿Por qué las señoras embarazadas andan con la columna inclinada hacia atrás?
¿Por qué es más fácil batir récords de atletismo en Madrid que en Moscú?	La Luna llena provoca más accidentes, más delincuencia, nacen más bebes.
¿Por qué vemos siempre la misma cara de la Luna?	¿Por qué los niños se caen con más facilidad que los adultos?
¿A qué se deben las mareas?	¿Cómo se chuta el balón con efecto?
¿Por qué las enredaderas trepan de derecha a izquierda?	¿Por qué los relojes giran hacia la derecha?
¿Por qué no se cae la Torre inclinada de Pisa?	¿Por qué se mantiene la atmósfera alrededor de la Tierra?
¿Por qué crees que los seres acuáticos tienen un aspecto tan diferente de los terrestres?	Según la ley de gravitación universal, ¿por qué no chocan unos cuerpos contra otros, en la Tierra?
¿Por qué si vas cargado con una maleta, en la mano izquierda, te inclinas hacia la derecha?	¿Cómo calcularías la masa y el grosor de un folio si no dispones de una balanza de precisión?
¿Son iguales los inviernos y los veranos en los dos hemisferios?	¿Por qué los agujeros negros se llaman así?

CURIOSIDADES Y PREGUNTAS

¿Puede salirse la Estación Espacial Internacional de su órbita?	¿Por qué los corredores de maratón, al acabar la carrera, miden algunos centímetros menos?
METEDURAS DE PATA EN LA CIENCIA-FICCIÓN: En "El Imperio contraataca", el Halcón Milenario hace piruetas para escapar a una tormenta de asteroides. Pero el vacío sideral hace desaparecer la inercia que permitiría a la nave maniobrar tan libremente, y no sería necesario ya que la distancia media de separación entre asteroides es de un millón de km.	METEDURAS DE PATA EN LA CIENCIA-FICCIÓN: Un error muy corriente en el cine es la destrucción, en las batallas espaciales, de las naves con brillantes rayos láser y explosiones estruendosas; pero en el espacio no hay aire, y sin él esos bonitos rayos láser son invisibles. Tampoco pueden oírse las explosiones sin aire que transmita el sonido ("Guerra de las galaxias", etc.).
En la película "Armageddon" un gran meteorito va a chocar contra la Tierra y se detecta 18 días antes de que impacte, un meteorito tan grande como ese sería avistado con décadas de antelación.	Las plantas cuya parte comestible crece sobre la tierra deben ser sembradas en Luna creciente, mientras que las que sólo se utiliza su parte subterránea (la raíz) deben sembrarse en Luna menguante.
El ángulo que forma el eje de giro de la Tierra con la vertical del plano orbital es de 23,5° y permanece constante debido al efecto que produce la Luna. La Luna es el regulador climático de la Tierra.	En el polo norte, la noche dura 6 meses, desde octubre a marzo, y el día otros 6 meses, desde abril a septiembre. En el polo sur, ocurre lo mismo, pero cuando en el norte es de día en el sur es de noche.
Si no existiera la Luna no habría vida en la Tierra.	La Luna recién formada tenía un tamaño 15 veces superior al actual.
La Luna se separa de la Tierra a una velocidad de 3,5 cm/año.	La Luna se formó al chocar el planeta Orfeo con la Tierra.
La Luna se ha alejado de la Tierra, desde su formación, pasando la duración del día de 4 h a 24 h.	En el futuro los eclipses totales ya no tendrán lugar, ya que al alejarse la Luna, no tapará totalmente al Sol.
¿Por qué la masa de la Tierra aumenta cada año 2 millones de toneladas?	Al alejarse la Luna los días serán cada vez más largos.
Las uvas se recogen en los días de Luna llena y se prensan en los días de Luna nueva, para evitar posos en los vinos.	Al alejarse la Luna tenemos un peligro de cambio climático importante, con veranos muy calurosos e inviernos muy fríos.
La piel humana pesa unos 2,72 kg.	

GRAVEDAD Y UNIVERSO

PREGUNTAS Y RESPUESTAS

1. ¿Por qué somos más altos por las mañanas que por las noches?

Porque entre las vértebras existen unos cartílagos que se extienden durante la noche, al no tener que soportar el peso del cuerpo. Por el contrario, a lo largo del día la presión ejercida por nuestro peso, los comprime, midiendo al final del día 1 o 2 cm menos.

2. ¿Por qué crees que los seres acuáticos tienen un aspecto tan diferente de los terrestres?

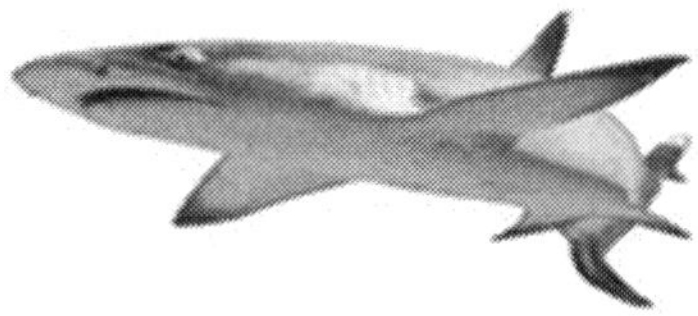

La forma tan especial de los seres acuáticos no es fruto de la casualidad, sino del medio en el que se desenvuelven. Su forma tan peculiar es debida, fundamentalmente, a que tienen que soportar una gravedad efectiva prácticamente nula porque su peso, que es una fuerza vertical descendente, está equilibrado con el empuje de Arquímedes, que es una fuerza vertical ascendente. Esa gravedad efectiva cero es la que aprovechan los astronautas para hacer ejercicios en piscinas, simulando unas condiciones gravitatorias similares a las que se encontrarán en la nave o plataforma espacial.

3. ¿Por qué a los astronautas se les atrofian los músculos y se les descalcifican los huesos cuando permanecen mucho tiempo fuera de la Tierra?

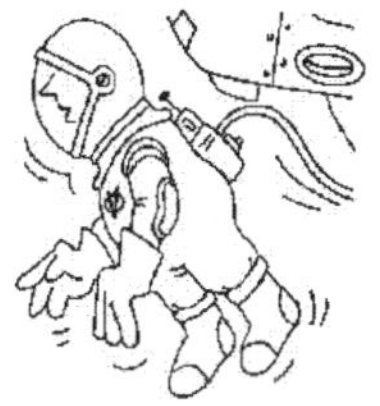

Porque el estado de ingravidez produce esos efectos. Los músculos están diseñados para realizar ciertos trabajos dentro de la Tierra, cuando la gravedad es menor, ya no sirven y se atrofian. Los huesos son el armazón del cuerpo, pero sin cuerpo que sujetar se descalcifican. Si no se resuelven estos problemas jamás podremos abandonar nuestro planeta, para conquistar nuevos mundos.

4. ¿Funcionará un dinamómetro en la Luna?

Si está calibrado en la Tierra, no funcionará bien, ya que marcará menos de lo debido, al ser la gravedad de la Luna menor. Si estuviese calibrado en la Luna funcionaría bien. Con la balanza no existe ese tipo de problemas, ya que las balanzas comparan masas, y éstas no dependen de la gravedad del cuerpo celeste.

5. ¿Por qué si los humanos hubiesen aparecido en la Luna, en vez de hacerlo en la Tierra, los seres humanos seríamos dos veces más altos y tendríamos los brazos y piernas largas y delgadas?

Porque la gravedad en la Luna es 6 veces menor que en la Tierra y ésta es la que ha intervenido directamente en el destino evolutivo de cada especie animal o vegetal, y ha modelado nuestros órganos y miembros. Así, por ejemplo, la espina dorsal, sirve para que el cuerpo humano no sea aplastado por la gravedad y nuestras extremidades son palancas, especialmente diseñadas para vencer la gravedad. En Júpiter, los seres humanos tendrían las piernas cortas y gruesas y el cuerpo sería bajo y achatado debido a que su gravedad es alta.

6. ¿Sabes cómo se consigue la gravedad cero, para que los astronautas hagan ejercicios?

Fundamentalmente, hay dos maneras: Debajo del agua, donde el peso es compensado por la fuerza de Arquímedes y se anula la gravedad; y en los aviones vomitaderos, que son aviones vacíos y acolchados en el interior. El avión primero sube y luego se deja caer en picado, en la caída los astronautas disponen de 2 o 3 s, de g = 0, durante los cuales hacen ejercicios. La operación se repite unas 30 veces.

7. ¿Por qué la masa de la Tierra aumenta cada año dos millones de toneladas?

Algunos pensarán equivocadamente que ese aumento se debe al incremento de la población humana, y al nacimiento de nuevos animales y vegetales. Pero la masa de esos nuevos seres vivos que nacen procede de otros seres vivos que les sirven de alimento (en el caso de los carnívoros o herbívoros), o de la propia naturaleza que aporta los nutrientes necesarios para su crecimiento. Por tanto, el aumento de la masa de la Tierra se debe realmente a los meteoritos [procedentes de cometas y asteroides] que no llegan a desintegrarse en la entrada a la atmósfera y a la caída de polvo cósmico en la Tierra.

8. ¿Sabías que el suelo de Madrid sube y baja, dos veces al día, 40 cm?

Casi todo el mundo habrá oído hablar de las mareas que tienen lugar en el mar (mareas oceánicas), pero muy pocos sabrán que también existen mareas terrestres; es decir, en el suelo de la Tierra. Al igual que las mareas oceánicas, las mareas terrestres son producidas también por la atracción entre la Luna y el Sol. Esta atracción provoca deformaciones en la superficie de la Tierra, que es un cuerpo elástico (sólido por fuera y líquido por dentro), lo que provoca que todas las regiones, en mayor o menor grado suban y bajen dos veces al día (cada 12 horas), como es el caso de Madrid. Todos los cuerpos celestes sólidos del Universo, desde la Tierra hasta las lunas de Saturno, muestran mareas terrestres si se hallan cerca de un objeto grande.

9. ¿Por qué a unas horas pesamos más que a otras?

Porque la masa de las personas varía a lo largo del día, según lo que se coma, el ejercicio que se haga, etc. El cuerpo humano no es un sistema cerrado, ya que intercambia materia con el exterior.

10. ¿Por qué es más fácil batir récords de atletismo en Madrid que en Moscú?

La Tierra está achatada por los polos, de tal manera que el radio ecuatorial es mayor que el radio de los polos. Por este motivo, como la gravedad es inversamente proporcional al cuadrado del radio, cuanto mayor es el radio menor es la gravedad. Es decir, que la gravedad aumenta con la latitud, y como Moscú se encuentra a una latitud mayor que Madrid, en Moscú la gravedad será mayor que en Madrid, y, por tanto, el atleta pesará más, no pudiendo marcar récords tan grandes como en Madrid. Además, hay otra razón, ya que la gravedad disminuye con la altura sobre el nivel del mar, y como Moscú se encuentra a 150 m sobre el nivel del mar y Madrid a 646 m, pues la gravedad en Moscú también será mayor que en Madrid.

11. ¿Es cierto que el agua de una bañera, al vaciarse, siempre gira en el mismo sentido en cualquier lugar de la Tierra?

No, ya que el sentido que toman los remolinos formados por el agua que se vacía de las bañeras es diferente en los dos hemisferios terrestres. La causa se denomina fuerza de Coriolis, originada por la aceleración del mismo nombre que aparece en todos los movimientos de sistemas de rotación. Dicha fuerza actúa en sentido contrario en cada uno de los dos hemisferios. En el norte gira en el mismo sentido que las agujas del reloj, y en el sur, gira en sentido contrario.

12. ¿Puede volar un helicóptero en la Luna?

No pueden hacerlo ni helicópteros, ni aviones, porque las palas de los primeros y las alas de los segundos están diseñadas para lograr que disminuya la presión en la parte superior de ala o pala y, como respuesta compensatoria, se produzca un empuje hacia arriba en la parte inferior de estas piezas. En la Luna, la atmósfera es extraordinariamente liviana, lo que hace difícil, por no decir imposible, que puedan despegar. Además, utilizan motores de combustión, lo que significa que necesitan oxígeno para funcionar y en la Luna no hay oxígeno.

13. ¿Por qué se mantiene la atmósfera alrededor de la Tierra?

El aire forma una enorme envoltura, alrededor de la Tierra, llamada atmósfera. Ésta se escaparía al vacío sideral si no fuera porque es retenida por la gravedad terrestre.

14. ¿Cómo se explica el hecho de que los gatos siempre caigan de pie, de acuerdo con el refrán "siete vidas tiene un gato"?

De la misma manera que los atletas son capaces de girar sobre sí mismos y dar vueltas, como en salto de trampolín, los gatos tienen también esa habilidad. Efectivamente, aunque durante la caída el centro de gravedad describe la vertical, el gato mediante contracciones musculares, consigue girar su cuerpo respecto a dicho centro de gravedad, en menos de medio segundo, hasta colocar sus 4 patas hacia el suelo, evitando así dañarse y haciendo válido el refrán de siete vidas tiene un gato.

15. ¿Cómo calcularías la masa de un folio si no dispones de una balanza de precisión? ¿Y el grosor de un folio?

Pesaría dos paquetes de 500 folios, sin la envoltura, y el resultado lo dividiría entre 1.000. El grosor se mediría determinando la altura de los dos paquetes de folios, bien apretados, y la dividiría entre 1.000.

16. ¿Sabías que en la Luna también hay mareas?

La Luna también sufre mareas debido a la influencia de la Tierra, por ese motivo su superficie sube y baja hasta 10 cm. Esta expansión y contracción de la superficie lunar sólo es posible si en su interior hay roca fundida, según los científicos de la NASA. El que la Luna esté fundida en su interior respalda la teoría de que la Luna se originó en un choque de un cuerpo celeste con la Tierra.

17. ¿Por qué si vas cargado con una maleta, en la mano izquierda, te inclinas hacia la derecha?

Para conseguir que la vertical que pasa por el centro de gravedad caiga en los pies, lo que no ocurre si fuéramos derechos. De esa manera conseguimos que el equilibrio sea estable y así no nos caemos.

18. ¿Por qué las señoras embarazadas andan con la columna inclinada hacia atrás?

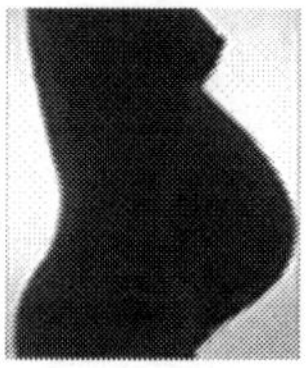

Para conseguir que la vertical que pasa por el centro de gravedad caiga en los pies, lo que no sucede si fueran erguidas, ya que caería delante de sus pies. De esa manera consiguen que el equilibrio sea estable y no se caen.

19. ¿Por qué los niños se caen con más facilidad que los adultos?

Seguro que está pensando que los niños se caen con más facilidad porque son más despistados, más torpes o alguna otra limitación relacionada con la niñez, pero la verdadera respuesta apunta en otra dirección. En primer lugar recordaremos que el centro de gravedad de un cuerpo es el lugar donde se puede considerar aplicado su peso. Por otra parte, cuanto más alto es el centro de gravedad de un cuerpo más inestable es su equilibrio, por eso los coches de Fórmula 1 son tan bajos, para bajar su centro de gravedad y que su equilibrio sea estable, pudiendo tomar curvas a gran velocidad sin volcar.

Pues bien, proporcionalmente el tamaño de la cabeza de los niños es grande, casi como la de un adulto, y su cuerpo es pequeño. Estas condiciones anatómicas provocan que su centro de gravedad esté demasiado alto, se encuentra en el tórax mientras que en los adultos se encuentra en la pelvis; por tanto, su equilibrio es inestable y se caen con más facilidad. Además, su inestabilidad también aumenta porque la superficie de sus pies es menor que la de los adultos.

20. ¿Por qué no chocan unos cuerpos contra otros, en la Tierra, atraídos según la Ley de Gravitación Universal, de Newton?

Debido a que la constante de gravitación universal (G) es muy pequeña y los cuerpos que se pueden mover en la Tierra, no tienen masas muy grandes. Estas condiciones hacen que la fuerza de atracción gravitatoria sea muy pequeña e insuficiente para vencer las fuerzas de rozamiento existentes entre los cuerpos y el suelo, por una parte, y entre los cuerpos y el aire, por otra.

21. ¿Desde dónde se miden las alturas en la superficie de la Tierra? ¿En España cuál es el nivel de referencia para medir todas las alturas?

Desde el nivel del mar. En España, se toma como referencia para las alturas el nivel medio del mar en Alicante, por existir pocas variaciones del mismo. Cuando se proyectó el levantamiento altímetro de España, a finales del siglo XIX, las mediciones confirmaron que la diferencia del nivel del mar entre la bajamar y la pleamar era menor en la costa alicantina. Por ello, en 1871 se inició el levantamiento altimétrico estableciéndose la primera señal en el primer peldaño de la escalera del Ayuntamiento de Alicante, que se encuentra a 3,407 m sobre el nivel del mar en Alicante.

22. ¿Son iguales los inviernos y los veranos en los dos hemisferios?

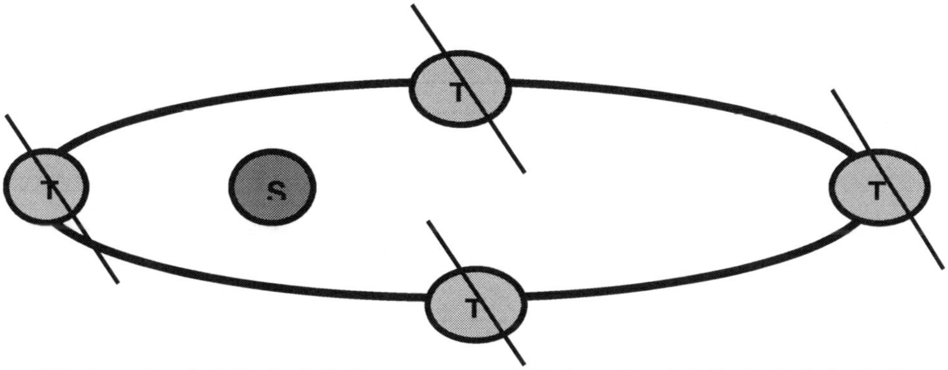

Distancia del Sol el 2 de enero. (147 millones de km) **Distancia del Sol el 4 de julio. (152 millones de km)**

No. El responsable de las estaciones del año es el eje de la Tierra, que no es perpendicular a la trayectoria orbital de nuestro planeta, sino que tiene una inclinación de 23,5°. En consecuencia, el hemisferio norte se encuentra más cercano al Sol en el solsticio de verano (21 de junio), mientras que en el solsticio de invierno (21 de diciembre) está más alejado. En el hemisferio sur ocurre lo contrario. Pero el invierno y el verano no sólo están desfasados en los distintos hemisferios, sino que, además, los veranos son más calurosos en el hemisferio sur. Esto es debido a que la órbita terrestre no tiene como centro exacto el Sol, de manera que el día 2 de enero alcanzamos la menor distancia, mientras que llegamos al punto más alejado, el 4 de julio. Por tanto, cuando sea verano en el hemisferio sur, nosotros estaremos más cerca del Sol y será invierno. Los inviernos también son más crudos en el hemisferio sur. Por último, la peculiar órbita terrestre hace que la duración de las estaciones sea diferente. Los inviernos duran 89 días y los veranos 93, en el hemisferio norte. En el sur, es al revés: los inviernos 93 y los veranos 89 días.

23. ¿Por qué vemos siempre la misma cara de la Luna?

Debido a que el período de rotación de la Luna, alrededor de sí misma, es igual al período de revolución alrededor de la Tierra. Este fenómeno ocurre en la mayoría de los satélites del sistema solar y está provocado por el frenado gravitatorio ejercido por la mayor masa planetaria.

24. ¿Por qué los agujeros negros se llaman así?

Porque la gravedad es tan elevada, que no se puede escapar ni la luz, y, por ello, reciben este nombre. Su densidad se aproxima al infinito.

25. ¿Por qué los relojes giran hacia la derecha?

Debido a que, en la antigüedad, el tiempo se medía con relojes de Sol y, lógicamente, en el hemisferio norte la sombra proyectada por el fiel se desplaza a la derecha, conforme transcurre el día, y dado que los relojes mecánicos se inventaron en Europa, en el hemisferio norte, los fabricantes para no confundir, hicieron que las manecillas giraran en el mismo sentido que la sombra de los relojes solares, tradición que se ha mantenido a lo largo de los siglos.

26. ¿Por qué los corredores de maratón (42.195 m), al finalizar la carrera, miden algunos centímetros menos?

Debido a que los cartílagos de la columna vertebral, se van comprimiendo en los sucesivos golpes del pie contra el suelo, de tal manera, que al acabar la misma la columna se ha acortado en varios cm, por lo que su altura es inferior a la que tenía al comienzo de la carrera.

27. ¿Por qué las enredaderas trepan de derecha a izquierda?

Al igual que le sucede a las enredaderas, también el viento (en las áreas de alta presión), los remolinos formados por el agua al vaciarse en un desagüe, y la espiral del caparazón de los caracoles giran en sentido de las agujas del reloj en el hemisferio norte y al contrario en el sur. La causa se denomina fuerza de Coriolis y está originada por la aceleración del mismo nombre que aparece en todos los movimientos de sistemas de rotación. Dicha fuerza actúa en sentido contrario en cada uno de los dos hemisferios. En el norte gira en el mismo sentido que las agujas del reloj, es decir de derecha a izquierda, y en el sur gira en sentido contrario.

28. ¿A qué se deben las mareas?

A la atracción que la Luna ejerce sobre las aguas del mar y en menor grado a la atracción del Sol. En épocas de Luna llena y Luna nueva, la acción del Sol se suma a la de la Luna, dando lugar a las llamadas mareas altas, mientras que durante los cuartos de Luna, las fuerzas de ambos astros se oponen, produciéndose las mareas bajas. El desnivel puede llegar a 19,6 m, como en la Bahía de Fundy, en Canadá.

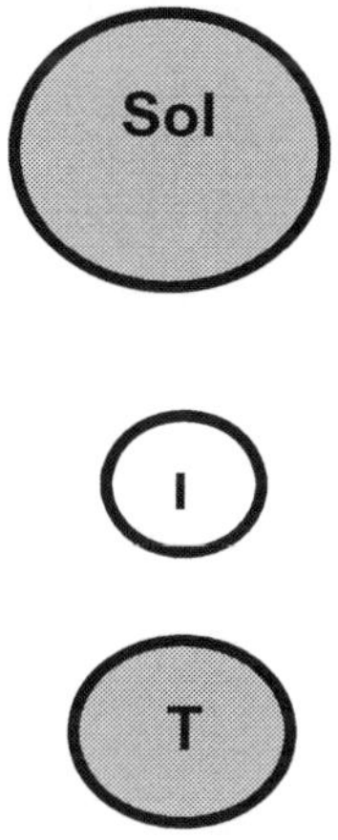

Marea viva o alta. (Se suma la atracción de la Luna y el Sol)

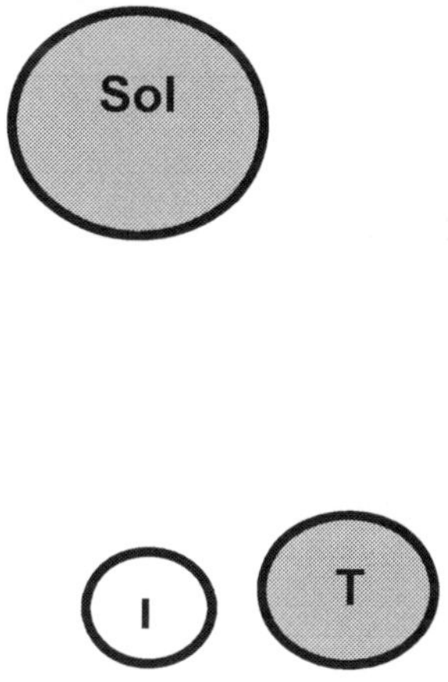

Marea muerta o baja. (La atracción de la Luna se resta a la del Sol)

29. ¿Por qué no se cae la Torre inclinada de Pisa?

La Torre inclinada de Pisa fue construida en 1173 y su construcción duró 200 años, realizándose en 3 etapas. La inclinación de la torre, de 56 m y 8 plantas, se produjo después de construir su tercera planta, debido a unos cimientos débiles, en un subsuelo inestable. Por ese motivo los dos últimos pisos no son paralelos, sino que se construyeron con forma de cuña en un intento de compensar en parte dicha inclinación. La torre seguirá inclinándose 1,1 minutos de grado cada 10 años, lo que puede producir su derrumbamiento, ya que en la base hay un estrato de arcilla a 10 m de profundidad, que va cediendo progresivamente. La inclinación actual es de un 10%, es decir unos 9°. La inclinación de la Torre de Pisa es otro caso de equilibrio curioso. En este sentido, señalaremos que dicha torre fue construida con materiales muy pesados en la parte baja y más livianos en la parte alta, bajando así considerablemente el centro de gravedad de la misma. La Torre inclinada de Pisa no se cae porque tiene una base de apoyo grande y porque la vertical que pasa por el centro de gravedad cae en la base de sustentación, con lo cual el equilibrio es estable.

A modo de curiosidad, se dice que desde lo alto de la torre, Galileo Galilei dejó caer dos bolas de cañón, una de hierro y otra de madera, para demostrar que la velocidad de descenso era independiente de la masa.

30. ¿Cómo se chuta el balón con efecto?

Meter un gol de saque de esquina es toda una proeza de un futbolista, pero su explicación la tiene la física. El tiro con efecto, se conoce con el nombre de efecto Magnus, en honor al científico alemán que lo descubrió. Cuando se dispara con efecto, el balón gira sobre sí mismo, mientras avanza por el aire, apareciendo una fuerza perpendicular al eje de rotación y a la dirección del movimiento. Este efecto es importante no sólo en fútbol, sino también en otros deportes como el tenis, pimpón, voleibol, y golf. Esta fuerza ascensional actúa también en los aviones. En el movimiento rotatorio del balón, a causa del rozamiento con la superficie, se arrastra aire, y esto hace que en la parte superior de la pelota se acelere el aire y en la inferior se frena. Esta diferencia de velocidad produce en el balón una diferencia de presión entre la parte superior y la inferior, produciendo una fuerza vertical ascendente, que origina una curvatura en la trayectoria.

31. ¿Por qué al levantarnos de una silla inclinamos el cuerpo hacia delante?

Para conseguir que la vertical que pasa por nuestro centro de gravedad caiga en los pies, lo que no ocurre cuando estamos sentados. Así, conseguimos que el equilibrio sea estable y no nos caemos.

32. ¿Por qué la noche en el polo Norte dura 6 meses?

Si entre los lectores tenemos alguno al que le guste dormir, le vamos a dar una excelente noticia, ya que en el polo norte la noche dura 6 meses, desde octubre hasta marzo, con lo cual podrá dormir hasta hartarse. Por el contrario, el día dura otros 6 meses, desde abril hasta septiembre. En el polo sur ocurre lo mismo, pero cuando en el norte es de día en el sur es de noche. La razón de este fenómeno hay que buscarla en la inclinación del eje de rotación de la Tierra respecto a la vertical, que es de 23,5 ° y que es la responsable de las estaciones del año, por no ser perpendicular a la trayectoria orbital de nuestro planeta. En otoño e invierno en el hemisferio Norte no llega luz al polo Norte y consecuentemente es de noche; por el contrario, en primavera y verano llega toda la luz y es de día permanentemente.

33. ¿Puede salirse la Estación Espacial Internacional (I.S.S.) de su órbita?

En la zona del espacio donde gira la Estación Espacial Internacional todavía quedan restos apreciables de atmósfera terrestre, aunque muy poco densos. Esto hace que la nave vaya perdiendo altura de manera muy lenta, pero progresiva, como consecuencia del rozamiento con la fina capa de atmósfera que existe a esa altura, lo que provoca una disminución de su velocidad. Por eso se sabe que algún día la I.S.S. perderá su sustentación y caerá sobre la Tierra. Para evitarlo, los ingenieros de las agencias espaciales implicadas ya tienen un programa de reentrada controlada que evite riesgos para las personas.

CURIOSIDADES SOBRE GRAVEDAD Y UNIVERSO

- La piel humana pesa unos 2,72 kg.
- Vistos desde arriba, todos los planetas giran en sentido contrario a las agujas del reloj excepto Venus que rota al revés, probablemente debido a un fortísimo choque con un cuerpo celeste.

METEDURAS DE PATA EN LA CIENCIA-FICCIÓN

- Un error muy corriente en el cine es la destrucción, en las batallas espaciales, de las naves con brillantes rayos láser y explosiones estruendosas; pero en el espacio no hay aire, y sin él esos bonitos rayos láser son invisibles. Tampoco pueden oírse las explosiones sin aire que transmita el sonido ("Guerra de las galaxias", etc.).
- En "El Imperio contraataca", el Halcón Milenario hacía todo tipo de piruetas para escapar a una tormenta de asteroides. Pero el vacío sideral hace desaparecer la inercia que permitiría a la nave maniobrar tan libremente y, de todos modos, no sería necesario ya que la distancia media de separación entre asteroides es de un millón de km.

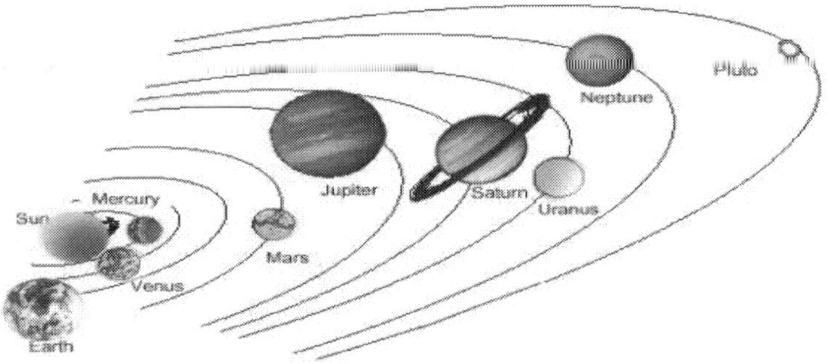

- Una de las meteduras de pata más utilizadas en las películas de ciencia-ficción es la de la invasión de animales gigantescos, como hormigas, ratas y bichos similares, sin tener en cuenta que su complexión corporal les impediría moverse si crecieran tanto. Lo mismo sucedería con los hombres diminutos, como "El hombre menguante".
- Otra metedura de pata muy recurrente es la que aparece en las películas de acción, cuando vemos como los coches explotan con una fa-

cilidad pasmosa al chocar o al recibir un balazo en el depósito de gasolina. Sin embargo, realmente esto es muy improbable que suceda, porque los depósitos de los coches están protegidos contra el fuego. Además, para que un depósito explotara los vapores de gasolina se deberían acumular en el depósito y éste tendría que estar vacío en sus ¾ partes.

- Finalmente, en las superproducciones "Armageddon" y "Deep Impact" se presenta la posibilidad de que un meteorito gigante choque contra la Tierra. En "Armageddon" el meteorito se detecta 18 días antes de que impacte y envían a un grupo de expertos para que coloquen una bomba atómica y lo destruya antes de que llegue a la Tierra. El impacto de un meteorito tan grande como ese no sería avistado con 18 días de antelación, como se indica en la película, sino con décadas de antelación, dados los modernos y eficaces sistemas de observación astronómica existentes en la actualidad. Además, la idea de aterrizar en el meteorito, para colocar la bomba, es muy complicada y su campo gravitatorio no se corresponde con su tamaño, ya que parece similar al de la Luna, a pesar de ser el meteorito miles de veces menor que ésta.

En una colaboración que tuve con el programa **"Lo que hay que ver"**, del **canal 7 Región de Murcia TV**, dedicado al cine y la TV, el 10-01-09, se describen los numerosos errores científicos en las películas de ciencia-ficción (Guerra de las galaxias, Armageddon, Apolo 13, etc.). Por eso, todo lo que se describe en esta lectura puede visualizarse en el vídeo colgado en **youtube "Los errores científicos en el cine"** (duración 5:34 minutos), cuyo **link es: https://goo.gl/yn8JkM**.

INFLUENCIA DE LA LUNA EN LOS SERES VIVOS

La experiencia demuestra que las plantas cuya parte comestible crece sobre la tierra deben ser sembradas en Luna creciente, mientras que las que sólo se utiliza su parte subterránea (la raíz) deben sembrarse en Luna menguante.

¿QUÉ OCURRIRÍA SI NO TUVIÉRAMOS LUNA?

Una de las hipótesis que mantienen los científicos supone que la Luna se formó al chocar el planeta Orfeo (del tamaño de Marte) con la Tierra. Este choque dio lugar a la actual atmósfera y el posterior desarrollo de la vida. En el choque parte del hierro, de los núcleos de la Tierra y Orfeo, fue expulsado al exterior y reaccionó con el agua existente en la Tierra, produciendo grandes cantidades de hidrógeno, creando una atmósfera reductora, que permitió surgir la vida en la Tierra.

La Luna recién formada tenía un tamaño 15 veces superior al actual. La Luna se fue alejando de la Tierra, desde su formación, pasando desde los 21.000 km iniciales, de distancia entre la Tierra y la Luna, hasta los 384.000 km actuales. Este hecho ha provocado que el período de rotación de ambos y, por tanto, su velocidad fuese menor. El día pasó de tener 4 horas a 24 horas, en la actualidad.

En el futuro, los eclipses totales ya no tendrán lugar, ya que al alejarse la Luna, no tapará totalmente al Sol. Hace 2.000 años, los días eran ligeramente más cortos que en la actualidad, debido a que la Luna estaba más cerca de la Tierra. La Luna se separa de la Tierra a una velocidad de 3,5 cm/año.

El ángulo que forma el eje de giro de la Tierra con la vertical del plano orbital es de 23,5° y permanece constante debido al efecto que produce la Luna. Si no tuviéramos Luna, el eje de la Tierra oscilaría de 0° a 90° de forma caótica y los cambios climáticos serían totalmente drásticos. La Luna es el regulador climático de la Tierra.

Al alejarse la Luna tenemos un peligro de cambio climático importante, con veranos muy calurosos e inviernos muy fríos y los días serán cada vez más largos. Para paliarlo se podrían construir presas en los océanos, ya que la Luna se aleja debido a la fricción que origina el régimen de mareas.

CONSEJO ECOLÓGICO: LAS VIVIENDAS BIOCLIMÁTICAS

El sol siempre ha diseñado la forma de la vivienda. La vivienda bioclimática se adapta al clima del lugar, utilizando al máximo los recursos naturales y aprovechando el sol, para el acondicionamiento térmico de sus ambientes, de una manera sencilla y barata.

Según Sócrates (siglo V a.C.), la vivienda ideal debía ser cálida en invierno y fresca en verano y el arquitecto romano Marco Vitruvio (siglo I a.C.) decía que los edificios debían tener en cuenta la orientación y el clima para su construcción.

Uno de los mayores disparates ecológicos son los edificios con superficie vidriada, que sólo puede compensarse con equipos artificiales de aire acondicionado, con un alto coste y una elevada contaminación.

Las casas antiguas están orientadas al Sur y tienen aleros en la fachada principal porque así les da el Sol desde que sale hasta que se pone y porque en verano el Sol está más alto y con el alero evita que entre el Sol en la casa; sin embargo, en invierno el Sol está más bajo y el alero no impide que el Sol entre en la casa.

ORIENTACIÓN DE LAS CASAS

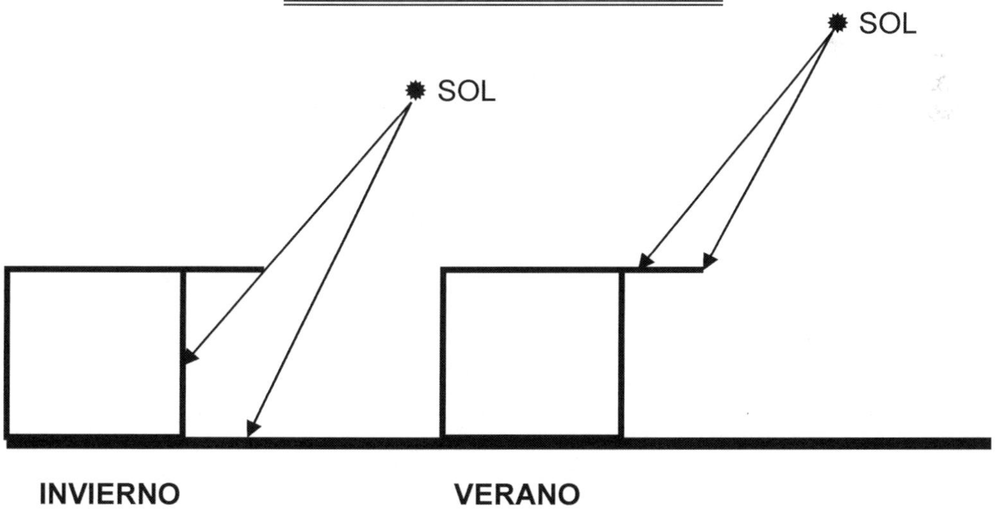

En España existen numerosas eco-aldeas que respetan el entorno de la zona, incitando al uso de transporte público y bicicleta, con árboles de hoja caduca al sur (que permiten la entrada de luz solar en invierno y protegen del calor en verano), y con árboles de hoja perenne al Norte (para proteger de los vientos fríos y húmedos del invierno). Los materiales empleados son naturales: madera, adobe (ladrillos), barro, corcho, teja, etc. En vez de PVC se usa polietileno. Tienen una alta eficiencia energética, con captadores solares térmicos, calefacción por suelo radiante, recuperación de aguas de lavabos y duchas para la cisterna, etc.

El 29-9-2006 entró en vigor el nuevo Código Técnico de la Edificación. A partir de esa fecha todos los edificios de nueva construcción y rehabilitación deberán contar con instalaciones de energía solar térmica para las demandas de agua caliente sanitaria y climatización de piscinas cubiertas. Lo lamentable es que esta normativa salga después de todo el boom urbanístico que ha tenido lugar en nuestro país.

Regula el termostato a 25 °C para refrigeración y a 20 °C para calefacción. Así evitamos un sobreconsumo de energía, un incremento de la contaminación y no favorecemos el cambio climático.

ENERGÍA

¿Por qué los senderistas suben a lo alto de un monte zigzagueando?
¿Sabías que un conductor gasta el triple de energía si usa su coche que si opta por el
¿Por qué las placas solares son negras y están orientadas al sur?

ENERGÍA

CURIOSIDADES Y PREGUNTAS

¿De dónde obtienen los seres vivos la energía para realizar sus funciones (andar, trabajar, etc.)?	Cada persona radia una energía por unidad de tiempo que equivale a una bombilla de 120 vatios.
El Sol envía a la Tierra 4.500 veces más energía que la que utiliza la humanidad.	¿Por qué los senderistas no suben a lo alto de un montículo haciendo un recorrido recto, sino zigzagueando?
¿Por qué al rebotar los cuerpos no alcanzan la misma altura desde la que se dejaron caer?	¿Cuál es la influencia de la velocidad en el consumo de combustible de un coche?
¿Cuál es el origen primero de casi todas las fuentes energéticas existentes en la Tierra?	¿Cuál es la fuente energética que consume la mayor parte de la humanidad?
¿Por qué las placas solares están orientadas hacia el sur?	¿Qué es la biomasa?
Sin la ayuda de las máquinas, cada persona necesitaría 80 sirvientes, para mantener el mismo tipo de vida que se disfruta hoy.	Un huracán produce la misma energía que la consumida en los Estados Unidos durante medio año, y equivale a 10 bombas atómicas.
¿Posee energía una piedra que se encuentra en la calle?	¿Por qué las placas solares son negras?
Un conductor gasta el triple de energía si usa su coche que si opta por el autobús.	La luz solar que recibe la Tierra, en un día, podría abastecer de energía a todo el planeta durante 27 años.
La revista Computer World afirma que si la industria del automóvil hubiera evolucionado tan rápidamente como la informática, un Rolls Royce costaría 2,5 dólares y recorrería 800.000 km con 1 litro de gasolina.	Según la leyenda, Arquímedes fue el primero en usar la energía solar, ya que valiéndose de espejos metálicos incendió las naves romanas, en una de las batallas que sostuvieron griegos y romanos.
¿Por qué la energía necesaria para fabricar un coche es mayor que la que éste consumirá en toda su vida útil?	Treinta litros de agua de mar permitirán obtener, por fusión nuclear, la misma energía que 10.000 litros de gasolina (La fusión nuclear será la energía del futuro).
¿Por qué en un año seco se producen más emisiones de CO_2 a la atmósfera que en un año húmedo?	

ENERGÍA

PREGUNTAS Y RESPUESTAS

1. Los seres vivos, tanto animales, como vegetales, necesitan energía para realizar sus funciones. Así, las personas necesitan energía para andar, hablar, trabajar, respirar, estudiar, etc., pero... ¿de dónde obtienen esa energía?

Los animales obtienen la energía de los alimentos que ingieren y los vegetales realizando la fotosíntesis, durante el día, mediante la siguiente reacción:

CO_2 (del aire) + H_2O (del suelo) + luz ➔ Hidratos de carbono + O_2 [Por las hojas] [Por las raíces]

Las sustancias minerales son absorbidas por la raíz de la planta en muy pequeña cantidad.

2. ¿Podemos considerar la energía como algo material?

No, ya que es algo que existe en cada instante en los cuerpos, pero que depende de las características del cuerpo, variando su valor cuando el cuerpo se transforma. Durante el siglo XIX, la energía era considerada como algo que precisaba un sustrato material donde mantenerse y desde el que se transfiriera. Así, por ejemplo, las ondas electromagnéticas poseen energía y no necesitan medio material para propagarse. Lo mismo ocurre con la energía radiada por el Sol. O bien, que una pila descargada pesa lo mismo que una pila cargada.

3. Cualquier cuerpo inerte, que se encuentra en el medio ambiente, ¿posee energía? ¿Cómo podrías demostrar tu afirmación? En caso afirmativo, ¿de dónde procedería esa energía?

Sí, ya que todos los cuerpos que se encuentran en el medio ambiente poseen una temperatura determinada, es decir, sus átomos o moléculas se encuentran vibrando, tanto más cuanto mayor sea su temperatura, por tanto, poseen energía cinética y potencial. Se podría comprobar añadiendo a un vaso con hielo, a 0° C, trocitos de piedra, y viendo que se funde antes que si no le añado nada, esto demuestra que los trocitos de piedra tenían energía, la cual es utilizada para fundir el hielo. Dicha energía procede del Sol, ya que radia energía aumentando la temperatura de los cuerpos durante el día, que la absorben. Los cuerpos luego la radian a la atmósfera durante la noche.

4. ¿Qué es la biomasa?

Es cualquier tipo de materia orgánica (animal o vegetal) que haya tenido su origen como consecuencia de un proceso biológico.

5. ¿Por qué los senderistas nunca suben a lo alto de un montículo haciendo un recorrido recto, sino zigzagueando?

El trabajo mecánico realizado es el mismo, subiendo directamente que en zigzag, pero el esfuerzo (la fuerza) realizado es menor, porque el espacio recorrido subiendo en zigzag es mayor. Recordemos que el W (trabajo mecánico) = Fuerza. Espacio = $F_1.s_1 = F_2.s_2$ = constante. Donde F_1 y s_1, son respectivamente, la fuerza realizada y el espacio recorrido al subir directamente, y F_2 y s_2, son respectivamente, la fuerza realizada y el espacio recorrido al subir zigzagueando.

6. ¿Por qué al rebotar los cuerpos no alcanzan la misma altura desde la que se dejaron caer?

Porque todos, en mayor o menor grado, son elásticos. La explicación de este fenómeno hay que buscarla en el ámbito molecular. En los choques inelásticos se pierde energía en los rebotes, en los elásticos no se pierde energía, pero éstos no existen en la realidad. En los choques inelásticos la energía perdida, que es irrecuperable, se emplea en deformar el cuerpo y el suelo, en aumentar la temperatura de ambos, en vencer los rozamientos con el aire y en producir una onda sonora.

7. ¿Por qué la energía necesaria para fabricar un coche es mayor que la que éste consumirá en toda su vida útil?

Como consecuencia de que la fabricación de las distintas piezas que lo componen, especialmente las metálicas, requieren un elevado consumo de energía que supera al realizado por el propio coche a lo largo de toda su vida útil.

8. ¿Cuál es el origen primero de casi todas las fuentes energéticas existentes en la Tierra?

La energía del Sol, ya que la mayoría de las fuentes de energía renovables (Solar, hidráulica, biomasa, eólica, energía del mar) y las no renovables (petróleo, carbón y gas natural), tienen su origen en la radiación solar. Las únicas excepciones son la energía geotérmica (cuyo origen está en los diferentes procesos radiactivos que tienen lugar en el centro de la Tierra) y las energías de fisión y fusión nuclear.

9. ¿Cuál es la fuente energética que consume la mayor parte de la humanidad?

La biomasa, ya que es la fuente energética principalmente usada en los países del tercer mundo, que representan unos 2/3 del total de la población mundial. Sin embargo, la fuente energética más consumida no es la biomasa, sino el petróleo.

10. ¿Por qué las placas solares están orientadas hacia el sur, en el hemisferio norte?

Ya que de esta manera reciben el máximo de radiaciones solares, desde que sale el Sol hasta que se pone.

11. ¿Por qué las placas solares son negras?

Debido a que es el color que mejor absorbe las radiaciones solares.

12. ¿Por qué en un año seco se producen más emisiones de CO_2 a la atmósfera que en un año húmedo?

La diferencia de emisiones de CO_2 entre un año húmedo y uno seco se cifra en torno a los 20 millones de toneladas de este gas. Esto es debido a que en un año seco produciremos menos energía hidroeléctrica, que no emite CO_2 ni otros gases de efecto invernadero, debido a que los embalses contendrán menor cantidad de agua. Además, al haber poco agua, las plantas crecen bastante menos, por lo que se elimina menos CO_2 a través de la fotosíntesis.

CURIOSIDADES SOBRE ENERGÍA

- Las personas mayores recordarán la poca calidad de vida que había cuando ellos nacieron, y como a lo largo de los años ha mejorado sensiblemente. Pues bien, **si hoy en día tuviésemos que prescindir por completo de todas las máquinas** que nos ayudan en casa (electrodomésticos, coche, etc.) y fuera de ella (Medios de transporte, hospitales, etc.), **cada persona necesitaría unos 80 sirvientes, para mantener el mismo tipo de vida que se disfruta hoy**.

- En 10 minutos un huracán produce energía suficiente como para igualar a todas las reservas nucleares del mundo. Un huracán produce la misma energía que la consumida en los Estados Unidos durante medio año, y es equivalente a la obtenida en la explosión de 10 bombas atómicas.

- La erupción de un volcán tiene más energía que el mayor huracán, que un tsunami (ola marina gigante) o un terremoto.

- Cada persona radia una energía por unidad de tiempo que equivale a una bombilla de 120 W (vatios).

- La Tierra recibe sólo media diezmillonésima de la energía radiante del Sol. Pero en pocos días recibe tanto calor y luz como los que podrían ser producidos por la combustión de todo el petróleo, el carbón y la madera del planeta.

- Un rayo genera temperaturas 5 veces superiores a los 6.000 °C de la superficie del Sol. Esta energía es equivalente a 3.750.000.000 de kW.h, el 75 % de la energía producida se emplea en elevar la temperatura circundante a unos 15.000 °C y causar una expansión rápida del aire, produciendo el correspondiente trueno, que puede ser oído a más de 30 km de distancia. Por cierto, los hombres tienen 4 veces más posibilidades que les caiga un rayo que las mujeres.

- La luz solar que recibe la Tierra, en un día, podría abastecer de energía a todo el planeta durante 27 años.

- El Sol envía a la Tierra 4.500 veces más energía que la que utiliza la humanidad. Si aprovechásemos sólo una parte de las 4.500, tendríamos energía para todo.

- Un conductor gasta el triple de energía si usa su coche que si opta por el autobús.

- La revista Computer World ha afirmado que si la industria del automóvil hubiera evolucionado tan rápidamente como la informática, un Rolls Royce costaría 2,5 dólares y recorrería 800.000 km con 1 litro de gasolina.

- Según la leyenda, Arquímedes fue el primero en usar la energía solar, ya que valiéndose de espejos metálicos incendió las naves romanas, en una de las batallas que sostuvieron griegos y romanos.

- El cerebro humano consume 6 g de glucosa cada hora (100 mg/minuto).

- Treinta litros de agua de mar permitirán obtener, por fusión nuclear, una energía equivalente a 10.000 litros de gasolina (La fusión nuclear será la energía del futuro).

- Según la agencia Europea de Medio Ambiente, en 1970 una persona consumía al año 735 kg de comida, mientras que en el año 2000 su consumo fue de 770 kg, pero con una dieta totalmente diferente.

CONSUMOS METABÓLICOS DE LAS PERSONAS

Sexo	**Consumo metabólico basal (W/m^2) En estado tumbado**
Hombre	44
Mujer	41

Nivel	**Consumo Metabólico (W/m^2)**	**Actividad**
Descanso	Menos de 65	Reposo
Consumo metabólico bajo	65 a 130	Escribir, coser, estudiar, dibujar, conducir, pasear, etc.
Consumo metabólico moderado	130 a 200	Conducir camiones, martillo neumático, caminar, etc.
Consumo metabólico alto	200 a 260	Hacer una zanja, empujar una carretilla muy cargada, caminar deprisa, etc.
Consumo metabólico muy alto	Más de 260	Subir escaleras, cortar un tronco, correr, etc.

CONSEJO ECOLÓGICO: INSTALA ENERGÍAS RENOVABLES EN TU CASA

Son energías renovables la energía eólica, la solar, la hidráulica, la biomasa, la energía del mar y la geotérmica. De todas ellas, la energía solar, la eólica y la biomasa son las que tienen mayores posibilidades en nuestro país.

Entre las ventajas de las energías renovables encontramos las siguientes:

1. Son limpias, no generan residuos difíciles de tratar, ni gases contaminantes y no contribuyen al cambio climático.
2. Son inagotables.
3. Son autóctonas, no hay que importarlas, con lo que disminuye la dependencia energética del país que las aplica.
4. Producen impactos visuales pequeños que se pueden minimizar.
5. Generan puestos de trabajo en su construcción, mantenimiento y explotación.
6. Son muy rentables, ya que son energías totalmente gratuitas cuando su instalación se ha amortizado, requiriendo únicamente un sistema de apoyo energético con fuentes no renovables cuando las condiciones meteorológicas no son favorables.

Como decíamos, las energías renovables (EE.RR.) no contribuyen al cambio climático y además pueden llegar a ser muy rentables. Así por ejemplo, la instalación de energía solar térmica para calentar el agua sanitaria que utiliza una familia de 4 miembros, puede costar unos 2.500 euros y amortizarse en 4 años. Lo mismo sucede con las placas fotovoltaicas, 10 kW de instalación fotovoltaica, si se dispone de una superficie adecuada para ello, pueden producir unos ingresos de 6.000 euros anuales, tras 7 años de amortización. Cada kW.h de energía fotovoltaica se paga unas 6 veces más caro que el que nos suministra cualquier empresa comercializadora, al estar subvencionada por el Estado dicha energía. El precio del kW.h es fijado cada año por el Gobierno, para todo el territorio nacional y en el recibo de la electricidad viene el BOE donde se fijó dicho precio. La web www.energias-renovables.com, ofrece mucha información sobre este apartado. También la Fundación Terra (www.terra.org) asesora sobre la instalación práctica de energía renovable y ahorro energético, tanto en el hogar como en los centros docentes. Igualmente, Greenpeace tienen una red de escuelas solares (www.greenpeace.es). Por último, Amigos de la Tierra ha creado La Apuesta (www.laapuesta.org), para instalar EE.RR. en los centros educativos.

Un excelente ejemplo de buen uso de las energías renovables lo encontramos en Suecia. Dicho país dejará de depender de las energías fósiles a partir del año 2020 y sólo usará energías renovables. Nuestros políticos deberían tomar buena nota ya que en la actualidad España tiene una dependencia energética del 85 %, una de las más elevadas de toda la Unión Europea, por lo que nuestra economía está supeditada a las subidas en el precio del petróleo practicadas por los países productores. Con estas subidas, nuestra economía se resiente enormemente, quedando muy limitada al ser menos competitiva.

Mediante el uso de las energías renovables, de nuevo aportamos nuestro granito de arena para minimizar el cambio climático, que es el gran problema ambiental que amenaza al planeta Tierra actualmente y mejoramos nuestra economía doméstica.

Los detractores de las energías renovables siempre buscan coartadas para frenar y dificultar la implantación de las energías renovables, pero aquí los vamos a descubrir, contrarrestando sus falacias energéticas:

FALACIAS ENERGÉTICAS

Se dice que la electricidad de origen nuclear es la más barata, cuando en realidad no se tienen en cuenta los gastos de la gestión de los residuos, especialmente los de alta intensidad, que poseen una duración de miles y miles de años, por lo que en realidad **es la más cara de todas**.

Se dice que el petróleo es más barato que las energías renovables, cuando si tuviésemos en cuenta los gastos derivados del tratamiento del impacto ambiental que produce y sus correspondientes desastres ecológicos (contaminación, enfermedades en las personas, cambio climático, etc.) **le hacen ser mucho más caro que las renovables, pese a las subvenciones y ayudas que reciben.** Así por ejemplo se sabe que:

LA CONTAMINACIÓN DEL AIRE EN LAS CIUDADES ESPAÑOLAS PRODUCE 16.000 MUERTES PREMATURAS CADA AÑO.

La energía solar es limpia, inagotable y gratuita

FENÓMENOS EN LÍQUIDOS Y GASES

FENÓMENOS EN LÍQUIDOS Y GASES

CURIOSIDADES Y PREGUNTAS	
¿Cómo podrías sacar un coche que se ha clavado en la arena de la playa o en el barro?	Cada cm^2 de hueso puede soportar sin romperse una presión de 1.700 kg ($1,66.10^8$ N/m^2).
¿Por qué afilamos las hachas y los cuchillos?	¿Por qué engullen las arenas movedizas?
¿Por qué se hunde una mujer con tacones en la arena de la playa y no se hunde si va descalza?	¿Por qué al cerrar violentamente una puerta se nota un golpe en las otras puertas y ventanas cerradas?
¿Cómo se puede saber si un huevo es fresco o no?	¿Por qué se produce un chasquido cuando te truenas los dedos de las manos?
¿Por qué el espesor del muro de un embalse va aumentando hacia el fondo?	¿Por qué los anticiclones giran de derecha a izquierda en el hemisferio norte?
Por término medio, la piel humana mide 1,5 m^2.	¿Por qué para cruzar un río helado es más seguro ir a rastras?
¿Por qué no flota una piedra en el agua y sí un barco que pesa mucho más?	¿Cómo descubrió Arquímedes que la corona del Rey de Siracusa era falsa?
Los buscadores de perlas llegan a 40 m de profundidad sin ningún tipo de ayuda, pero los submarinistas entrenados sólo llegan a 30 m de profundidad, ya que el buceo por debajo de ella puede resultar mortalmente peligroso.	Los peces equilibran el peso con el empujo de Arquímedes, al igual que los submarinos, mediante la llamada vejiga natatoria, que se llena o vacía a voluntad, modificando su volumen y, por tanto, el empuje, sin variar prácticamente su peso.
La máxima profundidad en el mar se encuentra en la fosa de las Islas Marianas que tiene 11.033 m de profundidad.	¿Por qué no se puede abrir una olla a presión cerrada después de apagar el fuego y dejar que se enfríe, si no le quitamos la pieza que da vueltas?
¿Puede ocurrir que al destapar una lata de conservas salga algún gas de su interior?	¿Por qué el humo del cigarrillo primero sube en vertical y después se rompe en espirales?
¿Cuál es el fundamento de los silenciadores de los coches?	¿Por qué las tuberías metálicas silban cuando pasa el agua por ellas?
¿Cómo afecta la altura a los seres humanos?	¿Por qué el posavasos se queda tan a menudo pegado al vaso?

CURIOSIDADES Y PREGUNTAS

¿Por qué masticamos chicles para evitar los mareos en los aviones?	¿Por qué no nos hundimos con esquís en la nieve y sí con zapatos?
En verano, con el calor, las arterias se dilatan, ¿qué le sucederá a la presión sanguínea?	¿Cómo se puede atravesar un globo inflado con un alambre sin que explote?
Si dispusiéramos de una balanza muy exacta y colocásemos en un platillo 1 kg de paja y en el otro 1 kg de hierro, ¿estaría la balanza equilibrada?	El corazón humano bombea, en un minuto, 4,5 litros de sangre, lo que significa que en un día recibe y distribuye por el organismo 6.500 litros de sangre.
¿Cómo se explica que una lata de refresco no se caiga cuando le queda cierta cantidad de líquido y se apoya sobre su base lateral?	¿Por qué no se cae el agua de un vaso al que se ha colocado una cartulina encima y con cuidado se ha puesto boca abajo?
¿Por qué los aviones dejan una estela en el cielo?	¿Por qué el chorro del grifo se estrecha al caer el agua?
¿Por qué las latas de conserva hacen ese ruido característico al abrirlas?	¿Por qué conviene descargar la pluma estilográfica al emprender un viaje en avión?
¿Pesa lo mismo un cubo lleno de agua que otro cubo igual, también lleno de agua, pero en él flota un trozo de madera?	El récord de profundidad sin equipo de respiración submarina (1981) parece contradecir a la Física, al alcanzar la profundidad de 101 m.
¿Por qué flota en el aire un dirigible de aire caliente y no una persona que pese lo mismo?	¿Por qué en las ascensiones en dirigibles era frecuente que las botellas de vino se descorcharan solas?
¿Cómo funciona una ventosa?	¿Por qué ondean las banderas?
Los cuerpos expuestos al vacío no se deforman ni explotan, como en las películas "Atmósfera cero" o "Desafío total". Una persona expuesta a la falta de atmósfera morirá asfixiado o congelado, pero ninguna diferencia de presión le haría estallar.	Los habitantes de los Andes tienen los pulmones más grandes, para vivir mejor con la baja presión del aire de allí (unos 405 mm de Hg) y sus cuerpos han cambiado para ayudar a combatir el frío (brazos y piernas más cortas). Así, la sangre debe recorrer distancias más cortas.
¿Cómo funciona un pulverizador clásico?	¿Por qué los globos no ascienden indefinidamente?
¿Por qué los globos sonda se lanzan a medio hinchar?	¿Cómo entra el aire en los aviones?

FENÓMENOS EN LÍQUIDOS Y GASES

PREGUNTAS Y RESPUESTAS

1. ¿Por qué engullen las arenas movedizas?

   Las arenas movedizas no son otra cosa que arena saturada de agua, estado en el que adoptan las características de un líquido. Esto hace que pierdan su capacidad de soportar peso. Todo el que cae en un terreno de estas características, comenzará a hundirse, pero, como la suspensión de arena y agua tiene una densidad superior a la del cuerpo humano, no llegará a sumergirse del todo. Sólo el forcejeo, producto del pánico, podría conducir a la pérdida del equilibrio hidrostático y a la muerte por asfixia.

2. ¿Qué ocurre en las proximidades de las paredes de una vasija que contiene un líquido?

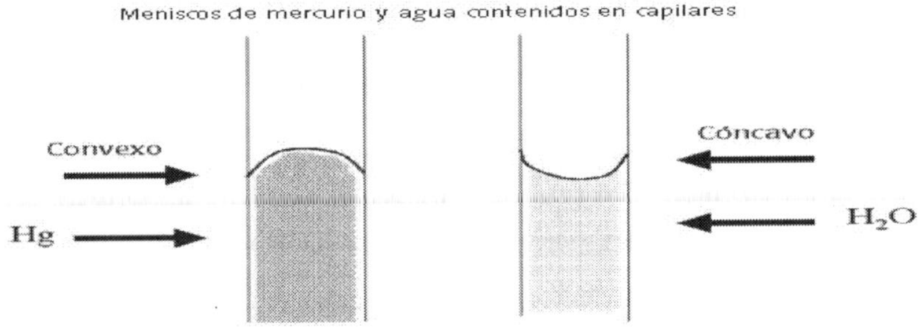

   Que se produce una curvatura llamada menisco, que puede ser cóncava o convexa, debido a fenómenos entre las moléculas del líquido y del sólido.

3. ¿Por qué afilamos las hachas y los cuchillos?

   Para que tengan la menor superficie posible y al aplicar una determinada fuerza se introduzcan bien en el objeto y corten, ejerciendo más presión, ya que la presión p = F(fuerza) / S(superficie).

4. ¿Cómo podrías sacar un coche que se ha clavado en la arena de la playa o en el barro?

Desinflando las ruedas, con lo que aumentamos la superficie y disminuimos la presión sobre el suelo, no hundiéndose el coche al tener más agarre. También podría sacarse colocándole maderas, ropa, hierbas, etc., debajo de las ruedas.

5. ¿Por qué el espesor del muro de un embalse va aumentando hacia el fondo?

Porque la presión hidrostática aumenta, al aumentar la profundidad, y, por tanto, la fuerza que soporta el muro es mayor y se debe incrementar su grosor.

6. ¿Por qué se hunde una mujer con tacones en la arena de la playa y en cambio no se hunde si va descalza?

Porque con zapatos de tacón la superficie de apoyo es pequeña y la presión es grande, al ser p (presión) = F (Peso) / S (superficie), y se hunde.

7. ¿Por qué al cerrar violentamente una puerta se nota un golpe en las otras puertas y ventanas cerradas?

Debido al Principio de Pascal, al cerrar violentamente una puerta se incrementa o decrementa ligeramente la presión interior del aire, en todas los puntos de la habitación. Al abrir la puerta se incrementa la presión, si la puerta abre hacia dentro. Al cerrar la puerta se decrementa la presión, si la puerta abre hacia dentro. El Principio de Pascal dice que: “La presión ejercida en un punto de un fluido, en equilibrio, se transmite íntegramente a todos los puntos del mismo”.

8. ¿Cómo se puede saber si un huevo es fresco o no?

Se coge un vaso, se le añade una cucharadita de sal, y se disuelve. A continuación, se introduce el huevo en el vaso. Si el huevo se va al fondo es fresco, y si flota es viejo. Los huevos viejos se descomponen y producen gases que atraviesan la cáscara, por ser porosa, lo que hace que su peso disminuya y flote, al ser mayor el empuje de Arquímedes que el peso.

9. ¿Por qué no flota una piedra en el agua y sí un barco que pesa mucho más?

Porque el peso de líquido que desaloja la piedra es menor que su propio peso, lo que no ocurre con el barco; es decir, porque en la piedra el peso es mayor que el empuje y se hunde, y en el barco el peso es menor que el empuje y flota.

10. ¿Por qué no nos hundimos con unos esquís en la nieve y sí con unos zapatos?

Porque con zapatos la superficie de apoyo es pequeña y la presión es grande, al ser p (presión) = F (Peso) / S (superficie), y se hunde. Sin embargo, con los esquís la superficie es mayor, y como la fuerza (peso) sigue siendo la misma, la presión es menor y no se hunden.

11. ¿Qué produce el chasquido cuando te truenas los dedos?

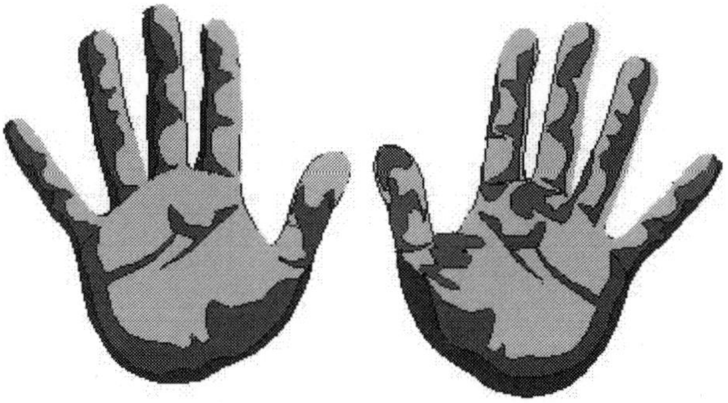

A veces, cuando presionamos las articulaciones de los dedos, se produce un ruido que comúnmente se conoce como chasquido. Las articulaciones de los dedos están lubricadas por un líquido llamado fluido sinovial, que contiene pequeñas burbujas de aire. Cuando se presionan los dedos, la presión del fluido desciende de manera súbita y las burbujitas de aire explotan, dando lugar a una pléyade de otras más pequeñas que causan el típico sonido. Las burbujitas necesitan después bastante tiempo para recomponerse de nuevo. Es por ello por lo que hay que esperar un tiempo antes de volver a oír el crepitar de los dedos.

12. ¿Cómo descubrió Arquímedes que la corona del Rey de Siracusa era falsa?

Cuenta la historia que el Rey de Siracusa, Hierón II, le encargó a Arquímedes que averiguara si la corona que le habían hecho contenía, además de oro, alguna cantidad de plata, metal mucho menos valioso. Un día, al entrar en la bañera, Arquímedes observó que el agua rebalsaba al introducirse en ella. Esto le condujo hacia la idea de que un trozo de oro, colocado dentro de un recipiente con agua, haría rebalsar menos cantidad que un trozo del mismo peso de plata, puesto que la plata es menos densa que el oro y el trozo, por tanto, sería mayor. La anécdota cuenta que Arquímedes se emocionó tanto con el descubrimiento que, sin vestirse, salió corriendo a la calle gritando ¡Eureka, eureka!, que significa ¡lo descubrí, lo descubrí!

13. ¿Por qué para cruzar un río helado es más seguro ir a rastras?

Si no sabemos con seguridad el grosor del río o lago, debemos cruzarlo a rastras. Así, el peso de la persona no varía, como es lógico, pero sí se modifica la superficie sobre la cual se apoya, y al aumentar ésta, la presión que se ejerce sobre el hielo es menor, evitando así que la capa del mismo se rompa.

14. ¿Cómo funciona la pajita para beber refrescos?

Cuando succionamos, lo que hacemos es dilatar nuestros pulmones. Este aumento provoca una disminución de presión del aire contenido en su interior y en la boca, con lo que se produce una diferencia de presión con respecto al ambiente exterior. La presión atmosférica ambiental empuja sobre la superficie del líquido, forzando su ascensión a través de la pajita a fin de lograr el equilibrio de presiones entre sus dos extremos. Cuanto más corta sea la pajita, más fácil le resultará a la presión atmosférica vencer el peso de la columna de líquido que se encuentra en el interior de la misma que succionamos.

15. ¿Por qué el posavasos se queda tan a menudo pegado al vaso?

La fina capa de agua entre el vaso y posavasos no deja espacio al aire. Cuando se levanta el vaso, el peso del posavasos se ve equilibrado por una fuerza ascendente debida a la presión atmosférica, que actúa sobre la superficie inferior del posavasos, expuesta al aire.

16. ¿Cómo funciona una ventosa?

Al presionar la ventosa, expulsamos el aire interior, creando un pequeño vacío en su interior. Por este motivo, el aire exterior presiona a la ventosa contra la pared, evitando que se caiga.

17. ¿Por qué no se cae el agua de un vaso al que se ha colocado una cartulina encima y con cuidado se ha puesto boca abajo?

Porque la fuerza ejercida exteriormente por la presión atmosférica, sobre la cartulina es mayor que la realizada interiormente por el agua que contiene, debido a la presión hidrostática.

18. ¿Puede ocurrir que al abrir una lata de conservas salga algún gas de su interior?

Sí, en caso de que el contenido de la lata esté en mal estado, con lo cual la lata estará hinchada y al abrirla expulsará los gases producidos en la descomposición de los alimentos que contenía.

19. ¿Por qué no se puede abrir una olla a presión cerrada después de apagar el fuego y dejar que se enfríe, si no le quitamos la pieza que da vueltas?

    Porque el vapor de agua que contiene la olla expulsó al aire de su interior y al enfriarse la olla, el vapor condensa y se origina un vacío que impide abrirla.

20. ¿Cómo afecta la altura a los seres humanos?

    El llamado mal de altura se produce a grandes alturas, incluso en los aviones que llevan sus cabinas presurizadas (Presurizar es mantener la presión atmosférica normal en un recinto, independientemente de la presión exterior, como en la cabina de pasajeros de un avión). Los gases del cuerpo humano tienden a expandirse, especialmente en el estómago y los intestinos. Para evitarlo se debe comer poco y masticar lentamente, beber poco y evitar prendas ajustadas en la cintura. Asimismo, el cambio de presión en despegues y aterrizajes puede causar molestias en los oídos. Para evitarlo es aconsejable tragar saliva de forma continuada o masticar chicle. A los fumadores estos cambios de altura aún les afecta más, ya que en su sangre hay tanto CO, como oxígeno, por lo que la concentración de oxígeno en sangre es menor, y les produce dolores de cabeza o cansancio.

21. ¿Por qué conviene descargar la pluma estilográfica al emprender un viaje en avión?

    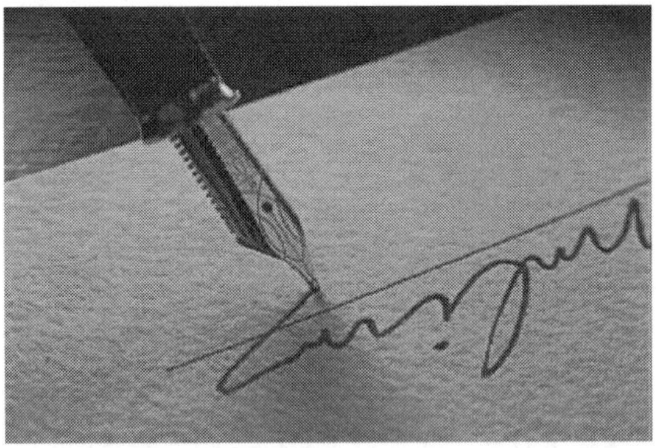

    Porque el aire que lleva el depósito de la tinta está inicialmente a una presión ligeramente inferior a la atmosférica, pero al elevarse el avión el aire del depósito se halla a más presión que la exterior, ya que la presión disminuye con la altura, y entonces la diferencia de presión obliga a la tinta a salir de la pluma.

22. ¿Por qué las latas de conserva hacen ese ruido característico al abrirlas?

Se envasan en caliente, para que no quede aire en su interior, con microorganismos que descompongan la materia orgánica y que puedan alterar los alimentos. Al enfriarse, se origina un pequeño vacío en su interior, al condensar el vapor de agua que contienen, por lo que cuando abrimos la lata entra aire en la misma, haciendo ese ruido característico.

23. ¿Por qué los anticiclones giran de derecha a izquierda en el hemisferio norte?

Al igual que en un anticiclón, el viento gira en ese sentido, también lo hacen las enredaderas, el agua de un desagüe, el caparazón de los caracoles que giran en sentido de las agujas del reloj en el hemisferio norte y al contrario en el hemisferio sur. La causa se denomina fuerza de Coriolis, originada por la aceleración del mismo nombre que aparece en todos los movimientos de sistemas de rotación. Dicha fuerza actúa en sentido contrario en cada uno de los dos hemisferios. Sin embargo, en las borrascas ocurre al contrario, en el hemisferio norte las líneas del flujo del viento afluyen hacia el centro (o sea, en sentido contrario de las agujas del reloj), formando un ciclón

24. ¿Por qué masticamos chicles para evitar los mareos en los aviones?

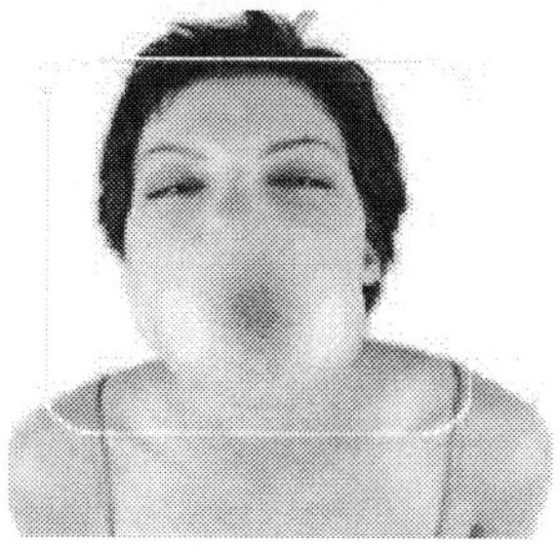

Porque así, al moverse la boca y tragar saliva, se igualan más fácilmente la presión exterior, variable con la altura, con la del interior del organismo (tímpano, diafragma, pulmones, etc.). Recordemos que el sentido del equilibrio se encuentra en el oído.

25. Si dispusiéramos de una balanza muy exacta y colocásemos en un platillo 1 kg de paja y en el otro 1 kg de hierro, ¿estaría la balanza equilibrada?

    No, ya que las masas son iguales, pero el empuje es diferente, al ser el volumen de ambos cuerpos distinto. Por tanto, al ser volumen del hierro menor que el de la paja, el empuje del hierro también será menor y la balanza estará desequilibrada, dando la sensación de que el kg de hierro tiene más masa que el kg de paja.

26. En las primeras ascensiones en dirigibles, los aeronautas solían llevarse la cesta con la comida y era frecuente que las botellas de vino se descorcharan solas, ¿cuál era la razón?

    Porque la presión del aire del cuello de la botella es superior a la exterior y salta el tapón, al ser suficiente esa diferencia de presión para vencer el rozamiento del corcho con el vidrio.

27. ¿Por qué los globos sonda se lanzan a medio hinchar?

    Porque al ascender y disminuir la presión atmosférica exterior, el globo se hincha por completo, ya que inicialmente la presión exterior era mayor que la interior, pero al ir subiendo ambas presiones se igualan. Si se lanzase completamente lleno podría estallar antes de llegar a la altura prevista.

28. ¿Por qué los globos no ascienden indefinidamente?

Porque inicialmente el peso es inferior al empuje de Arquímedes y la fuerza ascensional hace que el globo suba, pero con la altura va disminuyendo la densidad del aire y llega un momento en que el empuje de Arquímedes se iguala con el peso, quedando en equilibrio. En realidad, en la mayoría de las ocasiones el globo estalla en la subida, antes de llegar a ese equilibrio, por lo dicho en la cuestión anterior.

29. ¿Cómo entra el aire en los aviones?

Los aviones suelen volar a 10 km de altura. En esa zona la presión atmosférica es unas 4 veces menor que a nivel del mar y la temperatura es de -55 °C, por todo esto, los aviones civiles se climatizan con aire presurizado. El oxígeno necesario para respirar se obtiene a través del sangrado del aire admitido en los difusores de los motores, en el compresor de alta presión. A una presión de 3 bares (≈ 3 atm) y una temperatura de 200 °C, el aire fluye hasta la instalación de aire acondicionado. Luego, el intercambiador térmico se encarga de acondicionar la presión y temperatura.

30. ¿Por qué flota en el aire un dirigible de aire caliente y no una persona que pesa menos?

Porque en la persona el peso es mayor que el empuje y en el globo el empuje es mayor que el peso, al ser el volumen sumergido del globo mayor que el de la persona, y, consecuentemente, la persona no puede flotar en el aire.

31. ¿Por qué los aviones dejan una estela en el cielo?

Debido a la cristalización del vapor de agua producido en la combustión, ya que a esas alturas (10.000 m) la temperatura es de 50 °C bajo cero. Pero lo más intrigante no es que los reactores dejen una estela, sino que en algunas ocasiones no la dejan. El aire que emerge del reactor ha sido calentado y enriquecido en agua, que es un subproducto de la combustión de los hidrocarburos. Pese a contener más agua, este vapor posee una humedad relativa menor que el aire atmosférico. Así que en la estela aún sin dibujar se mezclan dos aires con humedad y temperatura distintas. La estela se producirá sólo si la humedad relativa de la mezcla final es superior al 100 %. Lograr esto depende de dos factores: las condiciones ambientales y el tipo de motor.

32. En uno de los platillos de una balanza hay un cubo lleno de agua hasta los bordes. En el otro, un cubo exactamente igual, también lleno de agua hasta los bordes, pero en él flota un trozo de madera. ¿Qué cubo pesa más?

Los dos cubos pesan lo mismo. Es cierto que en el segundo cubo hay menos agua que en el primero, porque el trozo de madera que flota desaloja cierto volumen de agua. Pero según el Principio de Arquímedes, cualquier cuerpo flotante desaloja, con su parte sumergida, una masa de líquido cuyo peso es igual al peso del cuerpo que flota. Por tanto, la balanza deberá mantenerse en equilibrio

33. ¿Por qué son ruidosas las tuberías de agua, en algunas ocasiones?

Cuando el agua fluye muy rápidamente (régimen turbulento), se producen burbujas en los puntos de mayor resistencia al flujo (en los estrechamientos y ángulos). Son esas burbujas que se forman las que chocan con las paredes de la cañería y la hacen vibrar igual que si fuera un tubo de órgano. Las paredes de la casa después hacen de caja de resonancia, amplificando esa especie de silbido.

34. ¿Por qué el chorro del grifo se estrecha al caer el agua?

Esto es debido al principio de conservación de la masa. Cada segundo, debe pasar la misma cantidad de agua a través de todas las secciones horizontales del chorro. Pero, cuanto más allá cae el agua, tanto más rápida va. Por eso, para hacer pasar cada segundo la misma cantidad de líquido el chorro tiene que estrecharse más y más cuanto mayor sea la distancia al punto de partida.

35. ¿Por qué el humo del cigarrillo primero sube en vertical y después se rompe en espirales?

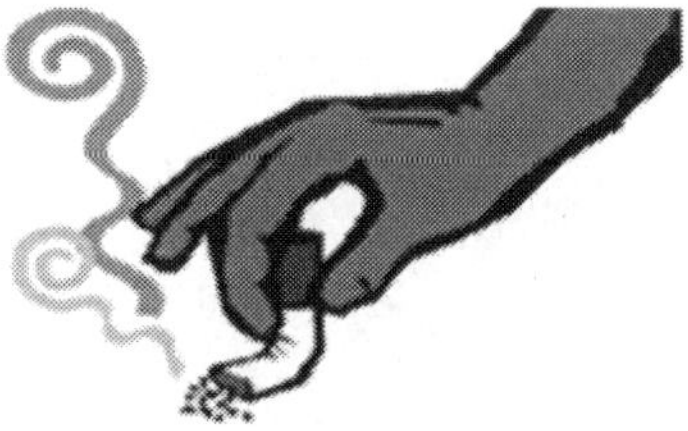

Cerca de la brasa, el humo es solo un poco más caliente que el aire de alrededor. Aquí asciende con lentitud, porque el empuje aerostático de Arquímedes es tanto mayor, cuanto mayor es la diferencia de temperatura. A medida que el humo sube, el aire colindante se enfría más y el empuje hidrostático aumenta. Por eso al cabo de unos centímetros, la ascensión del humo es tan rápida que se vuelve turbulenta.

36. ¿Cómo funciona el silenciador de un coche?

Tras la combustión de la gasolina, los gases circulan a gran velocidad. Si salieran al exterior sin ser silenciados ocasionarían un ruido estrepitoso. Por eso se les hace circular por un silenciador antes de que pasen por el tubo de escape. En el silenciador, los gases describen un largo recorrido por unos compartimentos, frenándose con las paredes de éstos, progresivamente, de modo que cuando, finalmente, llegan al exterior han perdido gran parte de su energía. Si el escape de un automóvil hace mucho ruido, es probable que tenga una rotura el silenciador. En general, los silenciadores no duran mucho, ya que los gases y líquidos corrosivos destruyen las paredes de acero.

37. ¿Por qué ondean las banderas?

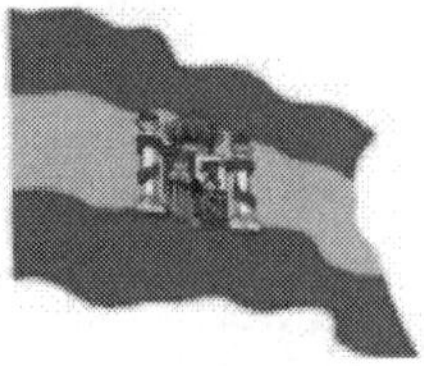

A causa de los remolinos de aire formados en el mástil, los cuales se forman alternativamente a uno y otro lado de la bandera, lo que produce la típica ondulación en las banderas.

38. ¿Cómo funciona un pulverizador clásico?

Consiste en un par de tubos, uno de ellos lleva un estrechamiento en su extremo y el otro se introduce en el líquido a pulverizar. Al producirse una corriente de aire por el tubo horizontal y pasar por el estrechamiento, experimenta un aumento de velocidad y una disminución de presión, según el efecto Venturi, lo que provoca la succión del líquido, que al llegar a la parte superior se expulsa violentamente, en forma de pequeñas gotas.

$$S_1.v_1 = S_2.v_2$$ Ecuación de continuidad

$$\frac{P_1}{\rho.g} + \frac{v_1^2}{2.g} = \frac{P_2}{\rho.g} + \frac{v_2^2}{2.g}$$

Efecto Venturi

Al producirse el estrechamiento, se produce una disminución de presión, a cambio de un aumento de velocidad, en el mismo estrechamiento. Al ser horizontal, las alturas son iguales.

39. ¿Cómo funciona un mechero Bunsen de laboratorio?

El mechero dispone de dos tubos concéntricos, el interior lleva en su extremo un estrechamiento y el exterior dos orificios laterales, en la parte inferior, a la altura en que se encuentra el estrechamiento del interior. La corriente de gas combustible origina un aumento de velocidad, en el estrechamiento, y una disminución de presión, según el efecto Venturi, hace succionar el aire por el orificio lateral, mezclándose con el combustible y produciendo la combustión en la salida, donde está la llama.

40. En verano, con el calor, las arterias se dilatan, ¿qué le sucederá a la presión sanguínea?

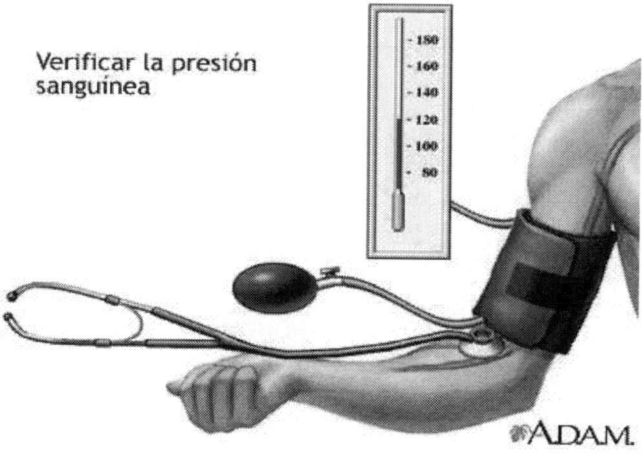

Las arterias se dilatan con el aumento de la temperatura, al igual que el resto de los cuerpos. Y esto debería producir un aumento de la tensión arterial. Sin embargo, la tensión disminuirá, ya que al no tratarse de un líquido ideal, aunque disminuya la velocidad, por la ecuación de continuidad, no aumenta la presión. Recordemos que el Teorema de Bernouilli solo es válido para fluidos ideales, es decir, sin viscosidad (la sangre tiene una viscosidad, a 20 °C, de $3{,}015.10^{-3}$ N..s.m^{-2}).

41. ¿Por qué la sal común eleva la tensión arterial?

La tensión arterial es la presión que ejerce la sangre sobre las paredes de las arterias y los vasos sanguíneos. Al ingerir sal común se aumenta la cantidad de agua en sangre y, por tanto, aumenta la presión sanguínea. El corazón en el movimiento de sístole produce la máxima presión, al contraer el corazón y enviar la sangre a las arterias. Con la diástole se produce la mínima presión, debido a que el corazón se relaja para cargarlo de sangre. Por eso hablamos de tensión máxima (sístole) y mínima (diástole). El aumento de presión con la sal se explica porque las paredes de las células del cuerpo son membranas semipermeables. Si tomamos sal, ésta pasa al torrente sanguíneo y al aumentar la cantidad de sal en sangre, el agua tiende también a pasar a la sangre para igualar las concentraciones de la sal en las células y en la sangre, con el consiguiente aumento de la tensión arterial.

La naturaleza nos ofrece el placer de viajar en globo.

CURIOSIDADES SOBRE FENÓMENOS EN LÍQUIDOS Y GASES (PRESIÓN)

- Cada cm^2 de hueso soporta sin romperse una presión de 1.700 kg.

- Por término medio, la piel humana mide 1,5 m^2.

- Los peces equilibran, en cada instante, el peso con el empuje de Arquímedes, como los submarinos, mediante la llamada vejiga natatoria, que se llena o vacía a voluntad, modificando su volumen y, por tanto, el empuje, sin variar prácticamente su peso.

- Los buscadores de perlas llegan a los 40 m de profundidad sin ningún tipo de ayuda. Sin embargo, para los submarinistas entrenados la frontera está en torno a los 30 m de profundidad, ya que el buceo por debajo de ella puede resultar muy peligroso.

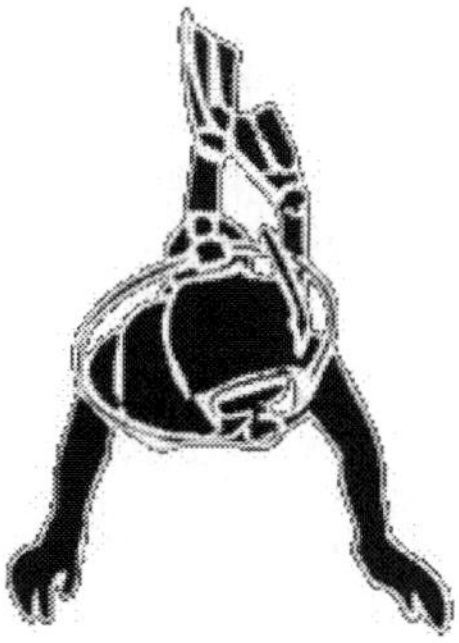

- La máxima profundidad en el mar se encuentra en la fosa de las Islas Marianas que tiene 11.033 m de profundidad

- El corazón humano bombea, en un minuto, 4,5 litros de sangre, lo que significa que en un día recibe y distribuye por el organismo 6.500 litros de sangre.

- El récord de profundidad sin equipo de respiración submarina, establecido en 1981 por el francés Jacques Mayol, de 54 años, parece contradecir los principios de la Física y la Medicina, al lograr alcanzar la profundidad de 101 m.

- Los habitantes de las grandes alturas de los Andes han desarrollado pulmones mayores del tamaño natural y un pecho muy grande, a fin de vivir más fácilmente con la baja presión del aire. En los Andes, la presión atmosférica es de unos 405 mm de Hg (a nivel del mar es de 760 mm de Hg). Además, sus cuerpos han cambiado para ayudar a combatir el frío. Sus brazos y piernas son más cortas de lo normal. Así, la sangre debe recorrer distancias más cortas.

METEDURAS DE PATA EN LA CIENCIA-FICCIÓN

- Los cuerpos expuestos al vacío no se deforman ni explotan, como en las películas "Atmósfera cero" o "Desafío total". Una persona expuesta a la falta de atmósfera morirá asfixiado o congelado, pero ninguna diferencia de presión le haría estallar.

EXPERIMENTOS DE FÍSICA RECREATIVA

EL RINCÓN DEL ALQUIMISTA

UN GLOBO MÁGICO

Estas experiencias puedes visualizarlas en la página web del autor www.disfrutalaciencia.es y en el canal de youtube "**disfrutalaciencia**" (**https://goo.gl/N57K4O**).

Si desea visualizar el vídeo puede pulsar el link **http://is.gd/Mx3rCF**.

¿CÓMO SE PUEDE ATRAVESAR UN GLOBO INFLADO CON UN ALAMBRE, SIN QUE EXPLOTE?

Muchas veces habrás pinchado un globo, con cualquier objeto punzante, y habrás visto que explota, pero ¿crees que es posible atravesar un globo con un molde de tricotar, o alambre de aluminio de los pinchos morunos, sin que explote? Te describiré un sencillo truco, muy fácil, que puedes realizar en cualquier reunión de amigos o de familia, fiesta de cumpleaños, etc., que siempre sale bien y que impresiona mucho a los espectadores.

¿QUÉ VAMOS A HACER? Atravesar un globo inflado con un objeto punzante (un alambre, un molde de tricotar, etc.) consiguiendo que el globo no explote.

¿QUÉ NECESITAMOS? Un globo y un alambre o algo parecido.

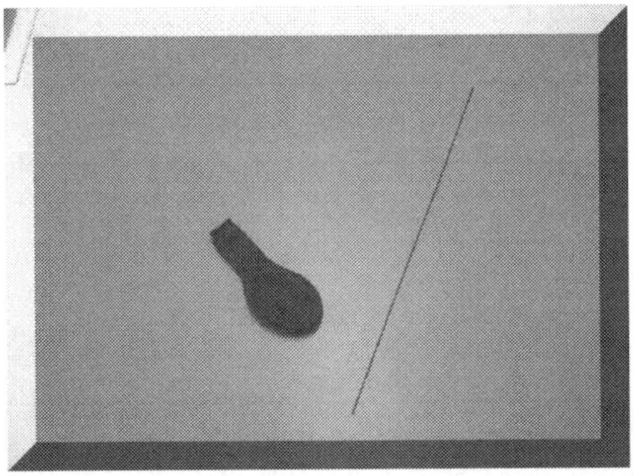

¿CÓMO LO HACEMOS? Debes introducir el alambre justamente por la zona próxima al nudo del globo, con cuidado y lentamente. Así, se va introduciendo en el globo y lo llevamos hasta el extremo diametralmente opuesto. En esa parte, también con mucho cuidado, cogemos el globo con la otra mano y presionamos con el alambre despacio, hasta que lo atraviese. Esas zonas, al estar menos "estiradas" soportarán ser atravesadas por el alambre sin que el globo explote Después, podemos mostrar a nuestro público como el globo ha sido cruzado por el alambre y no se ha explotado. Para que sea más vistoso, podemos dejárselo a los espectadores para que lo cojan y vean directamente el globo atravesado por el alambre. Por último, una vez atravesado, sacaremos el alambre lentamente, primero del último extremo y después de la zona junto al nudo, demostrando que el globo ha permanecido hinchado, pese a que ya no tiene el alambre introducido.

¿CÓMO ACABAMOS EL TRUCO? Saca el alambre lentamente y el globo permanecerá intacto. Muéstralo al público para que vean que sigue entero. Pero ¡ojo!, la verdad es que al entrar el alambre, habrá producido dos pequeños agujeros por los que el aire se irá saliendo lentamente. Para que el público no se dé cuenta de ese detalle, finaliza el truco pinchando tú mismo el globo para que vean que el truco no estaba en el globo. ¡Todo muy sencillo, pero muy vistoso!

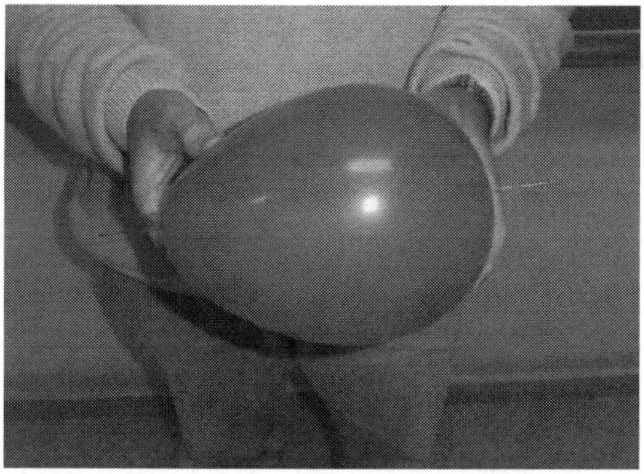

EL BOTE EQUILIBRISTA

Esta experiencia puede visualizarla en la página web del autor **www.disfrutalaciencia.es** y en el canal de youtube "**disfrutalaciencia**" (**https://goo.gl/N57K4O**).

Si desea visualizar el vídeo puede pulsar el link **http://is.gd/zOCcUU**.

¿CÓMO LOGRAR QUE UNA LATA DE REFRESCO QUEDE EN UN APARENTE "EQUILIBRIO IMPOSIBLE"?

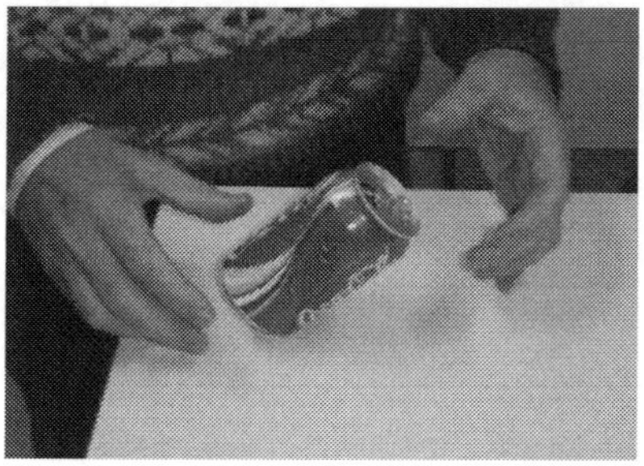

Atento y conseguirás impresionar fácilmente a cualquiera con este truco basado en los principios del equilibrio.

¿QUÉ VAMOS A HACER? Colocar un bote de refresco, que contiene una cierta cantidad de líquido, apoyado en su base inferior lateral, consiguiendo que el bote no se caiga.

¿QUÉ NECESITAMOS? Un bote de refresco vacío y un vaso con un poco de agua.

¿CÓMO LO HACEMOS? La base de una lata de refresco no es plana, sino que tiene una parte cóncava y otra inclinada. Cuando en la lata de refresco existe una cantidad determinada de líquido, que debe ser alrededor de 120 cm^3 (por debajo de 90 cm^3 y por encima de 140 cm^3, se vuelca la lata), es decir, algo más que un tercio de lata (las latas de refresco tienen un volumen de 330 cm^3), y se apoya sobre alguna parte de su base lateral inclinada, la lata no se cae y permanece en equilibrio, debido a que en esa posición la vertical que pasa por su centro de gravedad (punto donde se puede considerar aplicado el peso de un cuerpo) cae en dicha base de apoyo, por lo que su equilibrio es estable. Por esta razón la Torre inclinada de Pisa no se cae, ya que la vertical que pasa por su centro de gravedad, cae en la base de apoyo, y, por tanto, su equilibrio es estable.

¿CÓMO ACABAMOS EL TRUCO? Para que el truco te salga bien, y no quedes en evidencia, debes practicarlo varias veces antes. Ya sabes que la clave está en colocarlo cuidadosamente sobre la base lateral, evitando que el líquido esté moviéndose en su interior, por lo que debes hacerlo todo muy lentamente y sin movimientos bruscos. Muéstralo al público para que vean que no hay ningún truco y no se cae. Puedes finalizar el truco colocando el bote vacío, en la misma posición, y viendo como éste se cae, ya que la vertical que pasa por su centro de gravedad cae fuera de la base de apoyo, y el equilibrio es inestable y se cae. ¡Ves qué fácil es!

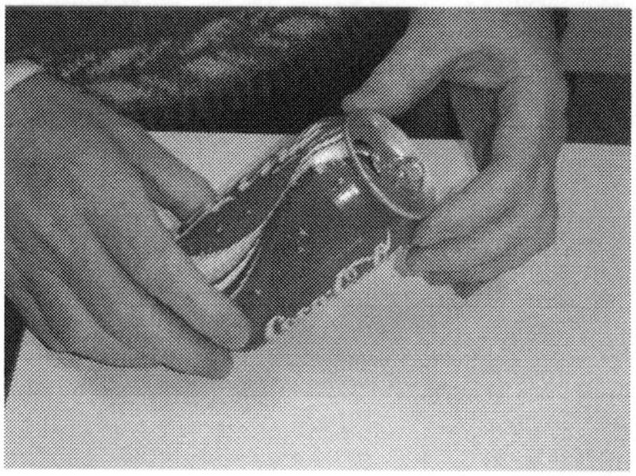

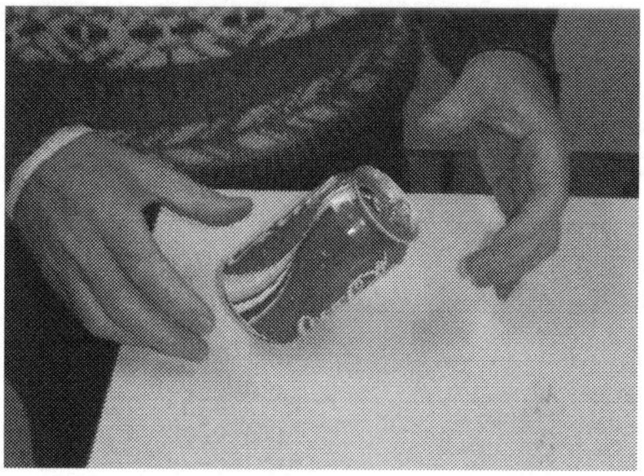

Una vez que notes que está en equilibrio, deja de sujetarla lentamente. Separa las manos y... ¡ya está conseguido **"EL BOTE EQUILIBRISTA"!**

EL VASO MÁGICO

Esta experiencia puede visualizarla en la página web del autor www.disfrutalaciencia.es y en el canal de youtube "**disfrutalaciencia**" (https://goo.gl/N57K4O).

Si desea visualizar el vídeo puede pulsar el link http://is.gd/Y9nBgy.

¿CÓMO COLOCAR UN VASO LLENO DE AGUA BOCA ABAJO SUJETÁNDOLO CON UNA CARTULINA?

¿QUÉ VAMOS A HACER? El experimento que te presentamos a continuación consiste en conseguir que una simple cartulina sirva de tapón mágico y aguante ella sola el agua contenida en un vaso que colocaremos boca abajo. Observa atentamente y podrás realizarlo fácilmente. Nuestras indicaciones y la presión atmosférica te harán quedar ante tus amigos como un auténtico mago.

¿QUÉ NECESITAMOS? Los materiales que utilizaremos son muy sencillos: Un vaso lleno de agua hasta el borde y un pequeño trozo de cartulina. ¡OJO!: El vaso debe estar completamente lleno. En caso contrario, te fallará el truco.

¿CÓMO LO HACEMOS? Una vez lleno el vaso, coloca la cartulina sobre el borde con las manos colocadas como ves en la fotografía.

Levanta y gira el vaso manteniendo la cartulina pegada al borde.

Retira la mano que sujeta la cartulina y observarás que ésta parece pegada al vaso conteniendo la presumible caída del agua.

¿POR QUÉ NO SE CAE EL AGUA? La fundamentación científica del experimento es muy sencilla, el agua no se cae porque la fuerza ejercida exteriormente por la presión atmosférica sobre la cartulina, es mayor que la realizada interiormente por el agua que contiene, debido a la presión hidrostática. Efectivamente, la presión hidrostática que ejerce el agua del vaso sobre la cartulina es:

$$p_H = \rho.g.h = 1000\ kg.m^{-3}.9{,}8\ m.s^{-2}.0{,}1\ m = 980\ Pa;$$

Mientras que la presión atmosférica ejercida por el aire es p_{atm} **= 1,013.10^5 Pa**, valor muy superior al de la presión hidrostática del agua del vaso.

¿CÓMO ACABAR EL TRUCO? Si tienes un lavabo o un fregador cerca, puedes acabar el truco retirando la cartulina para que el público vea que el agua cae y que no hay trampa. El proceso completo lo puedes observar en el vídeo existente en dicha página Web.

EL GLOBO QUE NO EXPLOTA

Estas experiencias puedes visualizarlas en la página web del autor www.disfrutalaciencia.es y en el canal de youtube "**disfrutalaciencia**" (**https://goo.gl/N57K4O**).

Si desea visualizar el vídeo puede pulsar el link **https://goo.gl/bDt6AE**.

¿POR QUÉ NO EXPLOTA UN GLOBO QUE LLEVA UNA PEQUEÑA CANTIDAD DE AGUA AL QUEMARLO CON UN MECHERO?

Atento y conseguirás impresionar fácilmente a cualquiera con este truco basado en los principios de la calorimetría.

¿QUÉ VAMOS A HACER? Cogemos un globo desinflado y le echamos una pequeña cantidad de agua del grifo o de cualquier otro recipiente. A continuación, lo inflamos poco a poco y le hacemos un nudo en su extremo. Luego, con mucho cuidado, lo sujetamos por el nudo y lo sujetamos con una mano. Por último, encendemos un mechero y le colocamos la llama justo en la zona donde se encuentra el agua que lleva el globo, observando que el globo ni se quema, ni explota.

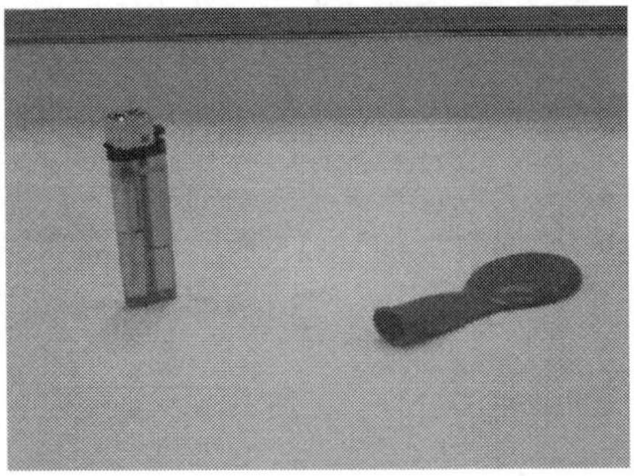

¿QUÉ NECESITAMOS? Un globo, un mechero y un poco de agua.

¿CÓMO LO HACEMOS? Veremos que el globo, al poco de unos segundos, se ennegrece en la zona donde se calienta con el mechero, pero no se quema. La fundamentación científica del experimento es muy sencilla, el globo no se quema, ni explota, porque el calor suministrado por el mechero se emplea en aumentar la temperatura del agua, que se elevará unos grados, durante los 10 o 15 segundos que dura el experimento, pero que en cualquier caso, el globo no alcanza la temperatura adecuada para quemarse, y, por tanto, explotar.

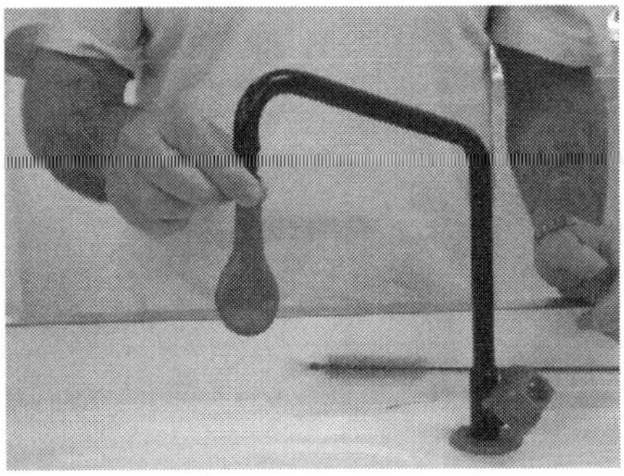

¿CÓMO ACABAMOS EL TRUCO? Para que el truco te salga bien, y no quedes en evidencia, debes practicarlo varias veces antes. Es muy importante que observes que la llama incide sobre la zona que contiene el agua, ya en caso contrario, el globo explotará, te mojarás tú y tus amigos y quedarás francamente en ridículo. Puedes finalizar el truco llenando otro globo, sin añadirle agua, y acercarle el mechero, comprobando que esta vez sí explota. ¡Ves que divertida es la Ciencia Recreativa!

UN GLOBO SORPRENDENTE

Estas experiencias puedes visualizarlas en la página web del autor www.disfrutalaciencia.es y en el canal de youtube "**disfrutalaciencia**" (**https://goo.gl/N57K4O**).

Para visualizar el vídeo pulse el link **http://is.gd/Abr57i**.

¿ES POSIBLE MANTENER UN GLOBO INFLADO SIN TENER LA BOCA DEL MISMO ATADA?

Con este experimento tus amigos fliparán y una vez más lograrás quedar como un auténtico mago, con este fabuloso experimento, basado en los principios de la hidrostática.

¿QUÉ VAMOS A HACER? Cogemos un globo desinflado y lo colocamos alrededor de la boca de una botella de plástico de agua mineral, de 2 litros, a la previamente le hemos hecho un pequeño agujerito con una barrena, en el centro de la base de la misma (o bien, con un clavito previamente calentado, en el fuego del butano de la cocina, y sujeto por unos alicates). A continuación, lo inflamos, poco a poco, y cuando esté inflado, tapamos con un dedo el agujerito de la base de la botella, observando que el globo no se desinfla, pese a no tener ningún nudo en su extremo.

¿QUÉ NECESITAMOS? Un globo, una botella de plástico de 2 litros, y una barrena (herramienta que se usa para hacer agujeritos en las maderas, para que entren mejor los tornillos).

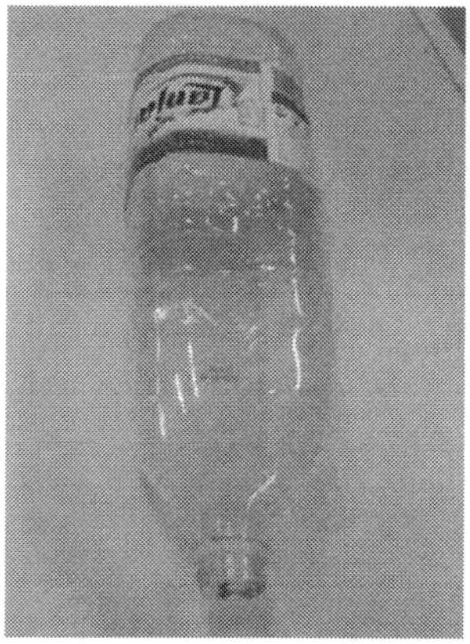

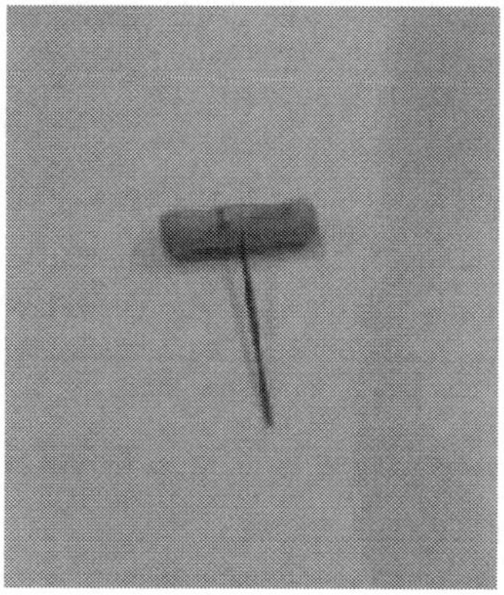

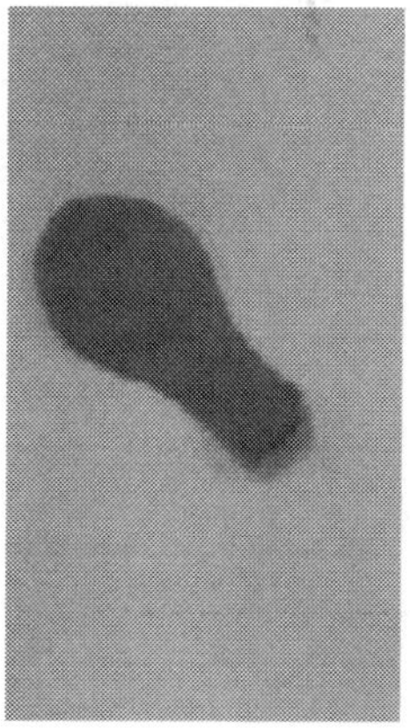

¿CÓMO LO HACEMOS? Veremos que al soplar se va inflando el globo, mientras tenemos el agujerito de la base destapado, pero cuando dejamos de soplar y tapamos dicho agujerito, se mantiene inflado casi en su totalidad (realmente, se desinfla un poco). En ese justo momento, puedes decirle a tus espectadores que metan el dedito por la boca de la botella y vean claramente que el globo no tiene nudo. ¡Quedarán alucinados, ya lo verás! La razón está en que al inflarse el globo, va desplazando al aire que hay dentro de la botella, el cual va saliendo por el agujerito de la base de la botella. Cuando se tapa dicho agujero, el globo intenta desinflarse y se origina un pequeño vacío en el interior de la botella, lo que impide que el globo se desinfle. Recuerda que un gas va desde donde hay más presión hasta donde hay menos (como cuando desinflas un balón).

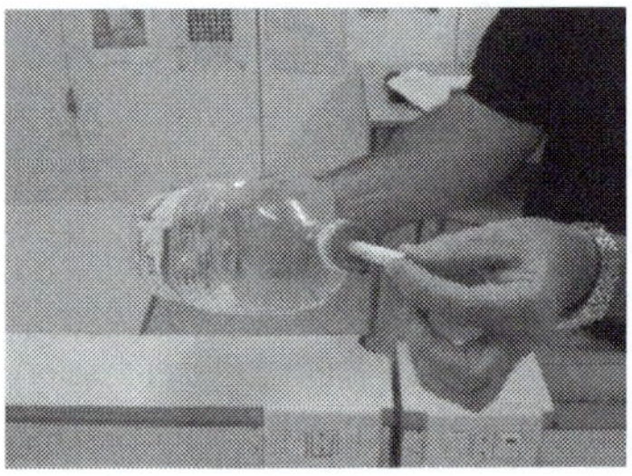

¿CÓMO ACABAMOS EL TRUCO? Como siempre, para que el truco te salga bien, y no quedes en evidencia, debes practicarlo varias veces antes. Es muy importante que el agujerito no sea muy grande, para que quede disimulado, y que soples despacito, tapando el agujerito inmediatamente que dejes de soplar y retires tu boca de la botella. Recréate y hazlo despacio para crear mayor suspense y que todos pasen un rato agradable, con este bonito experimento de ciencia recreativa. Puedes finalizar el truco levantando ligeramente el dedo de la base de la botella y haciendo un gesto de magia y dando la orden de que se vacíe, como podrás ver en el vídeo. ¡Ves cómo se disfruta con la Ciencia Recreativa!

LA BOTELLA MÁGICA

Estas experiencias puedes visualizarlas en la página web del autor www.disfrutalaciencia.es y en el canal de youtube "**disfrutalaciencia**" (**https://goo.gl/N57K4O**).

Para visualizar el vídeo pulse el link **http://is.gd/wRKEem**.

¿POR QUÉ NO SE CAE EL AGUA DE UNA BOTELLA A LA QUE SE LE HA COLOCADO COMO TAPÓN UNA PELOTA DE PING PONG Y SE HA PUESTO BOCA ABAJO?

Te puedo asegurar que este experimento causa verdadero impacto entre las personas que lo ven realizar y quedarán con la boca abierta.

¿QUÉ VAMOS A HACER?: Llenaremos una botella de cristal (vale cualquier botella) completamente con agua, hasta que se desborde, y le colocamos la pelota de ping pong encima y, con sumo cuidado, le colocamos el dedo encima de la pelota de ping pong y con la otra mano le damos la vuelta a la botella, colocándola boca abajo. Cuando esté boca abajo, retiraremos el dedo de la pelotita, muy despacito, y sorprendentemente no se caerá ni el agua, ni la pelota de ping pong.

¿QUÉ NECESITAMOS?: Una botella de cristal, una pelota de ping pong, y agua.

¿CÓMO LO HACEMOS?: Colocamos la botella de cristal sobre un lavabo (o sobre una fuente), por si se derrama el agua y la llenamos totalmente, procurando que se derrame suavemente el agua del borde de la botella. A continuación, depositamos sobre la boca de la botella una pelota de ping pong, la sujetamos con el dedo de una mano, y, con mucho cuidado, la ponemos boca abajo, con la otra mano. Por último, retiramos el dedo de la pelota de ping pong, suavemente, y observaremos como no se cae ni el agua ni la pelotita. La fundamentación científica del experimento es muy sencilla, el agua no se cae porque la fuerza ejercida exteriormente por la presión atmosférica, sobre la cartulina es mucho mayor que la realizada interiormente por el agua que contiene, debido a la presión hidrostática, y la pelota de ping pong, no se cae debido a un fenómeno relacionado con la tensión superficial. Efectivamente, la presión hidrostática que ejerce el agua de la botella sobre la pelota de ping pong es:

$$\mathbf{p_H = \rho.g.h = 1000\ kg.m^{-3}.9{,}8\ m.s^{-2}.0{,}3\ m = 2940\ Pa;}$$

Mientras que la presión atmosférica ejercida por el aire es $\mathbf{p_{atm} = 1{,}013.10^5}$ **Pa**, valor muy superior al de la presión hidrostática del agua de la botella; y, por tanto, el agua no se cae.

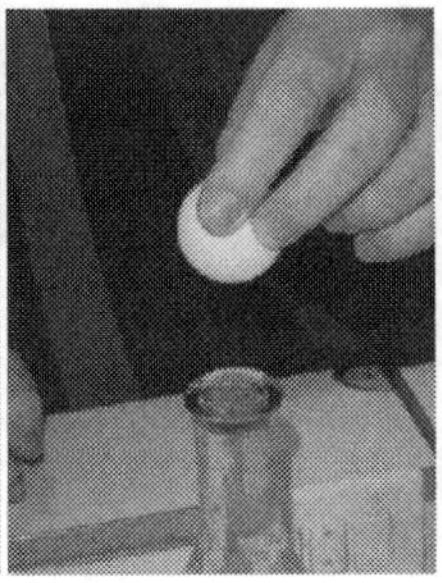

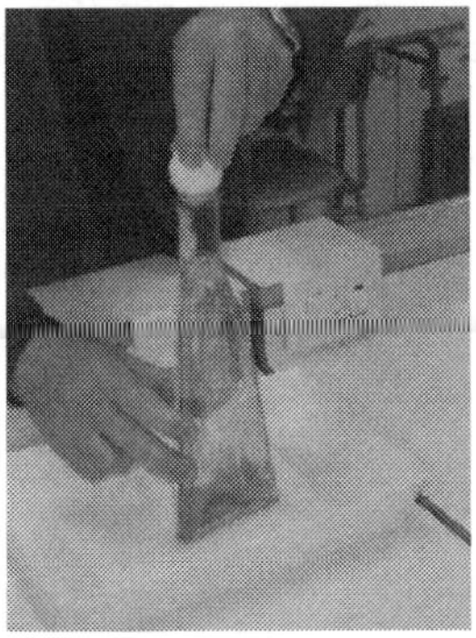

¿CÓMO ACABAMOS EL TRUCO?: Recuerda que para que el truco te salga bien, y no quedes en evidencia, debes practicarlo varias veces antes. Es muy importante que observes si al poner la botella boca abajo sube alguna burbuja de aire, en cuyo caso se debe repetir el experimento, ya que al quitar la mano de la pelotita el agua se caería. Muéstralo al público para que vean que no hay ningún truco y el agua no se cae. Puedes finalizar el truco quitando la pelotita de la botella, sobre el lavabo o fregador, y viendo como el agua ahora si se cae. Con este nuevo experimento comprobarás una vez más lo divertida que puede ser la ciencia.

¿CÓMO LEVANTAR A UNA PERSONA SOPLANDO?

Estas experiencias puedes visualizarlas en la página web del autor www.disfrutalaciencia.es y en el canal de youtube "**disfrutalaciencia**" (**https://goo.gl/N57K4O**).

Si desea visualizar el vídeo puede pulsar el link **http://is.gd/oazAL8**.

Aquí te presento otro nuevo y sorprendente experimento, que logrará impactar a tus amigos, flipando en colores, y te aseguro que la fiesta o reunión en la que lo realices será inolvidable y todos la recordarán pese al paso del tiempo.

¿QUÉ VAMOS A HACER?: Primero vamos a levantar soplando un objeto mediano, como puede ser un maletín, o una caja de paquetes de leche, o de zumos, o cualquier objeto mediano que pese unos 10 o 15 kg. Después, para darle más emoción, vamos a levantar soplando a algún chico o chica presente que pese alrededor de 30 o 40 kg. Por último, para llegar al máximo de emoción, vamos a apostar si seremos capaces de levantar, por supuesto simplemente soplando, al que más pese de toda la reunión (80 o 90 kg).

¿QUÉ NECESITAMOS?: Una mesa normal, un tablero o mesa pequeña, y una bolsa de plástico de basura.

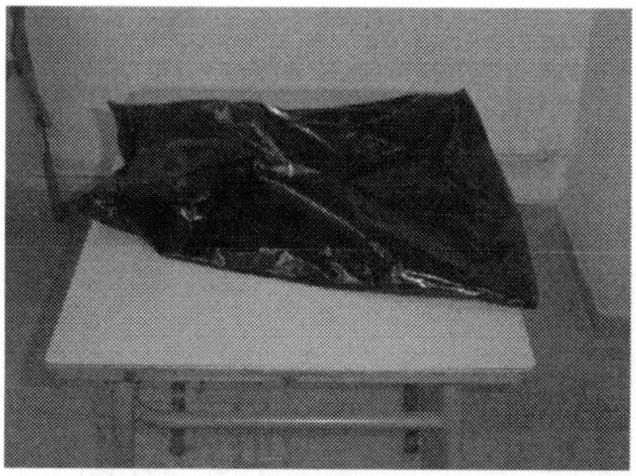

¿CÓMO LO HACEMOS?: Cogemos una mesa cualquiera, pequeña, si es posible, pero no necesariamente, y le colocamos encima una bolsa de plástico de las de basura. Por último, situamos encima de la bolsa de plástico un tablero u otra mesa pequeña (por ejemplo, en un colegio o instituto se pueden usar 2 mesas de alumnos, una colocada normal y la otra boca abajo, situando entre ambas la bolsa de plástico, y así el alumno se agarra a las patas de la mesa). A continuación, cogemos la abertura de la bolsa de plástico y la juntamos para que se pueda coger con la mano. Después, colocamos el objeto a levantar o se sitúa la persona encima de la mesa, usando una silla a modo de escalera. Por último, nos metemos en la boca el extremo abierto de la bolsa, que hemos juntado y sujetado con la mano, y comenzamos a soplar, observando cómo, poco a poco, el objeto va subiendo, o la persona se va elevando, simplemente con el pequeño esfuerzo de soplar. **Para que no se vaya a caer la persona que está encima de la mesa, es necesario que le dé la mano a otra persona colocada de pie junto a la mesa, para que no pierda el equilibrio y no se caiga.**

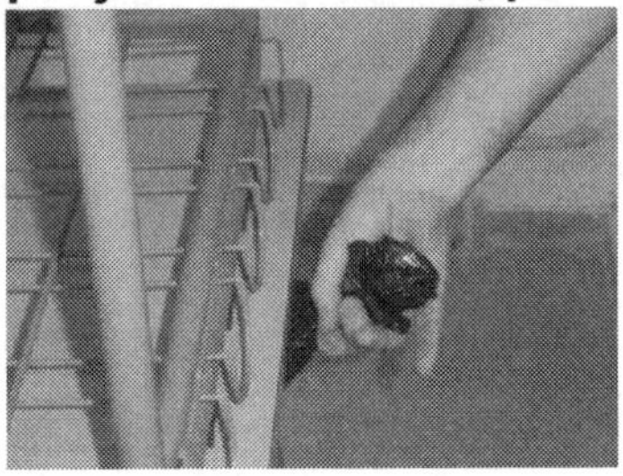

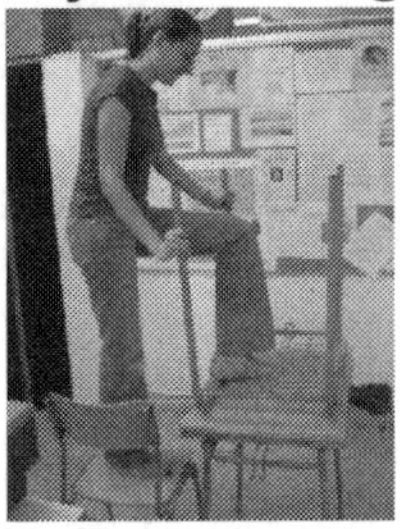

Este experimento está basado en la prensa hidráulica, similar a la que hay en los talleres de vehículos, para elevarlos. Por eso colocando un pequeño cuerpo en uno de sus émbolos, se puede levantar un otro muchísimo mayor en el otro émbolo, ya que la presión ejercida en el émbolo pequeño (que sería nuestra boca), se transmite íntegramente al émbolo grande (que sería la tabla o mesa donde se apoya el objeto o la persona). La prensa hidráulica se basa en el Principio de Pascal, que dice: "La presión ejercida en un punto de un fluido incompresible, se transmite íntegramente a todos los puntos del mismo". Aquí aunque el aire es comprensible, dado que las presiones no son muy elevadas, apenas tiene incidencia en el resultado del experimento.

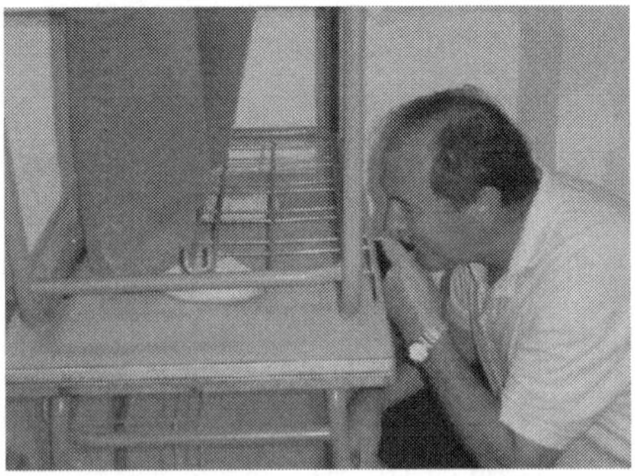

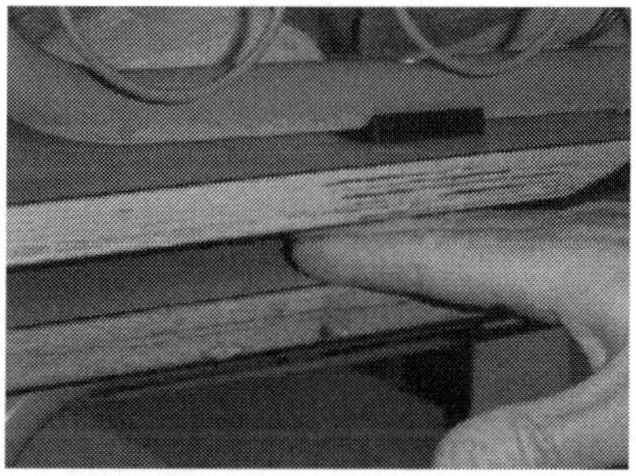

¿CÓMO ACABAMOS EL TRUCO?: Como siempre recuerda que para que el truco te salga bien, y no quedes en evidencia, debes practicarlo varias veces antes. Es importante que observes que el objeto pequeño lo vas a levantar al menos 10 o 15 cm, pero el chico o chica medianos lo levantarás unos 4 o 5 cm y la persona de más peso (80 o 90 kg) se levantará sólo un par de cm. Al acabar de soplar, sujeta la boca de la bolsa con la mano y cuando todos hayan vista que se ha elevado, suelta de golpe la bolsa, observando como baja instantáneamente. Con este nuevo experimento comprobarás, una vez más, lo divertida que puede ser la ciencia.

¿CÓMO FUNCIONA UN SUBMARINO?

Estas experiencias puedes visualizarlas en la página web del autor www.disfrutalaciencia.es y en el canal de youtube "**disfrutalaciencia**" (https://goo.gl/N57K4O).

Si desea visualizar el vídeo puede pulsar el link http://is.gd/WwV2B9.

CONSTRUCCIÓN DE UN LUDIÓN O DIABLILLO DE DESCARTES

Este nuevo experimento sorprenderá de nuevo a tus amigos, porque quedarán asombradísimos y una vez más lograrás quedar como un auténtico mago, con este original experimento.

¿QUÉ VAMOS A HACER?: Vamos a demostrar cómo funciona un submarino y cómo es capaz de sumergirse en al agua a voluntad. Asimismo, explicaremos cómo nadan y bucean los peces. La construcción de un "Ludión" resulta muy divertida y entretenida, por este motivo te la recomiendo especialmente.

¿QUÉ NECESITAMOS?: Un frasquito pequeño (por ejemplo, una ampolla de inyección pequeña, o un frasquito de perfume que suelen dar como muestra gratuita en las perfumerías), un jarroncito alto, delgado y transparente (o un tubo de ensayo grueso, o el tubo que llevan los cigarros puros), y un globo.

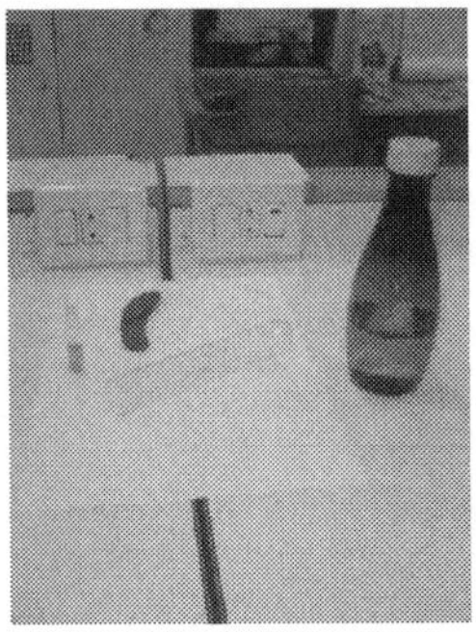

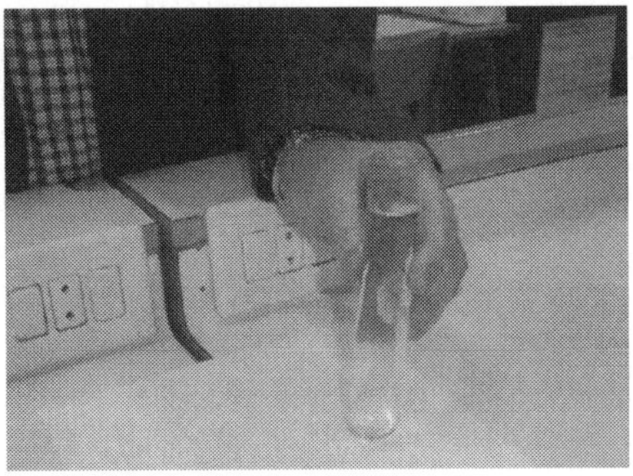

¿CÓMO LO HACEMOS?: Primero llena el jarroncito con agua, dejando unos 3 cm hasta el borde. Después, añade agua al frasquito pequeño, en cantidad suficiente para que permanezca flotando, una vez invertido en el jarroncito. Para ello deberás realizar varios tanteos, quitando o añadiéndole agua hasta conseguir que permanezca flotando pero que le falte poco para hundirse (resulta muy cómodo añadirle o quitarle líquido con una jeringuilla). No puedo indicar el volumen exacto de agua a añadir al frasquito porque depende de la masa del mismo y también de la temperatura (Si en invierno el experimento sale bien con una determinada cantidad de agua en el frasquito, en verano será necesario modificar dicha cantidad). El frasquito en esa posición invertida deberá contener un poco de aire, en su interior, en la parte superior. A continuación, se tapa la boca del vaso con el globo, de tal forma que quede tensa, servirá de sujeción la boca del globo que al ser estrecha presionará el globo contra el jarroncito, y si no queda bien sujeta, le colocamos cinta adhesiva alrededor del vaso.

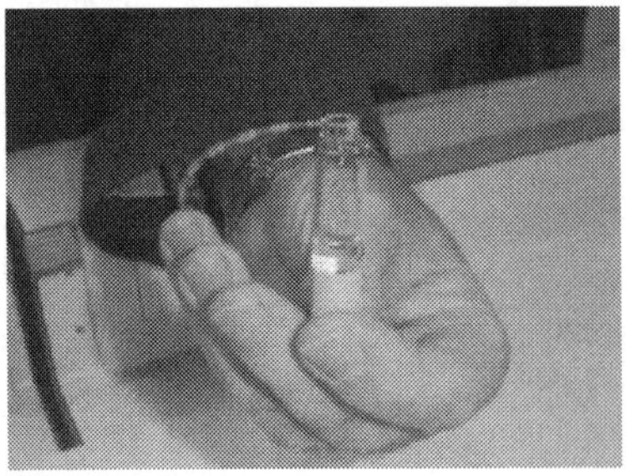

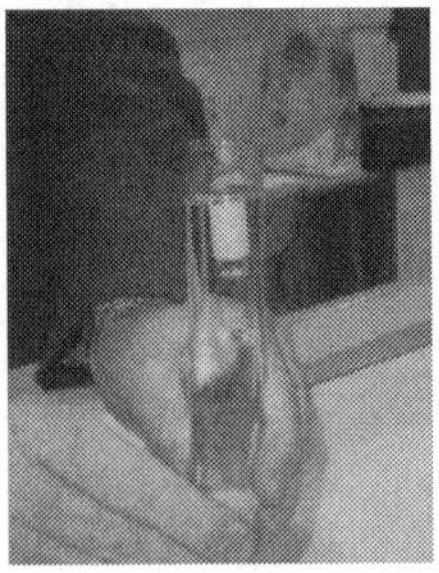

Para ver si funciona, deberás presionar con un dedo sobre la goma del globo y observarás que el frasquito se hunde. Luego, al quitar la mano y cesar la presión, el frasquito sube. Así, puedes repetir la operación cuantas veces quieras.

Como veremos, al presionar la goma del globo en la boca del jarroncito, el frasquito baja, porque se comprime el volumen de aire que lleva dentro, al entrar agua, con lo cual, el peso es superior al empuje de Arquímedes y el frasquito se hunde. Lo mismo sucede en los submarinos, que llevan unos depósitos grandes, que al ser llenados con agua, permiten que el submarino se hunda. En el caso de los peces, éstos disponen de la vejiga natatoria, que al igual que los submarinos cuando se llena de agua se hunden en el mar y cuando se vacía suben a la superficie.

Por el contrario, cuando cesa la presión ejercida sobre la goma del globo, sale parte del agua del frasquito, se expande el aire que llevaba en su parte superior, y, por tanto, flota porque el peso del frasquito es menor que el empuje de Arquímedes. En los submarinos, esos depósitos se llenan de aire, expulsando al agua, con lo cual el submarino flota.

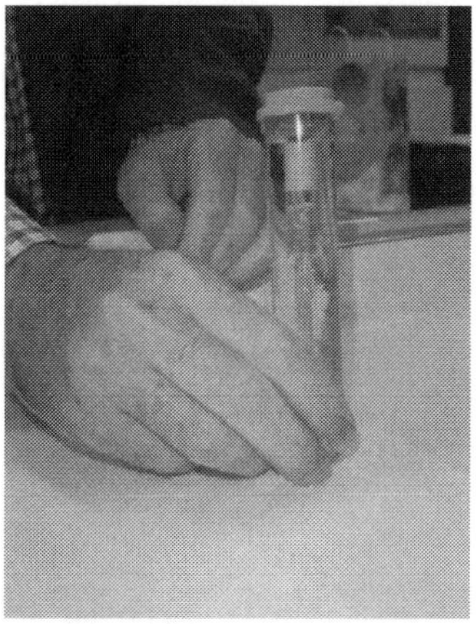

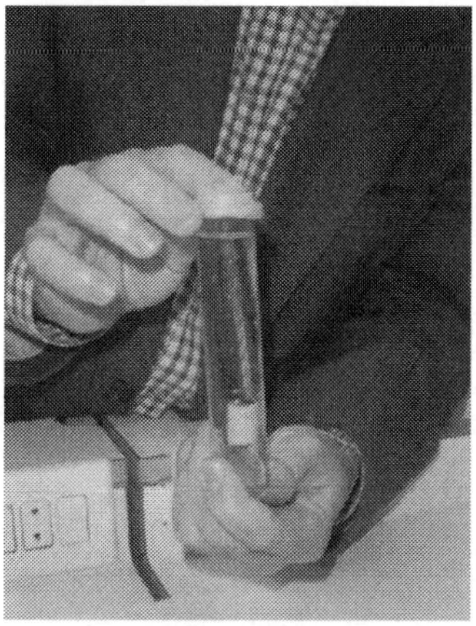

¿CÓMO ACABAMOS EL TRUCO?: Veis como de una manera muy sencilla y divertida, hemos explicado el funcionamiento de los submarinos y el buceo de los peces con este divertido juguete llamado Ludión o diablillo de Descartes. Para que el truco te salga bien, y no quedes en evidencia, debes practicarlo varias veces antes. Muéstralo al público para que vean que no hay ningún truco y vean su funcionamiento. ¡Ves qué fácil es!

UN GIGANTE INVISIBLE APLASTA UNA BOTELLA

Estas experiencias puedes visualizarlas en la página web del autor www.disfrutalaciencia.es y en el canal de youtube "**disfrutalaciencia**" (https://goo.gl/N57K4O).

Si desea visualizar el vídeo puede pulsar el link http://is.gd/maFZw6.

¿CÓMO LOGRAR QUE SE APLASTE SOLA UNA BOTELLA DE PLÁSTICO?

Con esta experiencia vamos a demostrar que la presión atmosférica, debida al aire que nos rodea es mucho más grande de lo que pensamos, como vimos en los experimentos del vaso de agua colocado boca abajo y la botella con la pelota de ping pong. Este experimento sorprenderá a tus amigos, al igual que todos los anteriores.

¿QUÉ VAMOS A HACER?: Como siempre usaremos materiales de desecho, consiguiendo abaratar costes y sobre todo poner al alcance de todos una ciencia divulgativa, recreativa y lúdica, fácil de llevar a cabo dentro y fuera de los centros escolares, que fomentará el disfrute del aprendizaje de las ciencias. Vamos a poner de manifiesto la existencia de la presión atmosférica mediante un sencillo experimento, en el que una botella de plástico vacía, o una lata de refresco vacía, quedan aplastadas por una fuerza invisible, debida a la presión atmosférica.

¿QUÉ NECESITAMOS?: Un cazo metálico para calentar agua, fuente de calor, agua, botella de plástico de 1,5 o 2 litros (las de agua mineral dan buen resultado), embudo, unos guantes.

NOTA IMPORTANTE: Como cualquier experimento que usa cuerpos calientes y fuente de calor es aconsejable extremar las medidas de seguridad para evitar accidentes, por eso esta práctica no es recomendable para que la hagan niños.

¿CÓMO LO HACEMOS?: En primer lugar, nos ponemos los guantes, para evitar quemaduras en las manos. Echamos en un cazo metálico ¼ de litro de agua, aproximadamente un vaso grande de agua, algo escaso (aunque en la foto se hierve el agua en un vaso pírex, como esto puede ser peligroso, aconsejo calentar el agua en el cazo metálico). No conviene añadir más agua porque la experiencia duraría más y no resultaría tan vistosa. A continuación, se calienta el agua hasta que comience a hervir. La dejamos enfriar unos 5 minutos, para que no vaya a deformar la botella de plástico, al añadirla tan caliente. Después, le colocamos el embudo a la botella plástico, de 1,5 o 2 litros de capacidad, y, con mucho cuidado, le añadimos el agua caliente. Después, tras añadir el agua caliente, tapamos la botella, la agitamos vigorosamente (unos 10 segundos), la destapamos, le tiramos toda el agua y rápidamente la volvemos a tapar caliente y sin agua. Por último, la refrigeramos con agua del grifo durante uno o dos minutos, o la introducimos en un recipiente con agua del grifo.

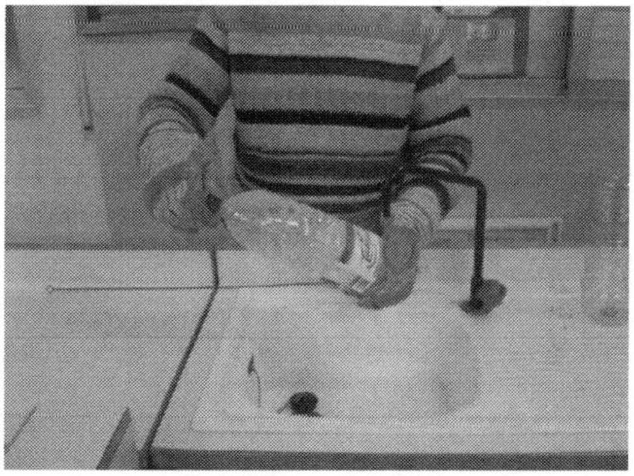

¿CÓMO ACABAMOS EL TRUCO?: Observaremos que las paredes de la botella se van deformando progresivamente, curvándose hacia el interior, de una manera espectacular. Esta deformación desaparece si la botella se destapa, ya que enseguida adquiere su forma natural, casi en su totalidad, ya que la botella no es un cuerpo perfectamente plástico (cuerpo plástico es el que recupera su forma original después de ser deformado por una determinada fuerza).

La justificación científica del experimento es la siguiente. Al agregar el agua caliente, el vapor producido expulsará parte del aire existente en la botella. Si después la cerramos y la refrigeramos, el vapor de agua condensará y provocará un pequeño vacío en su interior, deformándose debido a la existencia de una fuerza exterior que motiva su curvatura. Esa fuerza externa es engendrada por la presión atmosférica, que actúa sobre todos los cuerpos situados sobre la superficie terrestre.

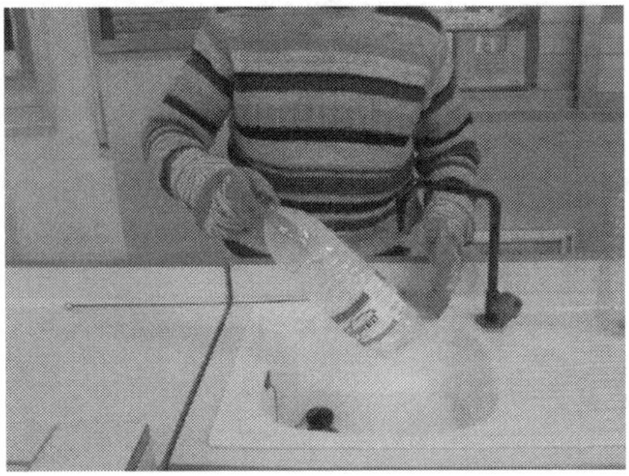

Se agita vigorosamente para facilitar la rápida constitución del vapor, el cual al mezclarse con el aire origina una sobrepresión que es eliminada al destapar la botella expeliendo una mezcla de aire y vapor.

Una variante de esta experiencia consiste en hacerla con una pequeña lata de refresco, que contenga un poco de agua (menos de un dedo), y cuando está hirviendo la cogemos con unas pinzas y rápidamente se vierte boca abajo sobre un recipiente con agua del grifo, quedando la lata totalmente aplastada. Resulta tremendamente espectacular, te lo aseguro.

Recuerda que para que el experimento te salga bien, y no quedes en ridículo, debes practicarlo varias veces antes. Con este nuevo experimento demostrarás, una vez más, lo divertida que puede ser la ciencia.

CONSEJO ECOLÓGICO: CÓMO AHORRAR AGUA

Cada año es más frecuente la aparición del fantasma de las restricciones de agua, especialmente en el Levante español, y eso nos aterra, porque la vida moderna no se concibe sin girar la manivela del grifo y que salga el agua. Pero el agua, en el futuro se convertirá en el auténtico oro líquido, desplazando al actual oro líquido, el petróleo.

El agua es cada vez un bien más escaso, especialmente en el Mediterráneo. Los romanos y los árabes hacían verdaderas maravillas para recoger este recurso y aprovecharlo al máximo. Los sistemas de conducción de agua de las grandes ciudades son antiguos y tienen pérdidas enormes. Muchos sistemas de riego son poco eficientes. Recuerda que la obtención de agua potable supone un gasto de energía: bombeo, potabilización.

El desarrollo turístico de las diferentes zonas del planeta debe ser sostenible y acorde con las características ambientales de la zona. Así, por ejemplo, sabiendo que un campo de golf consume igual de agua que una población de 20.000 habitantes, no es lógico establecer este tipo de instalaciones deportivas en zonas donde los recursos hídricos sean escasos. Si las autoridades competentes lo permitiesen darían a entender que no les preocupa el medio ambiente y sus consecuencias, por acción u omisión, y/o que tienen intereses económicos, que los hay, para su construcción.

Una vez más te solicitamos que aportes tu granito de arena, para mejorar la sostenibilidad del planeta, especialmente por vivir en un país donde este vital recurso escasea tanto. Desde diversas Instituciones se hace un llamamiento a la conciencia de los ciudadanos para impedir el despilfarro de agua y promover el uso racional del agua, sobre todo ante el grave problema de escasez de agua, por la falta de lluvia.

MEDIDAS PARA AHORRAR AGUA

En la cocina:

- Cuando te sobre aceite (de freír, de latas de atún, etc.) no lo viertas por el fregadero, ni el WC, porque resulta muy costoso y difícil su depuración. Viértelo en un bote cerrado y tíralo a la basura. También puedes almacenarlo y llevarlo a un punto de recogida municipal (punto verde), cuando tengas una cierta cantidad.

- Lava la fruta y verdura en un cuenco. Se ahorran 10 litros de agua.

- Si friegas los platos a mano, no lo hagas con el grifo abierto. Utiliza un fregador para enjabonar y otra para aclarar. Si no tienes dos fregadores, usa un barreño. Pon el lavavajillas sólo a plena carga al igual que la lavadora.

- Emplea reductores de caudales, para los grifos, que cuestan 3 euros.

En el baño:

- Dúchate en vez de bañarte, ya que requiere la quinta parte de agua y energía que un baño. En promedio la ducha diaria de una persona tarda 7 minutos y consume 8 litros de agua por minuto (56 litros cada ducha).

- Coloca un atomizador en la ducha. Es un pequeño "truco" que, al agregar aire al agua, da la impresión de aumentar el chorro, con menor cantidad de agua.

- Instala grifos monomando que están diseñados para evitar que goteen.

- Repara los grifos que gotean. Una gota por segundo se convierte en treinta litros al día (10.000 litros anuales). Ahorrarás agua y dinero.

- Revisa tu cisterna por si pierde agua. Mete una o dos botellas en el depósito para reducir su capacidad. Si tienes inodoro con dos descargas (la mitad de la cisterna o entera), emplea la opción ½ descarga.

- Descarga la cisterna del inodoro sólo cuando sea necesario. Ahorrarás los 6 u 8 litros que contiene la cisterna.

- No dejes el grifo abierto mientras te cepillas los dientes, ya que malgastarás 20 litros de agua.

- No utilices el inodoro como papelera evitando tirar colillas, tampones, medicinas, ni otros objetos porque así facilitarás la depuración de las aguas residuales.

- Compra papel higiénico blanco, evita el de colores. Tanto para fabricarlo como para eliminarlo en las depuradoras, se necesitan sustancias químicas, muchas de ellas contaminantes. Lo más ecológico es el papel higiénico reciclado.

En las tareas domésticas:

- Procura evitar los productos de limpieza más agresivos (limpiahornos, limpiadores de cuartos de baño, de alfombras, desatascadores, desinfectantes, abrillantadores, etc.). Al verter estos productos por el desagüe se dificulta enormemente la posterior depuración de las aguas, que algún día han de volver a nuestros grifos.

En el jardín:

- Utiliza la escoba en lugar de la manguera para limpiar patios y terrazas.

- Si riegas el jardín, hágalo al amanecer o al anochecer, cuando el agua tarda más en evaporarse.

- No riegues en días ventosos porque el viento se lleva el agua.

- Recuerda que por regar más no se conservará mejor el césped: la mayoría de los jardines reciben más agua de la que necesitan.

- Utiliza el sistema de goteo para ahorrar agua al regar tu jardín, haciéndolo por la noche preferentemente, para que se evapore el mínimo de agua.

Como curiosidad citaremos que también se podría ahorrar agua dependiendo del tipo de dieta que elijamos. Cada alimento consume una determinada cantidad de agua hasta que llega a nuestro hogar apto para su consumo. Así, 1 kg de patatas necesita 1.000 litros de agua; 1 kg de ternera, 15.000 litros de agua (la vaca bebe y come pastos que gastan agua); 1 kg de cordero, 10.000 l; y 1 kg de pollo 6.000 l. Vemos, pues, que seleccionando los alimentos que tomamos, indirectamente, también ahorraríamos agua. Como dato citaremos que el consumo de carne, por persona y año, en los países industrializados es de 80 kg.

Los políticos deberían dedicar todos sus esfuerzos a resolver el grave problema de la falta de recursos hídricos que afecta a todos los ciudadanos, elaborando leyes adecuadas para su resolución y olvidándose de intereses partidistas. La miopía política impide, a veces, ver con toda la profundidad adecuada la gravedad del problema sin tener en cuenta que con la tecnología actual tendría solución. Lo único que hace falta es voluntad política y colaboración ciudadana para resolverlo. El ahorro del agua es tarea de todos, y todos, ciudadanos y políticos, deberíamos caminar en la misma dirección para solventar el problema de la sequía que se irá agravando con el cambio climático y que en algunas regiones, como el Levante español, tendrá especial relevancia, como estamos viendo. El cambio climático, como dice el norteamericano Al Gore, en su documental **"Una verdad incómoda"**, es una amenaza mayor que el terrorismo, aunque no seamos conscientes aún de ello.

La desertificación, la sequía, la escasez de agua, las lluvias torrenciales, las olas de calor, los vientos huracanados, etc., son las consecuencias del cambio climático que azota al planeta Tierra.

CALOR

¿Por qué algunas personas pueden caminar sobre el fuego, la noche de San Juan, sin
¿Por qué se ponen los pelos de punta con el frío?
¿Por qué los perros no

CALOR

CURIOSIDADES Y PREGUNTAS

¿Por qué en los climas marítimos son menos bruscos los cambios de temperatura?	¿Crees que entre la brisa del mar y la de tierra habrá algún momento que no exista brisa?
¿Por qué los líquidos fríos empañan los vasos?	¿Por qué las personas de raza negra tienen el pelo rizado?
¿Por qué baila el agua sobre una placa caliente?	¿Por qué hace más frío en la Antártida que en el polo norte?
¿Qué es lo que provoca el viento?	¿Por qué enfría el agua un botijo?
¿Qué temperatura hace en el espacio sideral?	¿Es cierto que no se puede alcanzar el cero absoluto (0 K)?
¿Qué tiene más masa un litro de agua fría u otro litro de agua caliente?	¿Cómo se pueden separar dos vasos de cristal encajados?
¿Por qué los perros no sudan?	¿Por qué tiritamos?
¿Cómo se produce la niebla?	¿Por qué sudamos?
¿Por qué en las ventanas de los países fríos se emplean vidrieras dobles?	¿Por qué los radiadores se colocan en las partes bajas de las habitaciones y no en las partes altas?
¿Por qué en los termómetros clínicos no baja el mercurio por sí solo y es necesario sacudirlo para que baje?	Sabías que el número de chirridos de un grillo puede determinar de forma aproximada la temperatura ambiente, en un momento determinado.
¿Por qué se pega la comida si empleas una cacerola de acero muy fino?	¿Por qué en los días de lluvia son menos intensos los cambios de temperatura y son menos fríos?
¿Cómo podrías restaurar la forma de una cantimplora metálica deformada por un golpe?	¿Por qué el agua de una cantimplora de metal se conserva fresca si está tapada con una manta?
¿Por qué las salinas son extensas y poco profundas?	¿Por qué sentimos frío al salir de la bañera?
¿Por qué nos abrigamos?	¿Cómo funcionan los termos?
¿Puede hervirse el agua en un recipiente de papel?	¿Por qué los esquimales construyen el iglú con hielo?
¿Por qué abrigan los tejidos?	¿Por qué se pasa frío en las zonas húmedas, pese a ir bien abrigado?

CURIOSIDADES Y PREGUNTAS

¿Por qué se emplea agua como refrigerante en los coches?	¿Cómo tiene lugar la brisa de mar y la de tierra?
¿Por qué visten las personas de colores claros en verano?	¿Por qué se ponen los pelos de punta con el frío?
¿Por qué la colonia nos produce sensación de frío?	¿Por qué se derrama la leche al hervir?
¿Es apropiado, físicamente hablando, el nombre de radiador con el que se conoce los aparatos de calefacción?	¿Por qué en los castillos, de la Edad Media, se lanzaba aceite hirviendo a sus atacantes, en lugar de agua hirviendo, mucho más barata?
¿Por qué un baño a 25 °C nos parece frío mientras que el aire a esta temperatura nos da la sensación de calor?	¿A qué se debe la propiedad de ciertos vidrios (Pírex, Jena, etc.) de soportar, sin romperse, grandes cambios de temperatura?
¿Por qué la bandeja de hielo se nos pega en los dedos al cogerla?	¿Por qué es más fácil enfriarse en los días de viento?
¿Por qué se apaga una cerilla cuando se le sopla, a pesar de que esto supone una aportación de oxígeno?	¿Por qué entre los bloques de viviendas se suele dejar una pequeña separación de algunos cm, llamada junta de dilatación?
¿Por qué se enfría un líquido al soplarle?	¿Por qué en verano se riegan las calles?
¿Cuál es el fundamento de las ollas a presión y autoclaves?	¿Por qué las vías del ferrocarril tienen los tramos separados?
¿Por qué los pueblos del sur de España tienen las casas encaladas de blanco?	¿Por qué los granjeros colocan grandes recipientes de agua para evitar heladas?
¿Por qué no se debe apagar el aceite de la sartén con agua, y sí colocándole una tapadera?	¿Qué consecuencias tiene que el agua aumente su volumen al pasar de líquido a sólido?
¿Por qué es recomendable lubricar el termómetro antes de introducirlo en un tapón de corcho?	¿Por qué al andar descalzo sobre el mármol sentimos más frío que al hacerlo en una alfombra?
¿Por qué las empresas que usan vapor de agua se construyen, normalmente, lo más alto posible, siempre y cuando tengan suministro de agua?	¿Por qué en los días de invierno, en los cuales durante la noche se ha congelado la escarcha, al amanecer y salir el Sol, disminuye la temperatura del ambiente?

CURIOSIDADES Y PREGUNTAS	
¿Por qué la nieve se endurece al apretarla?	¿Para qué se utiliza la rejilla metálica de los mecheros de laboratorio?
Si no dispones de hielo, ni frigorífico, ¿cómo enfriarías una botella de agua?	¿Por qué si se sopla deprisa la mano se enfría y si se sopla despacio se calienta?
¿Dónde se deben colocar las latas de refrescos, en una nevera portátil, debajo o encima del hielo, para que se enfríen antes?	¿Por qué las líneas eléctricas no se instalan de manera que en verano queden los cables lo más tensos posible?
¿Por qué en una montaña hierve el agua a menos de 100 °C?	¿Sabes cómo se colocan las llantas de los barriles de vino?
A medida que se asciende, la temperatura disminuye a razón de unos 6,5 °C, cada km.	Cuando el agua del mar congela, ¿los cristales de hielo son salados o dulces?
¿Por qué las casas de los pueblos del norte de España tienen los muros y tejados de colores oscuros?	A los coches de carrera se les echa gasolina congelada, porque al tener menos volumen, les entra mayor volumen de gasolina.
Sabías que en la llama de una vela existen 3 zonas distintas, con temperaturas muy diferentes: La zona interna, pegada a la vela, donde se alcanzan los 150 °C; la zona intermedia, donde se llega a los 250 °C; y la zona más externa, la temperatura es de 400 °C.	¿Por qué en las fábricas de conservas se echa la confitura caliente en los frascos de cristal, estando éstos previamente calientes y luego no se enfrían con agua a temperatura ambiente, sino que primero lo hacen con agua templada y después con agua a temperatura ambiente?
¿Por qué las velas tienen mecha?	¿Por qué el agua apaga el fuego?
El cuerpo humano se refrigera, hasta los 37 °C, mediante la vaso dilatación y a partir de los 37 °C pone en marcha el fenómeno de la sudación.	El cuerpo humano puede soportar hasta 70 °C, aunque los límites extremos de temperatura que puede resistir dependen de si el ambiente es seco o húmedo.
¿Por qué el alcohol no sólo que no quita el frío, sino que por el contrario lo acentúa?	¿Por qué algunas personas pueden caminar sobre el fuego sin quemarse?
¿Por qué el agua hace burbujas cuando hierve?	¿Por qué el agua no hierve siempre a la misma temperatura?
¿Por qué el agua caliente se congela antes que la fría?	¿En cuántos estados se presenta la materia?

CURIOSIDADES Y PREGUNTAS

¿Se puede meter el dedo en plomo fundido sin quemarse?	**¿Cómo se quitan las manchas de grasa con la plancha?**
¿Cómo es posible que estallen las palomitas de maíz?	**¿Por qué las casas del sur de España se encalan antes del verano?**
¿Por qué los trajes de los astronautas son de color blanco?	**¿Por qué para evitar heladas se provocan nieblas?**
¿Por qué hierve antes un cazo de agua sin tapar que el cazo tapado con una tapa metálica?	**¿Por qué para evitar que se hiele la luna del coche se frota con una patata cortada?**

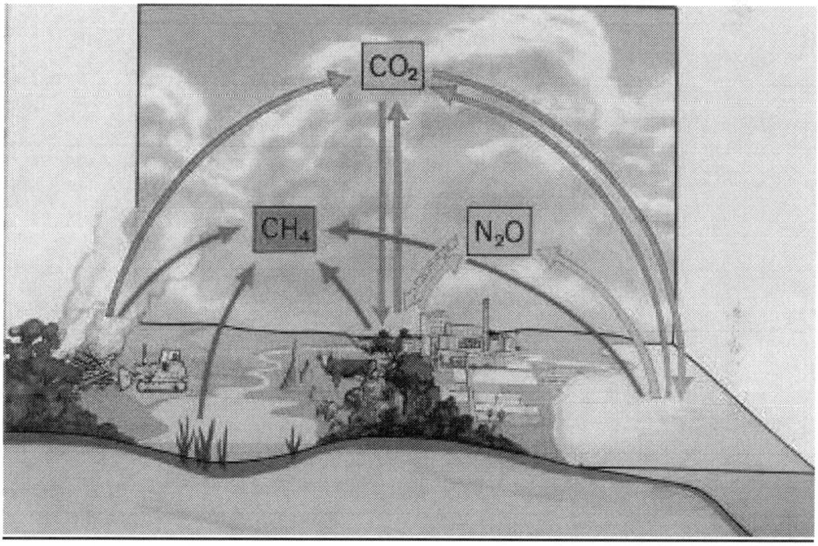

Los gases del efecto invernadero están contribuyendo al cambio climático, de consecuencias imprevisibles.

CALOR

PREGUNTAS Y RESPUESTAS

1. ¿Por qué la bandeja de hielo se nos pega en los dedos al cogerla?

   Al sacar la bandeja del congelador, la humedad que se tiene en los dedos se congela y se suelda a la capa helada que envuelve el recipiente. Los dedos se adhieren todavía más fácilmente cuando la bandeja es de metal, ya que éste es un buen conductor del calor.

2. ¿Por qué sentimos frío al salir de la bañera?

   Porque el agua que queda en el cuerpo se evapora y para ello necesita energía, la cual es suministrada por el propio cuerpo y por el medio ambiente, enfriándose ambos.

3. ¿Por qué las personas de raza negra tienen el pelo rizado?

   El hecho de que las personas de raza negra tengan el pelo rizado no es casualidad. Como sabemos, la cabeza es la parte más sensible del cuerpo al aumento de la temperatura, por eso cuando tenemos mucha fiebre nos ponemos paños de agua fría en la frente, la cual al evaporarse roba calor de la cabeza y baja su temperatura. Por este motivo, el cabello de las personas de raza negra es rizado, como consecuencia de la adaptación a los climas cálidos y con fuerte insolación. Al estar rizado el aire circula con mucha más facilidad, refrigerando la cabeza y evitando que alcance temperaturas peligrosas para el ser humano. El cabello rizado se comporta como si fuera un acondicionador de aire, creando una especie de microclima en la cabeza. De esa forma se evita que, al exponerla al Sol, se recaliente y se dañe tanto la piel como el cerebro. Se trata, pues, de una adaptación para la supervivencia. La forma del pelo de las personas de raza negra viene determinada por el ángulo en que emerge de la piel, que es oblicuo, y por la manera en que crece.

4. ¿Por qué los líquidos fríos empañan los vasos?

Al echar un líquido frío en el seno de un recipiente, las paredes de éste se enfrían a su vez. Esta bajada de temperatura hace que el vapor de agua, presente en el ambiente, comience a condensarse en torno a él. Se forman entonces minúsculas gotas de agua, algunas de las cuales se adhieren a las paredes externas del recipiente, empañándolo.

5. ¿Por qué baila el agua sobre una placa caliente?

Cuando cae una gota de agua sobre una placa caliente, se forma en medio una fina película de vapor que hace la función de un aislante, lo que impide que la gota se caliente de repente. Si la gota se deja caer desde una cierta altura, la lámina de vapor se comporta como una cama elástica y hace que la gota empiece a bailar de un lado a otro. Si, por el contrario, la gota se deposita con cuidado sobre la placa caliente, aquella dibujará caprichosas formas, debido a que el vapor que se genera escapa hacia un lado, provocando oscilaciones propias.

6. ¿Qué temperatura hace en el espacio sideral?

Para un astronauta que orbita alrededor de la Tierra, la temperatura puede variar de forma brusca en cuestión de segundos, dependiendo de que se encuentre frente al Sol o protegido por la sombra de nuestro planeta. En este último caso, la temperatura puede llegar a –180 °C. Ahora bien, si el astronauta se encuentra de cara al Sol, el calor se hace insoportable, alcanzándose los 122 °C. En el Universo la temperatura absoluta de la radiación cósmica de fondo es de –266°C.

7. ¿Por qué enfría el agua un botijo?

Los botijos están hechos de barro arcilloso que proporciona a las paredes una cierta porosidad. A través de estos poros se filtra el agua de su interior y, una vez en contacto con el medio ambiente, se evapora. Para ello necesita un aporte de energía, que se denomina calor latente de vaporización. Una parte del calor la suministra el entorno, pero al no ser suficiente, lo toma de la propia agua del botijo, enfriándola. El grado de enfriamiento dependerá de varios factores: del volumen de agua del botijo y de las condiciones ambientales, sobre todo de la temperatura exterior. Cuando mayor sea ésta, más rápida es la evaporación, pero no el proceso de enfriamiento.

8. ¿Qué es lo que provoca el viento?

El viento es una masa de aire en movimiento, debido a la variación de varios factores atmosféricos, como la presión, la humedad y la temperatura. Se origina debido a que la radiación solar no incide de la misma forma sobre los distintos puntos de la superficie terrestre. En los polos, los rayos solares atraviesan la atmósfera de forma oblicua, lo que hace que una gran cantidad de energía se disipe en el camino, algo que no ocurre en el ecuador y en los trópicos, donde la radiación incide perpendicularmente. Esto provoca que las masas de aire se caldeen de forma distinta y que el aire caliente, más ligero que el frío, ascienda hacia las capas altas de la atmósfera. La zona donde se encontraba, llamada de baja presión, es reemplazada por aire frío, lo que origina una alta presión. Estos movimientos provocan los vientos.

9. ¿Por qué hace más frío en la Antártida que en el polo norte?

El continente antártico es el punto del planeta donde se han registrado las temperaturas más bajas, llegando hasta los 89,2 °C bajo cero en la zona de Vostok. El polo norte, sin embargo, nunca llega a ser tan frío, debido a que la Antártida es un continente helado, mientras que el Polo norte es un mar congelado, situado en el centro del océano Ártico. Como el agua tiene un elevado calor específico y, además, el agua se calienta y se enfría más lentamente que las demás sustancias, por eso en el polo norte se congela la superficie del mar, formándose una capa de hielo de hasta un metro de espesor. Por debajo de ésta, el agua permanece a 0 °C, sin helarse. En la Antártida, sin embargo, la capa de hielo alcanza en algunos puntos los 4 km de espesor. Allí, precisamente, las temperaturas registran los valores mínimos.

10. ¿Es cierto que no se puede alcanzar el cero absoluto (0 K)?

La temperatura más baja que se podría alcanzar es la de –273,15 °C, conocida como cero absoluto (0 K). A esa temperatura los átomos o moléculas que integran un cuerpo están casi en reposo, pero esa temperatura aún no se ha podido alcanzar, aunque se está muy cerca (cienmillonésimas de grado [10^{-8} K], casi 0 K). Pero mientras no se demuestre lo contrario, conseguir el cero absoluto será imposible, ya que contradice el tercer principio de la termodinámica, por necesitarse un tiempo infinito para conseguir dicha temperatura.

11. ¿Qué tiene más masa un litro de agua fría u otro litro de agua caliente?

Por ser más densa el agua fría [d (densidad) = m (masa)/v (volumen) y la m=d.v], y como el volumen es el mismo, pues al ser la densidad mayor, la masa del agua fría será superior a la del agua caliente.

12. ¿Por qué los perros no sudan?

Los seres humanos sudamos para refrigerar el cuerpo mientras se realiza un esfuerzo. Algunos mamíferos, como el perro, no poseen glándulas sudoríparas, ya que eliminan todas las sustancias tóxicas por los excrementos y la orina. Los perros suplen la falta de sudor abriendo la boca; así la saliva se evapora y ejerce una acción refrescante similar a la del sudor de las personas. Cuando un perro corre, su temperatura corporal puede alcanzar los 40 °C y todos sus órganos se acomodan a esa temperatura, salvo el cerebro. Para que no le afecte al cerebro, su organismo segrega un líquido que humedece el hocico y respira más rápidamente. Este jadeo provoca una corriente de aire que ventila el hocico, cuyo líquido al evaporarse refresca la sangre que circula por los capilares y cuando llega la sangre al cerebro su temperatura ha descendido unos 2 o 3 grados.

13. ¿Cómo se pueden separar dos vasos de cristal encajados?

Cuando por descuido, al quitar la mesa o fregar, introducimos un vaso dentro de otro y no podemos separarlos, no lo intentemos por la fuerza, lo más seguro es que se rompan y encima corremos el riesgo de cortarnos. Para solucionar el problema se llena de agua fría el vaso de dentro y se baña el de fuera con agua caliente. El calor dilatará uno y el frío contraerá al otro, pudiendo separarlos sin ningún problema.

14. ¿Por qué tiritamos?

Una persona es un ser homeotermo, es decir, la temperatura de su cuerpo permanece constante. Cuando hace frío, las pérdidas y las ganancias de calor se equilibran constantemente. Las personas evitan desperdicios de calor usando ropas de abrigo o aumentando las oxidaciones a través de un trabajo muscular más intenso. A falta de ello, y sin que intervenga la voluntad, el temblor, que hace trabajar gran cantidad de fibrillas musculares, aumenta el ritmo de las combustiones internas y restablece el equilibrio térmico provisionalmente.

15. ¿Por qué la colonia nos produce sensación de frío?

Si mojamos con agua el dorso de la mano, sentimos cómo se refresca la piel, y si soplamos sobre la mano mojada, aumenta la sensación de frío, con lo que deducimos que la evaporación del agua produce frío. La evaporación del sudor del cuerpo también produce frío. Esa es nuestra defensa ante el excesivo calor. El alcohol de la colonia es muy volátil y se evapora rápidamente en el aire, a la temperatura ambiente, y este cambio de estado se produce tomando calor del medio ambiente. Si se frota la piel de la mano con colonia, el líquido se evapora, apoderándose del calor de la piel, cuya temperatura desciende tanto más cuanto más rápida sea la evaporación.

16. ¿Cómo podrías restaurar la forma de una cantimplora metálica deformada por un golpe?

La llenaríamos de agua y la congelaríamos. El aumento de volumen producido al congelarse el agua, ejercerá una presión que provocará una fuerza, cuyo efecto devolverá a la cantimplora su forma original.

17. ¿Por qué se derrama la leche al hervir?

A la temperatura de 75 °C aproximadamente, se forma una fina "tela" en la superficie de la leche. Esta "tela" resulta de la coagulación de partículas de materias nitrogenadas contenidas en la leche. Cuando la temperatura se eleva y empieza la ebullición, la masa de líquido entra en movimiento y aparecen burbujas de vapor que intentan salir. Éstas ejercen una presión sobre la tela superficial, la cual se levanta, arrastrando consigo parte de líquido.

18. ¿Por qué se pasa frío en las zonas húmedas, pese a ir bien abrigado?

En la época de calor, el cuerpo se refrigera evaporando sudor y para ello absorbe calor del cuerpo, enfriándolo. Si en un día caluroso de verano, el aire está casi saturado (humedad relativa alta), la evaporación del sudor es muy lenta y experimentamos una sensación desagradable (bochorno). Si la humedad relativa es baja, la evaporación del sudor es rápida y nos sentimos frescos a pesar de la elevada temperatura. En las épocas de frío, el grado de bienestar también depende de la humedad relativa del ambiente. Cuando hay mucha humedad, las moléculas de agua son más ligeras que las del aire, por lo que se difunden a través de la ropa porosa más rápidamente que el aire; además, el calor específico o capacidad calorífica del agua es prácticamente el doble que el del aire. En consecuencia, las moléculas de agua son más ligeras y roban más calor del cuerpo humano, escapando después a través de la ropa y siendo reemplazadas por otras moléculas de agua frías. Este proceso continúa y, por tanto, la persona que está en una zona húmeda pierde más calor que la que está en una zona seca, y, lógicamente, sentirá frío, pese a ir abrigado, y pese a que en ambos lugares tengan la misma temperatura.

19. ¿Por qué en los termómetros clínicos no baja el mercurio por sí solo y es necesario sacudirlo para que baje?

Porque el estrechamiento es lo suficientemente pequeño para que el mercurio pase a través de él, debido a la presión provocada por la dilatación del mercurio, pero si no existe esa presión no retrocede, siendo necesario aplicarle una fuerza centrípeta para que baje. Al enfriarse el mercurio, la hebra del mismo se rompe en el estrechamiento, porque las fuerzas intermoleculares no son suficientemente fuertes para impedir que se rompa la hebra por el estrangulamiento.

20. ¿Por qué se ponen los pelos de punta con el frío?

Para disminuir la pérdida de calor del cuerpo y evitar pasar frío. Es una reacción del cuerpo ante el frío que procede de la época en la cual el vestido del ser humano era su propio pelo, con el cual se protegía del frío poniéndolo de punta aumentando así la capa de aire estático. Al crear una capa de aire estático mayor, evitamos la pérdida de calor debido a que afortunadamente, el aire es un mal conductor del calor, ya que de no ser así, nos quemaríamos al cocinar, por ejemplo.

21. ¿Por qué en los climas marítimos son menos bruscos los cambios de temperatura?

Debido al elevado calor específico o capacidad calorífica del agua del mar (inferior al de la tierra), que actúa como reguladora del clima, pues durante el día absorbe calor y durante la noche lo cede mediante las brisas, a medida que la tierra se enfría, por tanto, el cambio de temperatura entre el día y la noche es menos brusco.

22. ¿Por qué en los días de lluvia son menos intensos los cambios de temperatura y son menos fríos?

En los días de lluvia, normalmente, las mínimas son más altas y las máximas son más bajas, por varias razones: 1ª) Porque el agua posee un calor específico muy alto y actúa como regulador, igual que el agua del mar, en los climas marítimos. 2ª) Como el cielo está cubierto por nubes que dejan pasar el calor del Sol (radiaciones visibles) durante el día, absorbiéndolo la tierra y luego durante la noche lo radia en forma de radiación infrarroja, que no puede atravesar las nubes (efecto invernadero). 3ª) Cada gramo de agua que condensa a temperatura ambiente desprende unas 600 calorías, por lo que por la noche condensa mucha agua, al bajar la temperatura, liberándose calor al medio ambiente y haciendo que la temperatura mínima no sea muy baja.

23. ¿Por qué se emplea agua como refrigerante en los coches?

Por ser económica y por tener un elevado calor específico, que le permite absorber grandes cantidades de calor sin sufrir variaciones grandes de temperatura, ya que con otro líquido, al tener menor calor específico, la temperatura se elevaría excesivamente y no mantendría el motor en condiciones aptas para su funcionamiento.

24. ¿Por qué abrigan los tejidos?

Porque entre las diversas capas de los tejidos, así como entre sus fibras, siempre queda aire, que es mal conductor, y, por tanto, forma una cámara de aire en reposo, anulándose las corrientes de convección, que lo aísla del exterior, abrigándonos de las bajas temperaturas del exterior o protegiéndonos del excesivo calor. Lo mismo ocurre con el aire aprisionado entre las pieles o plumas de los animales o en las ventanas de doble cristal.

25. ¿Por qué una ducha de agua a 25 °C nos parece fría, mientras que el aire a esa temperatura nos da la sensación de calor?

Porque el agua es mejor conductor del calor que el aire y roba más fácilmente el calor a nuestro cuerpo, dando la sensación de frío con la ducha de agua.

26. ¿Por qué en las ventanas de los países fríos se emplean vidrieras dobles?

Para crear una capa aislante de aire en reposo, mal conductor del calor, que separa del frío exterior. El aislamiento térmico de una ventana de doble cristal depende de la calidad del vidrio, del material del marco, de la sustancia que queda entre los cristales y del espesor de éstos. A través de un cristal simple se pierde por cada metro cuadrado, durante el invierno, la energía contenida en 12 kg de gasóleo.

27. ¿Por qué nos abrigamos?

La mala conductividad térmica de los tejidos se aprovecha para abrigarnos y evitar que el calor del cuerpo se transmita a través de ellos, al ser los tejidos malos conductores del calor.

28. ¿Puede hervirse el agua en un recipiente de papel?

Sí, y tanto mejor cuanto más fino sea el papel, siempre que sea capaz de sostener el peso del agua. El calor que recibe el papel se conduce a través suyo y pasa al agua muy rápidamente. Mientras quede una gota de agua, no se quemará el papel. El agua hierve, a presión normal (1 atm), a 100 °C. A esa temperatura, el papel no arde, ya que necesita una temperatura superior, en concreto, el papel arde a 232,7 °C. En este sentido, puede ser interesante que veas la película **"Fahrenheit 451"**, que es la temperatura de combustión del papel en °F.

29. Si empleas para cocinar una cacerola de acero muy fino es muy probable que se te peguen los alimentos, a pesar de tener agua; sin embargo, no sucede lo mismo si esta cacerola lleva en el fondo un grueso espesor. ¿Sabrías por qué sucede esto?

Porque la temperatura se distribuye más uniformemente por todo el fondo y se evita una concentración excesiva de temperatura en la zona donde incide la fuente calorífica, con lo cual no se queman los alimentos cocinados.

30. ¿Cómo funcionan los termos?

Los termos sirven para conservar líquidos calientes o fríos. Son vasijas que aíslan su contenido del exterior, evitando la conducción del calor a través de sus paredes, que suelen ser de corcho, fibra de vidrio o cualquier otro material aislante.

31. ¿Para qué se utiliza la rejilla metálica de los mecheros de laboratorio?

Para evitar que la llama incida sobre una zona poco extensa de la vasija de vidrio y se rompa. La rejilla distribuye el calor uniformemente.

32. ¿Por qué los esquimales construyen el iglú con hielo para resguardarse del frío?

Debido a que el hielo es mal conductor del calor y sirve para resguardarse del frío exterior, ya que en su interior la temperatura que se alcanza es mayor que la del exterior, pese a estar construido con hielo.

33. ¿Por qué los radiadores se colocan en las partes bajas de las habitaciones y no en las partes altas?

Porque el aire frío es más denso y se encuentra en la parte inferior de las habitaciones. Ese aire es calentado por el radiador y las corrientes de convección lo elevan a la parte superior de la habitación, desplazando hacia abajo al aire frío.

34. La brisa del mar tiene lugar durante el día, ya que la tierra se calienta más rápidamente que el agua, porque el aire en contacto con la tierra se calienta y por su menor densidad asciende y es sustituido por masas de aire frío procedentes del mar. La brisa sopla del mar a la tierra. ¿Cómo tendría lugar la brisa de tierra?

Tiene lugar durante la noche, al enfriarse la tierra más deprisa que el mar, las masas de aire frío en contacto con aquella van a sustituir a las calientes dispuestas sobre el mar y la brisa sopla de tierra a mar.

35. ¿Crees que entre la brisa del mar y la de tierra habrá algún momento que no exista brisa?

Sí, cuando la brisa diurna y nocturna se igualan, fenómeno conocido como "calma". Normalmente, hay dos calmas: la de la mañana y la de la tarde.

36. ¿Por qué visten las personas de colores claros en verano?

Para no pasar mucho calor, ya que los colores claros absorben poco calor, a diferencia de los obscuros, que se usan más en invierno, porque absorben más calor.

37. ¿Es apropiado, físicamente hablando, el nombre de radiador con el que se conoce los aparatos de calefacción?

No, ya que no radian calor, sólo lo transmiten por convección. Se deberían llamar convectores.

38. ¿Por qué los defensores de los castillos, en la Edad Media, lanzaban aceite hirviendo a sus atacantes, en lugar de agua hirviendo, mucho más barata, si el calor específico del aceite es inferior a la del agua?

Porque el punto de ebullición del aceite es muy superior a la del agua y la cantidad de energía calorífica acumulada por el aceite es mucho mayor, por tanto, el daño causado era mayor.

39. ¿Por qué entre los bloques de viviendas se suele dejar una pequeña separación de algunos centímetros, llamada junta de dilatación?

Para que al dilatarse, por efecto del calor, no se rompa la estructura de la vivienda y pueda aumentar su volumen sin originar tensiones.

40. ¿Por qué se apaga una cerilla cuando se le sopla, a pesar de que esto supone una aportación de oxígeno?

Para la combustión de cualquier cuerpo se necesita además del oxígeno, una temperatura mínima. Una vez encendido conserva dicha temperatura mientras exista combustible y aire necesario para la combustión. Al soplar se alejan los gases calientes próximos a arder y la cerilla queda tan fría, que la combustión no es posible. En cambio, si se sopla con suavidad no se enfrían por completo y la mayor aportación de oxígeno aviva la combustión.

41. ¿A qué se debe la propiedad de ciertos vidrios (Pírex, Jena, etc.) de soportar, sin romperse, grandes cambios de temperatura?

A que tienen un coeficiente de dilatación muy pequeño, por lo que no existen grandes dilataciones, ni contracciones, que originarían tensiones internas y producirían rotura, como ocurre con el vidrio ordinario.

42. Todos los cuerpos al pasar de líquido a sólido disminuyen su volumen, pero excepcionalmente en el agua ocurre lo contrario, ¿qué consecuencia tiene esta excepción?

Que la vida animal en los lagos, ríos y mares pueda existir, ya que el hielo flota en el agua, al ser menos denso que ésta. Si fuera más denso, se hundiría y nunca se podría descongelar porque los rayos del Sol no llegan hasta el fondo del mar, y la vida animal en los lagos y mares sería imposible.

43. ¿Por qué en una montaña hierve el agua a menos de 100 °C?

Porque la presión en lo alto de la montaña es menor, y según la Ley de Clapeyron, "A un aumento de presión, le corresponde un incremento de la temperatura de cambio de estado (excepto en el hielo y hierro de fundición que ocurre lo contrario)".

44. ¿Cuál es el fundamento de las ollas a presión y de los autoclaves (usados en los hospitales para esterilizar el material quirúrgico)?

Al aumentar la presión, aumenta la temperatura de ebullición y los alimentos se cuecen antes, con el consiguiente ahorro energético. En los autoclaves, para alcanzar mayor temperatura, ya que a 100 °C algunos microorganismos no son destruidos. Las ollas a presión suponen un ahorro importante de energía.

45. ¿Por qué el agua apaga el fuego?

Cuando el agua entra en contacto con el objeto que arde se convierte en vapor, con lo cual quita mucha energía al cuerpo en combustión. El vapor que se forma ocupa un volumen muchísimo mayor que el que tenía el agua que lo generó; este vapor rodea al cuerpo que se quema, desplaza el aire y, cuando éste último falta, cesa la combustión.

46. ¿Por qué las salinas son extensas y poco profundas?

Porque la evaporación del agua es más rápida cuanto mayor es la superficie.

47. ¿Por qué se enfría un líquido al soplarle?

Porque al soplar se desplazan las moléculas gaseosas procedentes del líquido que hay en la superficie, con lo que se favorece la evaporación, la cual al tener lugar roba calor del líquido, enfriándolo.

48. ¿Por qué sudamos?

Porque para evaporarse el sudor se necesita calor, que se toma del cuerpo, rebajando su temperatura, que es lo que se pretende.

49. ¿Por qué en verano se riegan las calles?

Porque el agua necesita calor para evaporarse, tomándolo del medio ambiente y rebajando su temperatura, que es lo que se busca.

50. Si no dispones de hielo, ni frigorífico, ¿cómo enfriarías una botella de agua?

Colocándole un paño mojado a su alrededor, ya que al evaporarse toma energía del agua, enfriándola.

51. ¿Por qué si se sopla deprisa la mano se enfría y si se sopla despacio se calienta?

Sobre la piel hay siempre algo de humedad, debido al sudor. Al soplar deprisa ocurre que las moléculas de vapor de agua se desplazan y se favorece la evaporación, con lo cual se enfría la mano, al tomar energía de la misma el líquido al evaporarse. Si se sopla despacio el vapor de agua que sale caliente de la boca, al encontrarse con la mano fría, condensa y cede calor a ésta.

52. ¿Por qué los pueblos del sur de España tienen las casas encaladas de blanco?

Porque el color blanco absorbe menos radiaciones solares y, consecuentemente, son más frescas.

53. ¿Por qué es recomendable lubricar el termómetro antes de introducirlo en un tapón de corcho?

Porque se puede partir el termómetro y clavarnos el vidrio en la mano. A pesar de todo, debes hacerlo con un paño, para evitar accidentes.

54. ¿Por qué las casas de los pueblos del norte de España tienen los muros y tejados de colores oscuros?

Porque absorben mejor el calor del Sol y, por tanto, son más calientes en invierno.

55. ¿Por qué las casas del sur de España se encalan antes del verano?

Para que en verano (recién encalada) reflejen las radiaciones solares y no sean muy calurosas; en otoño, con las lluvias, se les cae la cal, y quedan oscuras, para absorber mejor las escasas radiaciones del invierno, y así no sean tan frías.

56. ¿Por qué el agua de una cantimplora de metal se conserva fresca si está tapada con una manta?

Porque el aire existente en los pliegues de la tela que la envuelve la aísla del exterior, permaneciendo su contenido más fresco.

57. ¿Por qué no se debe apagar el aceite de la sartén con agua, y sí colocándole una tapadera?

Porque al ser menos denso que el agua flota y, por tanto, continuará la combustión; además, el aceite hirviendo salpica al añadir agua. Al taparlo se evita la entrada de oxígeno y la combustión no puede proseguir.

58. ¿Por qué las empresas que utilizan vapor de agua se construyen, normalmente, lo más alto posible, siempre y cuando tengan suministro de agua?

Porque la presión es menor y la temperatura de ebullición también, con el consiguiente ahorro energético.

59. ¿Por qué al andar descalzo sobre el mármol sentimos mayor sensación de frío que al hacerlo sobre una alfombra, cuya temperatura es idéntica?

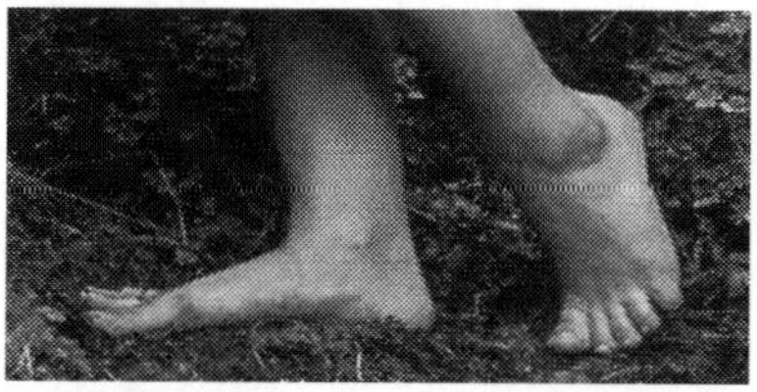

El mármol es buen conductor del calor y lo roba de nuestros pies fácilmente, dando sensación de frío. La alfombra es mala conductora, y al no absorber calor rápidamente, no produce sensación de frío.

60. ¿Por qué algunos granjeros colocan grandes recipientes de agua para evitar heladas?

Porque en la solidificación del agua se desprende mucho calor ($3{,}34.10^5$ J/Kg), que contribuye a disminuir los efectos de las bajas temperaturas.

61. En las fábricas de conservas vegetales se echa la confitura caliente en los frascos de cristal, estando éstos previamente calientes, y luego no se enfrían con agua a temperatura ambiente, sino que primero lo hacen con agua templada y después con agua a temperatura ambiente, ¿cuál es la razón?

Porque el vidrio se dilata muy desigualmente y si el cambio de temperatura es brusco las tensiones que se originan en la estructura del mismo hacen que éste se rompa.

62. ¿Por qué es más fácil enfriarse en los días de viento?

Porque el aire que nos rodea se remueve constantemente y aumenta las pérdidas de calor del cuerpo y una rápida evaporación del sudor, con el consiguiente enfriamiento.

63. ¿Sabes cómo se colocan las llantas de los barriles de vino?

Calentándolas previamente, para que al dilatarse aumenten de tamaño y entren mejor en el barril, y luego al enfriarse, se contraen y aprietan perfectamente contra la madera.

64. ¿Por qué las vías de los ferrocarriles tienen los tramos separados?

Para tener en cuenta la dilatación de los raíles durante el verano y evitar que el tren descarrile.

65. ¿Por qué las líneas eléctricas no se instalan de manera que en verano queden los cables lo más tensos posible?

Porque se corre el peligro de que en invierno se rompan al contraerse.

66. ¿Por qué para evitar heladas se provocan nieblas?

Porque de este modo se disminuye la radiación del suelo (efecto invernadero: las radiaciones infrarrojas no atraviesan la niebla y el calor no se escapa), aumentando la temperatura del entorno y, además, el agua se condensa y se congela con el consiguiente desprendimiento de calor, que aumenta la temperatura ambiental.

67. ¿Por qué la nieve se endurece al apretarla?

Porque la presión funde parcialmente la nieve y el agua formada congela, al cesar la presión (rehielo).

68. Cuando el agua del mar congela, ¿los cristales de hielo son salados o dulces?

Son dulces, ya que sólo son cristales de hielo puro. Al congelarse el agua, se separa el disolvente y las sales.

69. ¿Por qué en los días de invierno, en los cuales durante la noche se ha congelado la escarcha, al amanecer y salir el Sol, disminuye la temperatura del ambiente?

Porque para fundir el hielo se necesita calor, el cual procede del Sol y del medio ambiente, con lo que el entorno se enfría.

70. ¿Por qué algunas personas pueden caminar sobre el fuego sin quemarse?

La tradición de caminar sobre ascuas de una hoguera en la noche de San Juan, existe en muchos países. El truco para no quemarse reside en la conductividad térmica, es decir, en la velocidad a la que el cuerpo transmite o recibe calor. Este fenómeno es más importante que la temperatura del cuerpo. Así, una persona puede permanecer en una sauna a 90 °C, durante 10 minutos, sin que le pase nada, pero se quemará si toca agua a 90 °C. Las brasas alcanzan los 700 °C, suficiente para achicharrarnos los pies. Ahora bien, se necesitan 2 segundos de contacto con las brasas de madera para que transmita a la piel una temperatura de 60 °C y comience a quemar la piel. Por tanto, pasar velozmente sobre unas brasas de madera no plantea peligro alguno, a no ser que se quede algún trozo incandescente pegado al pie. Sin embargo, sobre las ascuas de carbón sí se quema uno, porque son mejores conductores del calor que la madera. **¡NO INTENTES HACERLO, PUEDE SER PELIGROSO!**

71. ¿Por qué el alcohol no sólo que no quita el frío, sino que por el contrario lo acentúa?

El problema del alcohol sigue siendo preocupante en nuestro país, no sólo por las muertes que originan los accidentes de tráfico provocados por personas que conducen bebidas, sino porque se está creando una cultura del alcohol, con consecuencias sobre nuestra salud, francamente preocupantes, como advierten los expertos en salud. Uno de los grandes mitos que quiero desechar esta tarde es el de que el alcohol quita el frío, ya que en realidad lo que hace es justamente los contrario, como vamos a demostrar. Cuando tenemos frío, los vasos sanguíneos de la superficie de nuestro cuerpo se contraen para que pase menos cantidad de sangre por la piel y ésta se enfríe, evitando que la temperatura corporal baje. Al ingerir alcohol, aunque al principio parezca que nos ayuda a entrar en calor, después produce el efecto contrario, ya que el alcohol es un vasodilatador y, consecuentemente, acelera la hipotermia si se permanece expuesto a bajas temperaturas.

72. ¿Por qué el agua hace burbujas cuando hierve?

Cuando se coloca una cacerola con agua sobre el fuego, al cabo de poco tiempo comienzan a subir unas pequeñas burbujas, procedentes del aire que lleva disuelto el agua, ya que la solubilidad de los gases en agua, disminuye al aumentar la temperatura, por lo que las burbujas de aire se escapan de la disolución. Pero cuando el agua está próxima a la temperatura de ebullición (100 °C, a nivel del mar), se forman burbujas de vapor de agua de gran tamaño, con suficiente presión para superar la de la atmósfera.

73. ¿Por qué el agua no hierve siempre a la misma temperatura?

Porque el punto de ebullición de cualquier líquido depende de la presión, siendo tanto mayor, cuanto mayor es la presión. Así, en lo alto del Everest, donde la presión atmosférica es menor que a nivel del mar, el agua hierve sólo a 70 °C, mientras que un vaso de agua fría hierve con vigor cuando se calienta al vacío.

74. ¿Por qué el agua caliente se congela antes que la fría?

Si introducimos en el congelador un vaso con agua caliente y otro con agua fría, podemos comprobar que el agua caliente se congelará antes que la fría. Esto es debido a que en el agua caliente las moléculas de agua de la zona central se mueven con mayor rapidez hacia las paredes del recipiente o hacia la superficie, lo que facilita su enfriamiento. Además, el agua caliente al evaporarse, pierde más cantidad de masa, o sea, de vapor de agua, y calor que el agua fría (el agua caliente evapora más cantidad de agua que la fría) y, por último, al evaporarse roba calor del agua caliente y la enfría más.

75. ¿En cuántos estados se presenta la materia?

La materia se puede presentar en 5 estados diferentes: sólido, líquido, gaseoso, plasma y el llamado condensado de Bose-Einstein. Estos estados dependen de las fuerzas de atracción y repulsión entre los átomos o moléculas que integran dicho cuerpo. En el estado sólido, los átomos o moléculas permanecen rígidamente unidos. En los líquidos, las fuerzas de atracción ya no son tan fuertes, como en los sólidos y, además, los átomos o moléculas ya no tiene posiciones fijas y se hallan en constante movimiento. En los gases las fuerzas de atracción son prácticamente nulas, por lo que se mueven de forma caótica por todo el recipiente que los contiene. El estado de plasma se obtiene con un gas que se ha calentado hasta una temperatura tan elevada que sus átomos o moléculas pierden electrones y se convierten en iones; ejemplo típico es el Sol, el vapor de mercurio contenido en los tubos fluorescentes cuando están encendidos, la ionosfera, y el viento solar, responsable de las auroras boreales, también es plasma (en realidad el 99% de la materia conocida del universo se encuentra en estado de plasma). El condensado de Bose-Einstein o cubo cuántico se consigue en condiciones de laboratorio y se obtiene cuando un gas se enfría a una temperatura próxima al cero absoluto (-273,15 °C); a esa temperatura, los átomos pierden energía y se frenan, uniéndose para dar origen a un superátomo insólito.

76. ¿Se puede meter el dedo en plomo fundido sin quemarse?

Si introducimos rápidamente el dedo mojado en plomo fundido y lo sacamos también rápidamente, no nos quemaremos, ya que la humedad del dedo se convierte en vapor de agua, por acción del calor, el cual crea una barrera entre el plomo fundido y el dedo, que impide quemarse. **¡NO INTENTES HACERLO, PUEDE SER PELIGROSO!**

77. ¿Por qué las velas tienen mecha?

Porque la cera no ardería y no se produciría la llama. Las velas, normalmente, contienen parafina, que es una mezcla de hidrocarburos, presentes en el petróleo. La mecha absorbe la cera derretida hasta la zona donde se puede evaporar, reaccionando con el oxígeno del aire. Por eso resulta muy difícil quemar un bloque de cera sólida sin mecha.

78. ¿Cómo se produce la niebla?

En la mayor parte de los casos, se debe a que al ponerse el Sol el suelo se enfría rápidamente, en especial a finales del verano, y el agua de las cercanías (lagos, ríos, etc.), que está tibia, se evapora con rapidez, pero como el aire que está cerca del suelo sólo puede contener una determinada cantidad de vapor de agua (tanto menor, cuanto menor es la temperatura), el exceso se condensa en forma de pequeñas gotas. También puede formarse en zonas alejadas de lagos y ríos, pero que tengan mucha humedad. Recordemos que el elevado calor específico del agua hace que ésta se enfríe más lentamente que el suelo, por lo que sigue evaporándose después de ponerse el Sol.

79. ¿Por qué los trajes de los astronautas son de color blanco?

Los trajes de los astronautas que realizan misiones fuera de una nave espacial son blancos porque ese color es el que refleja mejor las radiaciones solares y evita que el astronauta se exponga a temperaturas demasiado altas, a pesar de que los materiales que se usan son protectores contra la radiación del Sol; además, con ese color se ve mejor al astronauta sobre el fondo negro del cielo. Los astronautas, cuando realizan tareas de mantenimiento en el exterior de la Plataforma Espacial Internacional, están sometidos a una temperatura de 120 °C, cuando están expuestos a los rayos del Sol y de -150 °C cuando no les da directamente el sol y se encuentran en la oscuridad.

80. ¿Cómo es posible que estallen las palomitas de maíz?

Las palomitas son granos de maíz en los que se diferencia claramente una capa externa seca y relativamente impermeable, de un corazón interno húmedo y blando. El sonoro ruido se produce cuando el grano se tuesta a fuego vivo. Entonces, la humedad del interior se transforma en vapor, cuya presión va aumentando hasta provocar que el pericarpio externo ceda y el núcleo estalle. El grado de humedad es muy preciso, lo ideal es que tengan del 13 al 14 % de humedad.

81. ¿Dónde se deben colocar las latas de refrescos, en una nevera portátil, debajo o encima del hielo, para que se enfríen antes?

Seguro que alguno de los lectores cuando ha salido de excursión, con su familia o amigos, se ha planteado en alguna ocasión dónde debía colocar el hielo, encima o debajo de los refrescos. Pues bien, le voy a dar la respuesta para salir de dudas, viendo dónde se debe colocar el hielo y por qué. Hay que colocar el hielo sobre las latas de refresco, debido a que como las sustancias frías son más densas que las calientes, al colocar el hielo, las capas superiores del líquido de las latas, que están junto al hielo, se enfrían y se hacen más densas, con lo que descienden; ocupando así su puesto otras porciones de líquido más templado, las cuales son enfriadas por el hielo y descienden. Al cabo de un cierto tiempo, todo el refresco que hay en la lata habrá pasado junto al hielo y se habrá enfriado. Por el contrario, si se ponen las latas encima del hielo, la primera capa se enfría y se hace más densa, pero permanece en el mismo lugar y no cede su puesto a otras porciones, que siguen estando templadas y en la parte alta de la lata.

82. ¿Cómo se quitan las manchas de grasa con la plancha?

Colocando debajo de la prenda, donde está la mancha, un papel absorbente (no satinado) o algodón y situando la plancha encima de la prenda, donde tiene la grasa. Este hecho se basa en que la tensión superficial de los líquidos disminuye al elevarse la temperatura. Por eso, si la temperatura es distinta en las diversas partes de la mancha, la grasa tiende a desplazarse de las partes calientes hacia las frías. Si una de las caras de la tela aplicamos la plancha caliente y en la otra un papel que absorba o un trozo de algodón, la grasa pasará al papel.

83. Los árboles en el ecuador suelen tener una copa con forma plana y en los hemisferios la forma de la copa es cónica. ¿A qué se debe?

La forma de los árboles es esculpida por el Sol, al objeto de que éstos reciban la máxima radiación posible, ya que la radiación máxima se obtiene cuando ésta es perpendicular a la superficie, por ser, en este caso, el flujo de energía máximo. Este fenómeno es el mismo que explica las estaciones del año, debido a la inclinación del eje de la Tierra; por eso, cuando en España es invierno, porque los rayos del Sol llegan inclinados al suelo, es decir, llega poco flujo de energía, en Argentina es verano, porque los rayos del Sol llegan más perpendiculares al suelo, es decir, llega mayor flujo de energía. Por todo ello, la forma de los árboles en los hemisferios y en el ecuador es sensiblemente diferente, como muestra la figura.

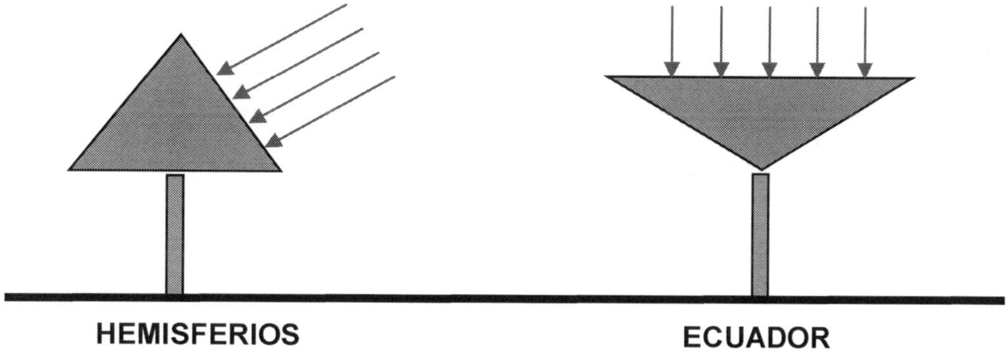

84. Si tenemos dos cazos exactamente iguales y con la misma cantidad de agua, y los calentamos en el mismo fuego y con la misma intensidad de llama, ¿por qué hierve antes el cazo de agua sin tapar que el cazo tapado con una tapa metálica?

    Esto es debido a que el cazo destapado evapora mayor cantidad de agua y al disminuir su masa a calentar, hierve antes. En el cazo tapado, el vapor de agua condensa en la tapa metálica y vuelve a caer al cazo, perdiéndose poco vapor de agua, por lo que se necesita mayor energía, es decir, más tiempo para que llegue a la ebullición.

85. ¿Por qué los especialistas en las películas de acción pueden atravesar los cristales de las ventanas sin apenas hacerse un rasguño?

    El azúcar calentado a altas temperaturas e inmediatamente enfriado, puede ser manipulado, hasta conseguir un material parecido al cristal, el cual puede ser utilizado como efecto especial en las películas de acción, para evitar que los actores se jueguen realmente la vida atravesando, en plan suicida, los cristales de las ventanas.

86. ¿Se debe el aumento de los niveles del agua de los mares y océanos, como consecuencia del cambio climático, a la descongelación de los casquetes polares, glaciares y nieve?

En absoluto. Cuando se habla de la subida del nivel del agua del mar, como consecuencia del cambio climático, muchas personas piensan que esto se debe a la descongelación de los casquetes polares, glaciares, y la nieve existente en la Tierra, pero esto no es cierto, ya que la cantidad de agua congelada en los casquetes polares, glaciares y nieve representa tan solo el 1,7 % del total de agua existente en la Tierra. Tan pequeña cantidad de hielo no podría dar lugar a un aumento significativo del nivel del agua de los mares y océanos al descongelarse. En realidad, la subida de esas aguas se debe a la dilatación del agua salada de los mares y océanos que como todos los cuerpos se dilata al aumentar su temperatura, incrementándose su volumen, en una cantidad suficientemente apreciable como para suponer subidas de centímetros o metros según sea el incremento de la temperatura.

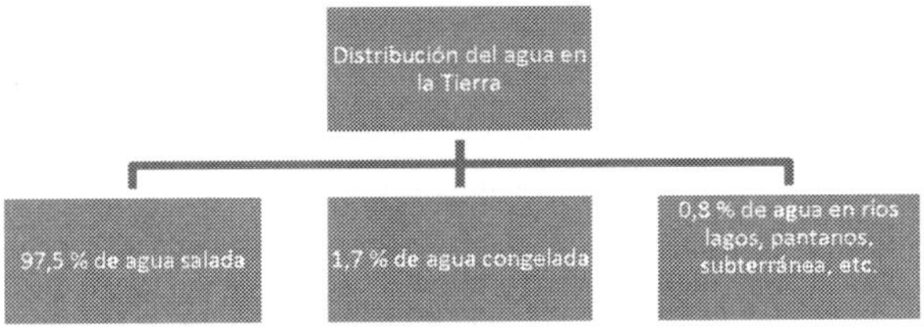

Si tenemos un vaso lleno de agua, hasta el borde, con unos cubitos de hielo flotando en el mismo, al descongelarse el hielo no se derramará ni una gota de agua, ya que el volumen de todo el hielo coincide con el volumen del agua líquida desplazada por éste.

CURIOSIDADES SOBRE EL CALOR

- Los aficionados al senderismo y montañismo saben que el frío es uno de los factores que más perjudica en una ruta o en la ascensión a una cima, por lo que siempre hay que llevar prendas de abrigo adecuadas para no pasar frío. En este sentido, conviene recordar que: **"A medida que se asciende, la temperatura disminuye a razón de unos 6,5 °C, cada km"**. Esta tendencia cesa al alcanzarse la tropopausa (a los 11 km), cuya temperatura, a 45° de latitud, es de –55 °C.

- Sabías que con el número de chirridos de un grillo, en una noche de verano, se puede determinar de forma aproximada la temperatura ambiente, en un momento determinado. El meteorólogo Frank H. Forrester ha deducido esta fórmula:

$$T(°C) = \frac{5}{9}(N°.chirridos * de * un * grillo * en * 14 * segundos + 8)$$

- A los coches de carrera se les echa gasolina congelada, porque al tener menos volumen, les cabe más gasolina, ya que excepto el agua, todos los cuerpos disminuyen su volumen, cuando disminuye la temperatura.

- El cuerpo humano está preparado para soportar temperaturas de hasta 70 °C, aunque los límites extremos de temperatura que puede resistir dependen de si el ambiente es seco o húmedo. Si el ambiente es totalmente seco y hay corrientes de aire que permitan la evaporación del sudor, una persona soporta los 65 °C, durante varias horas. Pero si la humedad es del 100 % y, por tanto, la evaporación resulta imposible, basta que haya más de 34,5 °C para que la temperatura corporal se empiece a elevar. Cuando la temperatura corporal supera un nivel crítico, entre 41,1 y 42,2 °C, es posible que sobrevenga un golpe de calor; es decir, una elevación incontrolada de la temperatura corporal debido al colapso de los mecanismos termorreguladores.

- Con frecuencia solemos descuidar nuestra dieta, cogiendo algunos kilos de más. Por esta razón, vamos a informar del gasto energético de las distintas actividades que realizamos habitualmente en nuestra vida cotidiana para que los lectores se animen a realizar algunas de ellas y nadie coja un sobrepeso excesivo, que repercutirá negativamente en su salud.

GASTO CALÓRICO POR HORA	
Actividad	**Kilocalorías/h**
Durmiendo	65
Sentado quieto	100
Andar despacio	200
Andar rápido	650
Patinar	340
Jugar al ping-pong	350
Tenis	500
Baloncesto	530
Esquí alpino	600
Gimnasia y fútbol	720
Judo	880
Natación	900
Squash	1100
Subir escaleras	1100
Ciclismo	1200

Observamos que subir escaleras es muy buen ejercicio, ya que practicándolo adelgazaremos, debido al alto consumo calórico que requiere y ahorraremos la energía del ascensor, mejorando así nuestra salud y el medio ambiente.

- El cuerpo humano se refrigera mediante la vaso dilatación, que consiste en aumentar la sección de los vasos capilares de la piel, lo que hace que el caudal sanguíneo se intensifique y se disipe en la superficie el calor procedente de los tejidos internos. A partir de los 37 °C el vaso dilatación se vuelve ineficaz y entonces se pone en marcha el fenómeno de la sudación.

- En la llama de una vela existen 3 zonas claramente diferenciadas, con temperaturas muy diferentes: La zona interna, pegada a la vela, donde se alcanzan los 150 °C; la zona intermedia, donde se llega a los 250 °C; y la zona más externa, la temperatura es de 400 °C.

- Variación de la temperatura en la atmósfera:

Altura (km)	Temperatura (°C)
12	- 55
50	+ 17
80	- 80
500	+ 1500
1000	+ 2400

- Para conservar los pies calientes, hay que ponerse un sombrero. El 80 % del calor que perdemos, escapa por la cabeza.

TRUCOS INVERNALES PARA NUESTRO COCHE

- Para evitar que se hiele la luna del coche se puede frotar con una patata cortada, creando una película hidrófoba de compuestos orgánicos que dificultan que las moléculas de agua formen hielo sobre el parabrisas al congelarse. Si frotamos limpiaparabrisas por dentro, con la patata cortada, evitaremos que se empañe.

- Para descongelar el parabrisas de un coche nunca trate de hacerlo con agua caliente, ya que podría romperse, pero si es aconsejable usar alcohol y un rascador.
- Levante los limpiaparabrisas al estacionar, si se prevén heladas o está nevando, así evitará que la goma se quede pegada al cristal en caso de helada.
- En una zona fría y llana no deje el freno de mano puesto, ya que se podría quedar bloqueado por congelación.
- Si se le congela la cerradura del coche inyecte el contenido de una jeringuilla llena de alcohol y detergente, deje actuar unos segundos e introduzca la llave del coche, verá como le saca del apuro.
- Por último, para que las escobillas sean más flexibles, frótelas con un algodón empapado en bebida de cola.

METEDURAS DE PATA EN LA CIENCIA-FICCIÓN

☯ En la película "Independence day", la ola de fuego lanzada por los alienígenas arrasa los túneles que conectan la isla de Manhattan con el continente. Una de las protagonistas escapa escondiéndose en un cuarto de servicio, justo antes de que las llamas lleguen hasta ella. En la realidad, este escondite le habría servido de muy poco, ya que semejante ola de fuego habría consumido todo el oxígeno del túnel y habría muerto asfixiada.

LA COMIDA ALTERA LAS EMOCIONES

En Gran Bretaña, en algunas discotecas conflictivas por el elevado número de peleas, al cerrar las mismas, sobre las 1.30 horas, están distribuyendo chocolate entre los asistentes cuando se marchan, con lo que está disminuyendo la violencia debido a que el chocolate aporta azúcar que ayuda al cerebro a combatir la sensación de cansancio y provoca la creación de endorfinas que les hace sentirse bien, evitando las peleas.

Las comidas ricas en proteínas (carnes) no producen somnolencia después de ser ingeridas y permiten que el cerebro funcione a pleno rendimiento, mientras que las comidas ricas en carbohidratos (pastas, arroces, legumbres, etc.) provocan todo lo contrario, ya que los carbohidratos permiten producir serotonina, dando lugar a una sensación de felicidad y la consecuente somnolencia.

El vino tinto contiene más de mil componentes y su ingestión moderada en las comidas tiene efectos cardiacos positivos en las personas, debido a que contiene polifenoles que favorecen la circulación de la sangre.

La depresión se puede evitar consumiendo pescado, verdura y fruta fresca. Los pescados grasos llevan ácidos grasos omega que ayudan a combatirla, como el salmón y la caballa. Con esta dieta el cerebro produce los neurotransmisores necesarios para eliminar la depresión. Por el contrario, los derivados del trigo (pan, pastas, etc.) favorecen la depresión.

Las ostras aportan cinc, que resulta esencial para la producción de esperma y la libido. Por otra parte, el atún, las almejas, el brócoli, la miel, los higos, las fresas y el chocolate son afrodisíacos.

Por último, en cuanto al chocolate diremos que puede provocar cierta dependencia debido a que permite producir sustancias psicoestimulantes, muy recomendables para personas fatigadas y estresadas, que producen una sensación de felicidad. El chocolate también incluye la feniletilamina, que es una endorfina que estimula la secreción de sustancias de naturaleza opiácea y que es conocida como la molécula del amor, porque la tienen todos los enamorados. Las sustancias que contiene el chocolate tienen efectos antidepresivos.

EXPERIMENTOS DE FÍSICA RECREATIVA

EL RINCÓN DEL ALQUIMISTA

EL HUEVO MÁGICO

Esta experiencia puede visualizarla en la página web del autor www.disfrutalaciencia.es y en el canal de youtube "**disfrutalaciencia**" (**https://goo.gl/N57K4O**).

Para visualizar el vídeo pulse el link **http://is.gd/P2XRmb**.

¿CÓMO METER UN HUEVO DURO DENTRO DE UNA BOTELLA?

Cualquier época del año es ideal para compartir momentos agradables con nuestros familiares y amigos, y es una ocasión única para realizar este divertido experimento.

De nuevo describimos un experimento que sorprenderá gratamente a tus amigos, ya que se estrujarán el coco para dar con la clave y no lo conseguirán, quedando nuevamente como un auténtico mago, con este fabuloso experimento.

¿QUÉ VAMOS A HACER?: Lo primero que tenemos que hacer es cocer un huevo hasta que esté duro (unos 6 minutos después de que comience a hervir el agua). Es aconsejable que el huevo a utilizar se haya sacado del frigorífico al menos 1 hora antes, ya que al echarlo en el agua caliente se puede agrietar, saliendo por la grieta parte del mismo; con lo cual, el experimento no sale adecuadamente. Después, se le quita la cáscara. Para el experimento debemos utilizar una botella de boca ancha, de unos 3 cm de diámetro, que es inferior al de un huevo, que suele tener de 4 a 5 cm de diámetro.

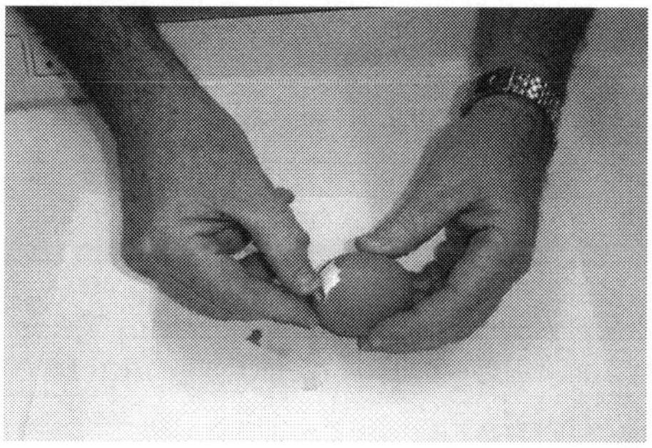

¿QUÉ NECESITAMOS?: Huevo duro, botella de boca ancha y cerillas de madera.

¿CÓMO LO HACEMOS?: Introducimos 5 o 6 cerillas de madera encendidas y se dejan caer al fondo de la botella. Inmediatamente se coloca el huevo crudo pelado en la boca de la botella, observando como la botella se traga literalmente el huevo. Para sacarlo hay que romperlo.

La fundamentación científica del experimento reside en el hecho de que al quemar las cerillas se produce, como en cualquier combustión, CO_2 y H_2O, y dichos gases desplazan al aire que hay en el interior de la botella. Al terminar la combustión, en la botella sólo quedan esos 2 gases, y el vapor de agua producido condensa, provocando un pequeño vacío que origina que la botella chupe el huevo hacia su interior.

¿CÓMO ACABAMOS EL TRUCO?: Como siempre, para que el truco te salga bien, y no quedes en evidencia, debes practicarlo varias veces antes. Es importante que pongas el huevo en la boca de la botella, inmediatamente después de tirar las cerillas encendidas al fondo de la botella, para que se succione bien. Aprovecha los santos, cumpleaños, etc., para disfrutar haciendo ciencia. Todos os divertiréis muchísimo. Con este nuevo experimento comprobarás, una vez más, lo divertida que puede ser la ciencia. ¡Y si aún no conoces mi Web http://www.disfrutalaciencia.es visítala y quedarás sorprendido de sus atractivos experimentos!

¿PUEDE HERVIRSE EL AGUA EN UN RECIPIENTE DE PAPEL?

Esta experiencia puede visualizarla en la página web del autor **www.disfrutalaciencia.es** y en el canal de youtube "**disfrutalaciencia**" (**https://goo.gl/N57K4O**).

Para visualizar el vídeo pulse el link **http://is.gd/ROh0MO**.

¿CÓMO HERVIR AGUA EN UN RECIPIENTE DE PAPEL?

El experimento que describimos tiene además del aspecto lúdico, un aspecto útil para nuestra vida cotidiana, ya que imagínate que estás de excursión por el campo o de acampada y te apetece tomarte un cafetito, y cuentas con las cerillas, una pastilla para calentar el agua, y tu cantimplora, pero no dispones de ningún recipiente metálico para calentar el agua, pero tienes una cartulina y gracias a ella, como veremos, a continuación, podrás tomarte tu deseado café.

¿QUÉ VAMOS A HACER?: Efectivamente, el agua puede hervirse en un recipiente de papel, tanto mejor cuanto más fino sea el papel, siempre que sea capaz de sostener el peso del agua. El calor que recibe el papel se conduce a través suyo y pasa al agua muy rápidamente. Mientras quede una gota de agua, no se quemará el papel. El agua hierve, a presión normal (1 atm), a 100 °C. A esa temperatura, el papel no arde, ya que necesita una temperatura superior, en concreto, el papel arde a 232,7 °C.

¿QUÉ NECESITAMOS?: Cerillas, un infiernillo o una pastilla para calentar el agua y una cartulina. Si la hiciéramos en el laboratorio necesitaríamos: Cerillas, mechero Bunsen, rejilla, soporte, regla, agua y la cartulina.

¿CÓMO LO HACEMOS?: La ejecución de la experiencia pasa por construir, con la cartulina o papel, una especie de cajita, para ello cortamos un cuadrado de lado, por ejemplo, 16 cm) le doblamos los 4 lados, unos 4 cm, plegamos las esquinas, y si disponemos de una grapadora las grapamos o las sujetamos con un clip, o de la forma que veamos, para que quede formada la cajita.

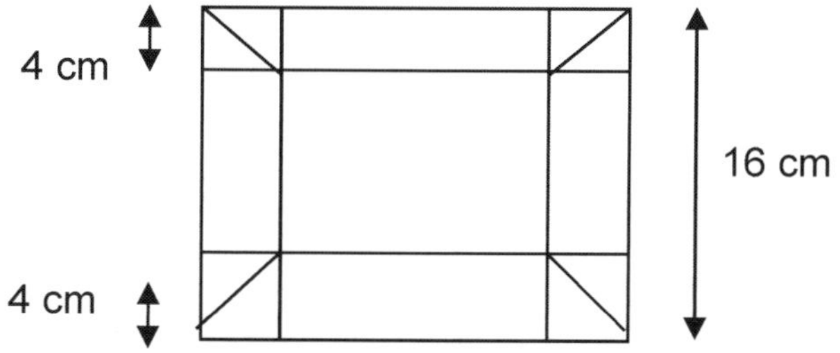

Echamos el agua dentro de la cajita y la ponemos sobre el infiernillo para que se caliente. Observaremos que el fondo de la caja se pone negro pero no se quema. La precaución principal está en que el fuego no debe salir por los alrededores de la caja, si no se podría quemar la parte de la cartulina, que no esté en contacto con el agua, es decir, el fuego sólo debe dar en la base de la cajita que hemos construido.

Veremos que al cabo de un cierto tiempo el agua empieza a echar vapor, y más tarde comienza a hervir, en ese momento la podemos echar en otra cajita construida igual o en la cantimplora, añadirle nuestro sobrecito de café, el azúcar, y a disfrutar del agradable momento de una charla amistosa con un cafetito, aunque sea descafeinado.

¿CÓMO ACABAMOS EL TRUCO?: Como siempre, para que el truco te salga bien, y no quedes en evidencia, debes practicarlo varias veces antes. Lleva cuidado con el fuego, para no quemarte. Ya ves lo útil y divertida que es la ciencia.

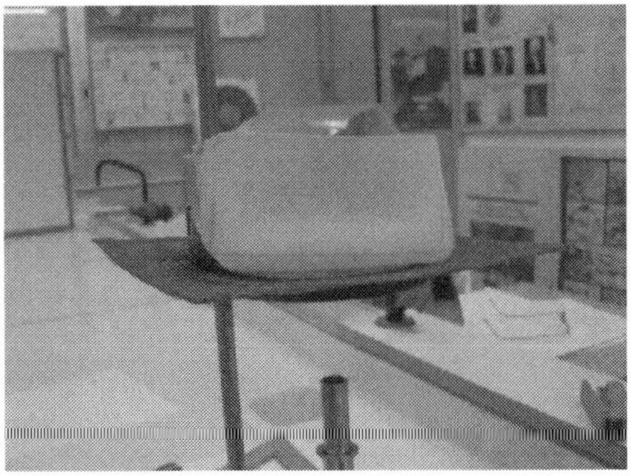

CONSEJO ECOLÓGICO: EL RECICLAJE

La producción de Residuos Sólidos Urbanos es un auténtico problema en una sociedad de consumo como la nuestra. Recordemos que cada español produce 1,43 kg de basura al día (más de la mitad está compuesta de embalajes), con lo que el volumen anual de estos residuos es alarmante, máxime cuando la tendencia va en aumento año tras año. La bolsa de basura es una radiografía que retrata nuestra manera de vivir, dominada por el envoltorio superfluo y la filosofía del usar y tirar.

Por este motivo, es muy aconsejable aplicar la regla de las 3 R: **Reducción, Reutilización y Reciclaje**. Para ello, se deben reducir los desperdicios, reutilizar las bolsas de plástico, usar papel reciclado y, reciclar la basura separándola en desperdicios orgánicos (contenedor verde), cristal (iglú verde), envases de plástico-aluminio (contendor amarillo), y papel (contenedor azul).

Para darnos una idea de los residuos que se producen con la fabricación de algunos productos cotidianos reflexionemos sobre los siguientes datos, a modo de ejemplo:

DURANTE SU FABRICACIÓN: UN CEPILLO DE DIENTES PRODUCE 1,5 KG DE RESIDUOS UN TELÉFONO MÓVIL 75 KG UN ANILLO DE ORO 2.000 KG Y UN ORDENADOR 1.500 KG.

Como ejemplo a nuestro alcance de excelente medida ecológica, tenemos el utilizar plástico transparente para envolver los alimentos, en vez de papel de aluminio, ya que el aluminio necesita mucha energía para su obtención (funde a 2056 °C), y su impacto ambiental es muy grande. O aún mejor, usando fiambreras, que son mucho más ecológicas.

España recicló en 2005 el 59 % del papel consumido, superando los 4 millones de toneladas (4.322.600 toneladas), según datos de la asociación Española de Fabricantes de Pasta, Papel y Cartón (ASPAPEL), que alaba el esfuerzo realizado por los ciudadanos, las administraciones públicas y la propia industria papelera. Estas cifras suponen un incremento del 10 % respecto a 2004. Para hacernos una idea del volumen del papel reciclado en 2005, equivaldría a la capacidad de 40 grandes estadios de fútbol. No obstante, la media europea está en un 60 %, por lo que España aún está lejos de Alemania con un 74 % o Noruega, con un 72 % de recuperación de papel. Recuerda que el papel y cartón se depositan en el contenedor azul.

El reciclaje contribuirá mejorar las sostenibilidad del planeta y a minimizar el cambio climático, que es el gran problema ambiental que amenaza al planeta Tierra actualmente.

¡Todos debemos comprometernos éticamente para luchar contra el cambio climático, porque a todos nos afecta!

SONIDO

¿Por qué se puede oír detrás de una esquina, sin asomarse, pero no se puede ver?
¿En qué se basan los ahuyentadores de roedores?
¿Por qué silba el viento?

SONIDO

CURIOSIDADES Y PREGUNTAS	
¿Por qué al pasar por debajo de un túnel la radio del coche deja de escucharse?	¿Podrían oírse dos astronautas que se hablasen en la superficie de la Luna?
¿Es cierto que oímos mejor sobre una superficie helada?	¿Por qué los fumadores tienen la voz más grave?
¿Por qué en algunas habitaciones palaciegas desde un rincón puede escucharse claramente el cuchicheo de dos personas en el rincón opuesto?	En la prensa leemos que el exceso de partículas sólidas, en el medio ambiente, puede provocar un descenso de la temperatura. ¿A qué crees que se debe?
Las personas pueden volverse locas con determinadas emisiones ultrasónicas.	¿En qué propiedad de las ondas se basa el "Radar" de los aviones o barcos?
¿Por qué para evitar mareos, zumbidos de oídos, etc. inherentes a los viajes en avión se recomienda tragar saliva o masticar chicles?	Los barcos usan el "Sonar" para medir profundidades oceánicas, detectar submarinos, rocas, bancos de pesca, etc., pero, ¿en qué fenómeno físico se basa?
¿Por qué las emisoras locales de radio dejan de sintonizarse a cierta distancia?	¿Por qué al hablar en una habitación nos pueden oír en otra, aunque no nos vean?
¿Por qué los sólidos transmiten el sonido mejor que los líquidos y éstos mejor que los gases?	¿Podríamos oír una gran explosión que se produjese en la Luna? ¿Y si estuviéramos más cerca?
¿Por qué las dobles ventanas atenúan mejor el ruido cuando entre las mismas existe una cámara de aire?	¿En qué se funda el método empleado por los "pieles rojas" para oír sonidos distantes aplicando el oído al suelo?
Una columna larga de soldados marcha detrás de los tambores, ¿marcan todos exactamente el mismo paso?	¿Por qué las emisoras de FM a veces se escuchan mal por el mero hecho de cambiar un mueble en una habitación?
¿Por qué cerca de los castillos de fuegos artificiales es aconsejable tener la boca abierta?	¿Por qué algunos animales detectan los terremotos y las personas no son capaces de ello?
¿Pueden oír los peces?	¿Por qué silba el viento?

CURIOSIDADES Y PREGUNTAS

¿Cuál es la misión del pabellón de la oreja?	¿Puede un resfriado afectar al sentido de audición?
¿Por qué la voz de una persona adulta, grabada a 33 r.p.m. (revoluciones por minuto) parece la de un niño si se oye a 45 r.p.m.?	¿Por qué en la mayoría de los cines, teatros, auditorios, etc., las paredes suelen estar enmoquetadas y tener gruesas cortinas?
¿Cómo funcionan las lavadoras sin detergente?	¿Por qué en las iglesias los oradores han de hablar muy lentamente?
¿Por qué se rompen las copas con el canto de un tenor?	¿Por qué es imposible llamar a voces a un hombre-rana sumergido?
¿Cómo funciona la litotricia usada para romper los cálculos renales y biliares?	¿Cómo se te ocurriría comprobar que la velocidad del sonido, en el aire y a 20 °C, es de 340 m/s?
¿Por qué se oye el mar en una caracola?	¿Cómo pueden detectar los murciélagos los objetos en la oscuridad?
¿Por qué crees que Beethoven, después de quedarse sordo, oía el piano apoyando uno de los extremos de su bastón en el piano, mientras sujetaba el otro extremo entre los dientes?	El que las personas no escuchen sonidos inferiores a 20 Hz tiene la ventaja de no oír todas las vibraciones de nuestro cuerpo, contracciones musculares, etc., que resultarían insoportables.
Se ha podido comprobar que la música puede ejercer una influencia tanto maléfica como benéfica sobre los seres vivos (animales y vegetales).	Pitágoras se libró del ataque de una manada de lobos tocando la flauta y fue uno de los primeros que intentó curar enfermedades con la ayuda de la música.
Una música rápida y alegre aumenta la velocidad de los latidos del corazón y todos los órganos empiezan a funcionar a mayor velocidad. Una música lenta baja la tensión arterial.	La música se usa como terapia en las operaciones (en Alemania, etc.). En los partos relaja a la madre y acorta su duración. La música de Mozart (empleada en los partos) salva muchos bebés.
¿Cómo se orienta el murciélago para cazar los insectos?	¿Por qué producen el zumbido los insectos al volar?
¿Por qué las sirenas para niebla de los barcos son de baja frecuencia?	Los cerdos engordan con más rapidez escuchando a Beethoven y Mozart.
¿Cómo se produce el trueno?	¿Qué es la barrera del sonido?

CURIOSIDADES Y PREGUNTAS

¿Qué origina el chasquido del látigo?	¿Cómo se encantan las serpientes?
¿Cómo se comunican las ballenas a miles de kilómetros?	¿Sabías que escuchando tu voz pueden saber si eres alto o bajo?
Sabías que los calabozos de Siracusa (Italia) tenían un "punto de enfoque" de sonido para oír las palabras de los prisioneros hacia un tubo escondido, a través del cual los escuchaba el tirano "Dionisio".	En la cúpula del antiguo Palacio de Representantes, en el Capitolio (Washington) se reflejaba un murmullo de un lado de la cámara, de tal forma que resultaba audible en el lado opuesto, lo que aprovecharon algunos políticos.
En la catedral de Agrigento, de forma elipsoide, el sonido producido en uno de sus focos se oye en el otro. En uno se colocó un confesionario y una persona se divertía escuchando las confesiones, hasta que su propia esposa confesó que le engañaba.	En la "Galería de los Susurros", en la cúpula de la Catedral de San Pablo de Lourdes, en cualquier punto de la galería, que es circular, se oye todo lo que se dice en voz baja en cualquier otro punto, a causa de las múltiples reflexiones de la cúpula.
Hoy en día, los consultorios médicos cuentan con música, especialmente seleccionada, para relajar a sus pacientes.	El tratamiento terapéutico con ultrasonidos da buenos resultados en los casos de asma, esguinces, lumbagos.
Por cada grado que se incremente la temperatura del aire la velocidad del sonido aumenta 0,6 m/s.	¿Cuál es el fundamento de los silbatos silenciosos usados en el adiestramiento de perros?
¿En qué se transforma el sonido tan intenso producido en una discoteca?	¿Por qué el sonido se propaga a más velocidad en verano que en invierno?
El habla es sólo propia de los humanos, de hecho la Universidad de Oxford ha encontrado el primer gen relacionado con el habla, que es un gen dominante.	Los ultrasonidos se usan para detectar grietas en tuberías de las centrales nucleares, en motores de aviación, en soldaduras metálicas de los grandes edificios, etc.
¿Por qué no reconocemos nuestra voz grabada?	¿Por qué los castrados tienen de adultos la voz aguda?
¿En qué se basan los ahuyentadores de roedores?	¿En qué se basan las ecografías usadas en medicina?

CURIOSIDADES Y PREGUNTAS

El heavy metal o ritmos semejantes, conducen a una mayor producción de hormonas y se ha comprobado que su audición habitual provoca un desequilibrio metabólico que desemboca en arteriosclerosis e infartos.	La música también influye en los animales y vegetales. Las vacas incrementan su producción láctea escuchando "Las cuatro estaciones" de Vivaldi y los cultivos sometidos musicalmente experimentan mejores rendimientos.
En el hundimiento del Titanic el capitán ordenó a la orquesta que tocase himnos religiosos, lo que calmó a todos y favoreció el trabajo de salvamento.	Los sonidos que alcancen un determinado nivel de intensidad, o en los que se supere un cierto tiempo de exposición pueden ser considerados como nocivos.
Los enfermos mentales mejoran con la música. La timidez, Beethoven; el agotamiento, Haydn; la depresión, los valses de Strauss; el insomnio, Schubert; el miedo, la 1ª sinfonía de Brahms; las tendencias neuróticas, obertura de Guillermo Tell de Rossini.	La compañía Pioneer está investigando la influencia de las vibraciones en el crecimiento de vegetales. Los vegetales reciben un tratamiento acústico escuchando una polonesa de Chopin, o un concierto de Brahms. El resultado es que las plantas crecen más deprisa.
El ruido puede producir numerosos problemas psicológicos, tales como: insomnio, ansiedad, irritabilidad, miedo, angustia, etc.	Los otorrinolaringólogos alertan del peligro de las motos, discotecas y auriculares, por la pérdida parcial de audición que originan.
La organización internacional del trabajo tiene catalogadas más de 500 profesiones que pueden entrañar algún peligro para la capacidad auditiva de los trabajadores.	El ruido disminuye la capacidad intelectual y la habilidad manual. Siendo la causa, por ejemplo, del 50 % de los errores mecanográficos y casi el 20 % de los accidentes laborales que se producen.
Por encima de 40 dB se pierde concentración y memoria, y aumentan los errores; con ruidos que excedan los 60 dB aparecen jaquecas y trastornos nerviosos.	El ruido produce sordera, úlceras, problemas respiratorios y vasculares, alteraciones del sistema nervioso y endocrino, de la composición química de la sangre, cefaleas, etc.
¿Por qué se puede oír detrás de una esquina, sin asomarse, pero no se puede ver?	Los ultrasonidos se emplean en la limpieza difícil de determinadas joyas, para no estropearlas.

Para tratar trastornos de personalidad, como depresión, bulimia, anorexia, etc., algunos terapeutas usan las danzas sufíes de trance, creando estados alterados de conciencia.

SONIDO

PREGUNTAS Y RESPUESTAS

1. ¿Por qué después de haber inhalado una bocanada de humo la voz es más profunda?

La frecuencia de la voz depende de la velocidad a la que se mueve el sonido en el gas que llena la boca. Cuanto más denso es este gas (mayor es su masa molecular), menor es la velocidad a la que se puede desplazar el sonido y, por tanto, menor es su frecuencia (o, lo que es lo mismo, más grave es la voz). Como el humo (al contener CO_2 y otros gases) es más denso que el aire, su velocidad de propagación es menor y su frecuencia también, por eso los fumadores tienen voz más grave.

2. ¿Por qué aumenta el tono de la voz si se inhala gas helio?

Cuando se inhala gas helio se nos pone voz de pito, de auténtico pato Donald, es decir, voz con una frecuencia mayor. Esto es debido a que la velocidad de propagación del sonido y, por tanto, su frecuencia es inversamente proporcional a la masa molecular del gas donde se propague, y como la masa molecular del helio es menor que la del aire, quiere decir que el sonido al propagarse por el gas helio tiene una velocidad mayor y, por tanto, mayor frecuencia y mayor tono (su sonido es más agudo). Cuanto mayor sea la frecuencia, mayor será el tono.

3. ¿Es cierto que oímos mejor sobre una superficie helada?

La excelente propagación de un sonido sobre un lago helado o una cumbre nevada se debe principalmente a que la superficie dura y lisa del hielo refleja prácticamente todas las ondas sonoras. Pero en los días de Sol concurre otro fenómeno que influye decisivamente sobre la propagación del sonido. Las capas de aire contiguas a la superficie helada son más frías que las superiores, con la consecuencia de que las ondas sonoras se propagan mejor en las capas altas que en las bajas. Y, obviamente, cuanto más caliente sea el aire, más alta será la velocidad del sonido. Esto implica que las ondas sonoras que circulan por los estratos superiores adelantan a las de los inferiores. Esta diferencia de velocidades, aunque mínima, basta para modificar la trayectoria del sonido, al aplastarlas contra el suelo y escuchándolas mejor.

4. ¿Podrían oírse dos astronautas que se hablasen mutuamente en la superficie de la Luna?

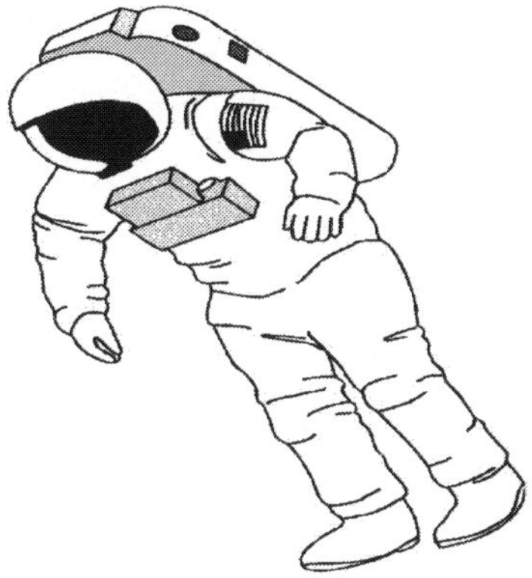

No, ya que para que se propague el sonido se necesita un medio material, por ser una onda mecánica.

5. ¿Por qué es imposible llamar a voces desde la orilla a un hombre-rana sumergido?

Porque en la superficie del agua se produce una gran reflexión del sonido y no permite la penetración del mismo en su masa, más que en una pequeña parte.

6. Explíquese el fundamento de esas habitaciones palaciegas en las que desde un rincón puede escucharse claramente el cuchicheo de dos personas en el rincón opuesto.

   El fenómeno citado es un ejemplo de reflexión de ondas sonoras, que gracias a la forma de las paredes y techo de la sala, que actúan como espejos, se concentran en el extremo opuesto.

7. ¿En qué propiedad de las ondas se basa el "Radar" de los aviones o barcos?

   En la reflexión de las ondas, para ello se emiten ondas electromagnéticas (microondas).

8. En un artículo de prensa leemos que el exceso de partículas sólidas, en el medio ambiente, puede provocar un descenso de la temperatura. ¿A qué crees que se debe?

   A que reducen la radiación solar sobre la Tierra, incrementándose la reflexión de los rayos procedentes del Sol, originando una disminución de la temperatura ambiente. Este fenómeno se conoce como "Efecto Albedo".

9. Si el sonido se transmite mejor en los sólidos que en los gases, ¿cómo se explica que una conversación, entablada en una habitación, se escuche bien desde otra habitación contigua si la puerta está abierta y mal si está cerrada?

   Si la puerta está abierta el sonido nos llega directamente por el aire, y apenas hay pérdida de energía, mientras que si está cerrada ha de atravesar el sistema aire - madera - aire y dado que se pierde mucha intensidad sonora en las dos reflexiones y refracciones, la intensidad transmitida a través de la madera es muy pequeña.

10. Los barcos utilizan el "Sonar" para medir profundidades oceánicas, detectar submarinos, rocas, icebergs, bancos de pesca, etc., pero, ¿en qué fenómeno físico se basa?

En la reflexión de las ondas, para ello el barco emite ultrasonidos.

11. ¿Por qué al hablar en una habitación nos pueden oír en otra, aunque no nos vean?

Porque el sonido además de propagarse en todas direcciones, se percibe amortiguado por la reflexión, absorción y atenuación, aunque exista un obstáculo entre la fuente emisora y la receptora, al igual que ocurre cuando pasa de un medio a otro.

12. Los líquidos transmiten el sonido mejor que los gases, y los sólidos mejor que los líquidos. ¿A qué es debido?

A que la proximidad de las moléculas en los sólidos es mayor que en los líquidos y en éstos mayor que en los gases, lo cual hace que las vibraciones sonoras se propaguen mejor de unas moléculas a otras.

13. ¿Por qué las emisoras locales de radio dejan de sintonizarse a cierta distancia?

Debido a la atenuación de las ondas. Al propagarse la onda, la energía de la misma se reparte entre las moléculas del medio, por lo que cada vez es menor la energía transmitida de una molécula a otra. A este debilitamiento de la onda, consecuencia de su expansión, se le conoce con el nombre de "atenuación" y es independiente de las demás pérdidas de energía sufrida por la onda.

14. ¿Crees que se producirá la atenuación del sonido en el espacio interestelar?

    No, ya que al no existir medio material no se repartirá la energía entre las moléculas del medio.

15. ¿Podríamos oír una gran explosión que se produjese en la Luna? ¿Y si estuviéramos más cerca?

    No. Tampoco, ya que el sonido no se propaga en el vacío, estemos cerca o lejos.

16. Explica por qué las dobles ventanas constituyen una mejor barrera frente al ruido cuando entre las mismas existe una cámara de aire.

    Al existir la cámara de aire o de otro gas la onda sonora ha de atravesar más medios donde la velocidad de propagación es distinta por lo que se produce más veces la reflexión, la refracción y la absorción, disminuyendo la intensidad de la onda sonora.

17. Una columna larga de soldados marcha detrás de un grupo de tambores, ¿marcan todos exactamente el mismo paso?

    No, porque el sonido tarda cierto tiempo en recorrer la columna; por tanto, los soldados de retaguardia llevarán el paso retrasado con respecto a los de vanguardia.

18. ¿En qué se funda el método empleado por los "pieles rojas" para oír sonidos distantes aplicando el oído al suelo?

En la mejor transmisión del sonido por el suelo que por el aire, dada su naturaleza sólida (los sólidos conducen mejor el sonido que los gases).

19. ¿Por qué no existen submarinos supersónicos?

Porque el sonido se propaga en el agua a 1.500 m/s, muy superior a la que existe en el aire, y por ello es muy difícil diseñar un submarino que pudiera marchar a esa velocidad, al no existir, actualmente, tecnología adecuada para alcanzar la misma.

20. ¿Cuál es la misión del pabellón de la oreja?

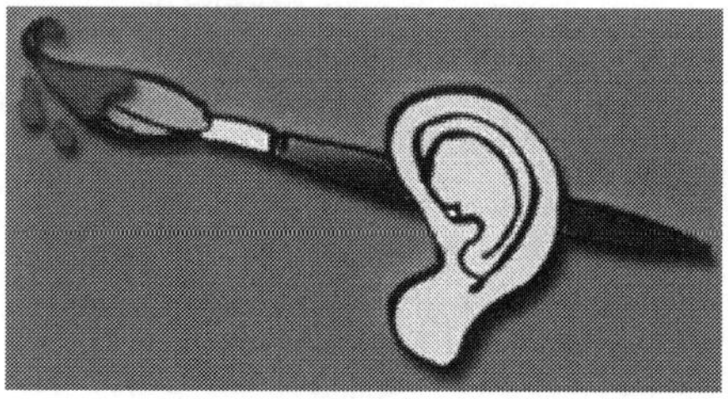

Dirigir el sonido al interior del oído, para facilitar el proceso de audición y para localizar la dirección de donde procede el sonido.

21. ¿Cómo se te ocurriría comprobar que la velocidad del sonido, en el aire y a 20 °C, es de 340 m/s?

Disparando un cañón situado a una determinada distancia de un observador y midiendo el tiempo transcurrido entre el destello de la pólvora y el sonido del disparo. Conocido el espacio entre el cañón y el observador y el tiempo señalado anteriormente, obtendremos la velocidad de una forma bastante exacta. La operación se repetiría 6 o 7 veces, se despreciarían los valores extremos y se calcularía la media aritmética de los demás.

22. ¿Qué misiones tiene la cadena de huesecillos?

    Transmitir y amplificar el sonido que llega a los mismos.

23. ¿Cómo podemos distinguir los sonidos de tono alto de los de tono bajo?

    Porque unas células de la cóclea responden sólo a sonidos suaves, mientras que otras responden solamente a sonidos altos.

24. ¿Qué misión tiene el órgano espiral o caracol o cóclea?

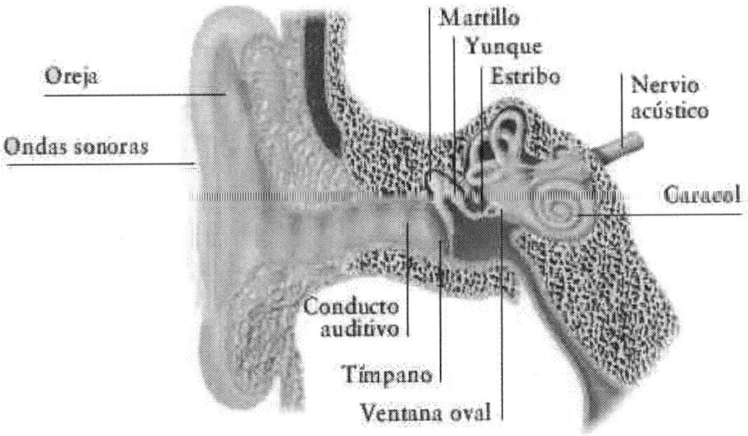

    Descifrar el sonido que llega a la misma.

25. ¿Por medio de qué se transmiten las respuestas del oído hasta el cerebro?

    A través del nervio auditivo.

26. ¿Por qué para evitar mareos, zumbidos de oídos, etc. inherentes a los viajes en avión se recomienda tragar saliva o masticar chicles?

Porque así el aire del oído medio, por medio de la trompa de Eustaquio, se comunica con el exterior, compensando las diferencias de presión entre ambas caras de la membrana del tímpano, evitando los mareos, ya que el sentido del equilibrio se encuentra en el oído.

27. ¿Cómo pueden detectar los murciélagos los objetos en la oscuridad?

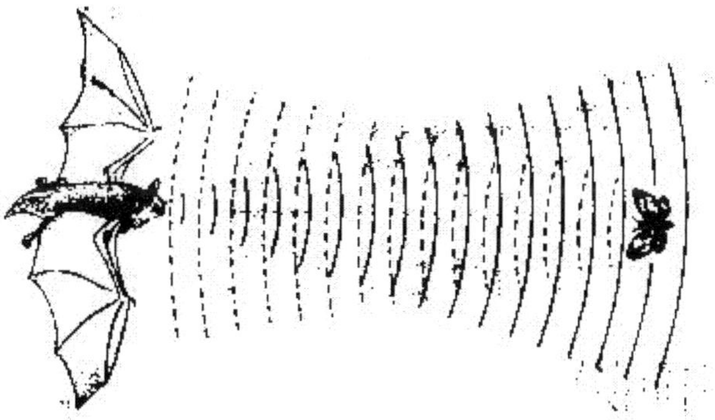

Emitiendo sonidos de alta frecuencia y escuchando los ecos. A partir de la dirección de las reflexiones pueden estimar donde están situados los objetos.

28. ¿Puede un resfriado afectar al sentido de audición?

Sí, porque las secreciones bloquean la trompa de Eustaquio, dificultando la igualación de presiones entre oído externo y medio. Al no ser iguales dichas presiones, las vibraciones del tímpano no se producen normalmente.

29. ¿Conoces algún aparato que imite el proceso de los murciélagos para detectar los objetos?

Sí, el radar de los aviones y el sonar de los submarinos.

30. ¿Por qué cerca de los castillos de fuegos artificiales es aconsejable tener la boca abierta?

Para que la presión de la onda expansiva no nos dañe el tímpano, al igualarse la presión exterior e interior.

31. Dicen que Beethoven, después de quedarse sordo, oía el piano apoyando uno de los extremos de su bastón en el piano, mientras sujetaba el otro extremo entre los dientes, ¿por qué crees que hacía esto?

Porque el sonido llega hasta sus nervios acústicos a través del bastón y de sus propios huesos.

32. ¿Por qué la voz de una persona adulta, grabada a 33 r.p.m. (revoluciones por minuto) parece la de un niño si se oye a 45 r.p.m.?

Porque al girar a mayor velocidad que fue grabada aumenta la frecuencia de todos los sonidos registrados en la relación 45/33, con lo que todos se vuelven más agudos, y el tono de la voz de un niño es siempre más elevado o agudo.

33. Seguramente, habrás apreciado con claridad el eco en alguna excursión realizada en zona montañosa, donde suele reinar el silencio. Pero si el eco es el rebote del sonido con un obstáculo ¿por qué no lo percibimos tan claramente en nuestra vida cotidiana?

El oído sólo puede diferenciar claramente un sonido de otro, cuando existe entre ambos un intervalo de tiempo de 0,1 s, y en distancias pequeñas, el rebote tarda menos de 0,1 s.

34. ¿Por qué se rompen las copas con el canto de un tenor?

Porque la onda sonora producida por el tenor entra en resonancia con la vibración de las partículas de la copa, aumentando la amplitud de la vibración de éstas, pudiendo llegar a romperla.

35. ¿Por qué en la mayoría de los cines, teatros, auditorios, etc., las paredes suelen estar enmoquetadas y tener gruesas cortinas?

Porque la moqueta es un mal reflector del sonido, es decir, lo absorbe bien, y atenúa los sonidos reflejados (ecos y reverberaciones) que impedirían una buena audición.

36. ¿Por qué algunos animales detectan los terremotos y las personas no son capaces de ello?

Porque son capaces de detectar infrasonidos que son inaudibles para los humanos. Los terremotos producen una frecuencia de unos 14 Hz.

37. ¿Por qué fuera de una discoteca, con las puertas cerradas, no se oye, prácticamente ruido y en cambio sí se escucha la televisión del vecino?

Porque la discoteca está aislada acústicamente y la pared del vecino no.

38. ¿Cómo funcionan las lavadoras sin detergente?

Japón sacó al mercado lavadoras y lavaplatos que funcionan por ultrasonidos (sonido de frecuencia apenas es perceptible por el oído humano). La máquina no lleva ni tambor giratorio ni piezas móviles; hace la colada en unos minutos sin detergente y consumiendo poquísima agua y electricidad. La máquina produce ultrasonidos que actúan generando ondas de choque con propiedades erosivas que destruyen la suciedad y pulverizan los restos calcáreos, todo ello sin lejía ni detergente, sin mojarse las manos y en el tiempo récord de 5 minutos.

39. ¿Qué es la barrera del sonido?

El movimiento de un sólido en un medio fluido tiene características distintas según se trate de movimiento subsónico o supersónico; si un cuerpo, en movimiento subsónico, va acelerando, al aproximarse a la velocidad del sonido el fluido ofrece una enorme resistencia al avance del cuerpo al producirse una acumulación de las ondas sonoras emitidas por el sólido. Al iniciarse la onda de Mach, el sólido experimenta fuertes sacudidas y se dice que tiene que atravesar la barrera del sonido, ya que, en efecto, el aire para el móvil se comporta como dotado de extraordinaria impenetrabilidad. Superada la barrera sónica, casi bruscamente, sucede todo lo contrario y el desplazamiento del móvil se realiza con gran facilidad.

40. ¿Por qué se oyen dos "bangs" cuando un avión en picado traspasa la barrera del sonido?

El "bang" se produce cada vez que el avión traspasa la velocidad del sonido, ya sea acelerando, ya sea moderando su velocidad al salir del picado. La barrera del sonido se cruza, por primera vez, al acelerar en el picado y, por segunda vez, al salir de él, llegando la segunda señal acústica antes al suelo, ya que durante el vuelo supersónico el avión ha descendido a mayor velocidad que el sonido del primer "bang".

41. ¿Por qué se oye el mar en una caracola?

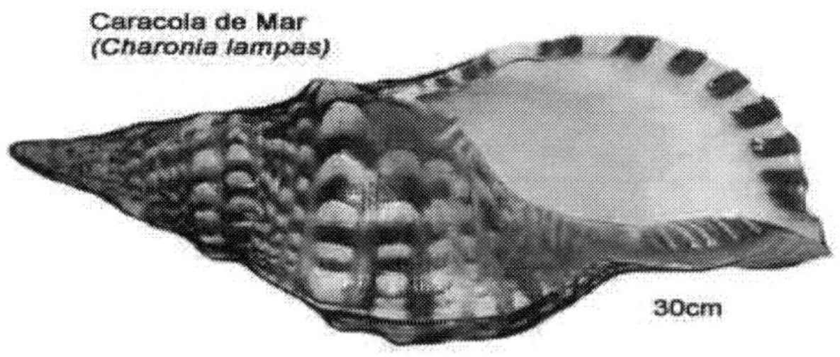

Quizá las personas más románticas y soñadoras se sientan decepcionadas con la respuesta a esta pregunta, pero en realidad lo que oímos cuando nos ponemos una caracola en la oreja no es el mar. Se trata únicamente de una ilusión acústica, provocada por un curioso fenómeno relacionado con la circulación de la sangre, que nada tiene que ver con el murmullo de las olas. Lo que realmente oímos es el fluir de nuestra propia sangre en la cabeza. Cuando nos ponemos una caracola en la oreja, el interior de la concha actúa como un potente altavoz amplificando el sonido de la sangre que circula por los finos vasos de nuestro sistema auditivo. El fenómeno es producido por la corriente de aire que entra en la caracola. Al rebotar en sus paredes, las hace actuar como la caja de resonancia de una guitarra en el momento de pulsar las cuerdas.

42. ¿Por qué silba el viento?

El aire, al penetrar por los intersticios de puertas y ventanas, hace vibrar los objetos a su paso, produciendo una serie de sonidos que al aire libre no se perciben.

43. ¿Por qué producen el zumbido los insectos al volar?

Debido a que dan varios cientos de aletadas por segundo. El ala de por sí es una lámina vibrante, que oscila con suficiente frecuencia, como para engendrar sonidos de un tono determinado. Con ayuda de la cámara lenta se consiguió precisar que cada insecto mueve las alas a una frecuencia casi invariable, para regular su vuelo, los insectos varían únicamente la amplitud de las aletadas y la inclinación de sus alas. El número de aletadas por segundo aumenta exclusivamente a causa del frío. Por eso, el tono del sonido, que emiten los insectos cuando vuelan, permanece invariable. Así, la mosca vulgar da 352 aletadas por segundo, el abejorro: 220, la abeja: 440, los mosquitos: 500-600.

44. ¿Cómo se orienta el murcielago para cazar los insectos?

Para orientarse y localizar insectos, los murciélagos emiten un sonido de alta frecuencia y luego detectan el eco. Aunque la forma exacta en la que extrae información es todavía motivo de investigación, algunos murciélagos emiten una frecuencia constante y corta, cuyo regreso les indica la presencia del blanco y cuya frecuencia de regreso puede informarles de la velocidad del blanco. Otros murciélagos emiten una señal de frecuencia modulada y la frecuencia de respuesta del blanco se analiza para investigar su forma, tamaño y distancia.

45. ¿Por qué en las iglesias los oradores han de hablar muy lentamente?

Porque en ellas, en general, la absorción es muy pequeña y con ello el tiempo de reverberación resulta elevado. Si se habla deprisa se superponen en el oído sílabas distintas, originándose una mala audición.

46. ¿Por qué produce un chasquido el látigo?

Se puede deber al golpe de la punta o a la onda de choque que se crea cuando la punta del látigo sobrepasa la velocidad del sonido.

47. ¿Cómo se comunican las ballenas a miles de kilómetros?

A una profundidad entre 500 y 1.500 m existe un canal sónico que aprisiona las ondas permitiéndoles recorrer grandes distancias. Se sabe que las ballenas lo utilizan para comunicarse entre sí desde miles de km de distancia. Lo aprovechan también los submarinos cuando se esconden en el mar. Un submarino que circula por ese canal o debajo de él es difícil de detectar, porque prácticamente todo el ruido que produce sigue un curso horizontal y no puede captarlo los buques situados en la superficie.

48. ¿Cómo se produce el trueno y por qué dura relativamente tanto tiempo?

El enorme calentamiento de la columna de descarga del rayo hace que el aire se expanda rápidamente, creando una onda cilíndrica de choque que es la fuente básica de ruido del trueno. La duración relativamente grande del trueno se debe a los ecos del sonido inicial producido en la región circundante.

49. ¿Sabías que escuchando tu voz pueden saber si eres alto o bajo?
Al igual que el grafólogo es capaz de retratar la personalidad de un desconocido a través del análisis de su escritura, los foniatras pueden hacerlo con la voz. La foniatría es una rama de la psicología aplicada que permite, únicamente escuchando una voz, y naturalmente sin ver al interlocutor, describir los rasgos característicos de su personalidad, e incluso sus peculiaridades físicas. Por ejemplo, los foniatras pueden saber si se trata de un entusiasta o apático, con un 91%; de un activo o perezoso, con un 90%; de un sensible o insensible, con un 83 %; de un tierno o cruel, con un 82 %; de un alto o bajo, con un 81 %; de un honesto o deshonesto, con un 66 %; de un enfermo o sano, con un 72 %; de un gordo o flaco, con un 74 %; de un sincero o mentiroso, con un 75 %; de un rico o pobre, con un 75 %; de un valiente o cobarde, con un 75 %; etc.

50. ¿Pueden oír los peces?

PECES

Pese a no tener orejas, los zoólogos han demostrado que los peces no sólo pueden oír, sino que, además, gozan de una excelente agudeza auditiva. A diferencia de las aves y los mamíferos, los peces presentan un oído interno que carece de caracol, el órgano tubular que contiene las células que transforman las ondas sonoras en señales eléctricas. A pesar de esta diferencia, los peces son capaces de registrar ciertas sensaciones producidas por las señales sonoras que viajan por el medio acuoso. Y lo hacen con gran eficacia, ya que algunos son capaces de percibir tonos tan leves que pasan desapercibidos para el oído humano. Los científicos desconocen cuál es la función de este órgano tan poco desarrollado, aunque sospechan que puede desempeñar un papel nada despreciable en la comunicación, ya que algunos peces son capaces de emitir sonidos, como gruñidos y chirridos.

51. ¿Por qué no reconocemos nuestra voz grabada?

El motivo por el cual nos resulta tan extraña y desconocida nuestra voz grabada es debido a que las ondas sonoras que emitimos al hablar viajan por el aire hasta el micrófono. En este medio, parte de los sonidos de baja frecuencia, generalmente los inferiores a 300 Hz, se disipan y no llegan al equipo de grabación, lo que ocasiona la pérdida de matices. A esto hay que añadir el hecho de que estamos acostumbrados a oírnos a nosotros mismos de una manera especial. Al hablar, los sonidos se transmiten por los huesos de la cabeza, que hace las veces de una caja de resonancia. De ahí que percibamos nuestras palabras en tonos más graves que el interlocutor.

52. ¿Cómo se encantan las serpientes?

En Marruecos y en la India podemos ver como los encantadores de serpientes hacen surgir del interior de una cesta de mimbre una amenazadora cobra que parece bailar hipnotizada al ritmo de una flauta de caña. La exótica escena no es otra cosa que un simple montaje, pues las serpientes son totalmente sordas, ya que carecen de tímpanos. Pero también es cierto que pueden captar vibraciones de baja frecuencia en el suelo. Así pues, las cobras no salen del cesto encantadas por la melodía, sino que siguen atentas los movimientos que realiza el encantador con la flauta, ya que la consideran una amenaza. Por último, el hecho de que nos parezca que están hipnotizadas se debe a que los ojos de las serpientes carecen de movimiento.

53. ¿En qué se basan los ahuyentadores de roedores?

El oído humano puede percibir sonidos de frecuencias comprendidas entre 20 y 20.000 Hz, aunque estos valores son orientativos, ya que cada persona tiene una horquilla de audición de frecuencia determinada, que, además, varía con la edad. En general, los insectos, primates, perros, roedores, gatos, murciélagos, etc., son capaces de oír frecuencias correspondientes a ultrasonidos, es decir, con frecuencias mayores de 20.000 Hz, no audibles para las personas. Este hecho es el fundamento de los ahuyentadores de roedores (verdaderas ratoneras ultrasónicas) o insectos, o de los silbatos silenciosos empleados para llamar a los perros.

54. ¿Por qué el sonido se propaga a más velocidad en verano que en invierno?

La velocidad de propagación del sonido, en el aire, depende, básicamente, de dos factores, la temperatura y la humedad. Por cada grado que se incremente la temperatura del aire, la velocidad del sonido aumenta 0,6 m/s. Esto se debe a que al aumentar la temperatura, también aumenta la agitación térmica de las moléculas de los gases que integran el aire, lo que favorece que se propague la vibración.

55. ¿En qué se basan las ecografías usadas en medicina?

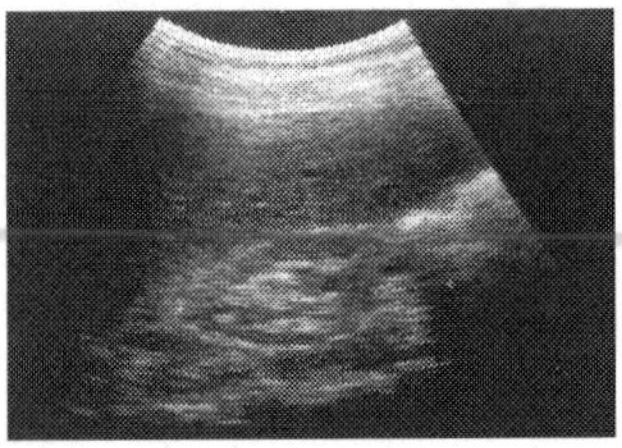

En la reflexión de las ondas, al igual que el sonar y el radar, pero en este caso, como pasaba con el sonar, se emiten ondas ultrasónicas. Hoy en día, los ultrasonidos poseen una gran aplicación en obstetricia, para registrar el latido cardíaco fetal, a partir de la duodécima semana de gestación, permiten la obtención de un mapa del cuerpo fetal. La ecografía es una técnica que sirve para detectar algunas anomalías fetales y su tratamiento inmediato, al poder monitorizar al feto antes de nacer.

56. ¿Cómo funciona la litotricia usada para romper los cálculos renales y biliares?

Al bombardear con ultrasonidos los cálculos se pulverizan, permitiendo su eliminación y evitando la intervención quirúrgica. También se usan los ultrasonidos para limpiar el sarro dentario y los residuos orgánicos que allí se suelen acumular. La longitud de onda de los ultrasonidos es pequeñísima (2 mm), lo que permite obtener una enorme densidad de energía por unidad de volumen. Para hacernos una idea, sería similar a un sonido reproducido simultáneamente por mil altavoces grandes concentrados en el espacio de 1 cm^3.

57. ¿Por qué las sirenas para niebla de los barcos son de baja frecuencia?

BARCOS

La energía de las ondas se disipa en la materia en forma de calor y sucede que a mayor frecuencia, mayor rapidez de disipación de su energía. Por eso las sirenas para niebla de los barcos son de baja frecuencia, para que tengan un alcance mayor y se puedan oír desde lejos, evitando los accidentes marítimos.

58. ¿Por qué se puede oír detrás de una esquina, sin asomarse, pero no se puede ver?

La difracción es el cambio de dirección que experimenta una onda en su propagación, cuando se encuentra con un obstáculo o abertura. La difracción permite a las ondas bordear obstáculos, y es tanto más intensa cuanto más parecidas sean su longitud de onda y el tamaño del orificio u obstáculo. Esto explica por qué se oye detrás de una esquina, sin asomarnos, pero no se ve, ya que la longitud de onda de la luz es muy pequeña (del orden de 5.10^{-7} m) y la del sonido va desde unos centímetros a varios metros. Por eso, el sonido puede sufrir difracción y la persona que está detrás de la esquina le llega la onda con intensidad suficiente para ser escuchada. Sin embargo, el sonido no puede salvar edificios, por ser mucho más altos que su longitud de onda.

59. El sonido, como cualquier onda transporta energía, pero ¿en qué se transforma el sonido tan intenso producido en una discoteca?

La energía no se crea ni se destruye, solo se transforma (Principio de conservación de la energía); por tanto, la energía producida por una onda sonora sufre absorciones, al no ser el medio en el que se propaga perfectamente elástico, y, además, sufre atenuaciones, disminuyendo en ambos casos su intensidad, transformándose la energía perdida en calor, aumentando la temperatura ambiente del entorno.

60. ¿Por qué las emisoras de FM a veces se escuchan mal por el mero hecho de cambiar un mueble en una habitación?

Debido a que las ondas de FM tienen una longitud de onda pequeña (entre 2,7 y 3,7 m). Por este motivo, a menudo, la recepción es deficiente, ya que el solo hecho de cambiar un mueble, puede provocar una difracción de la onda y que ésta no llegue al receptor, adecuadamente, para ser emitida con nitidez por la radio. Con las ondas de AM no sucede, por tener unas longitudes de onda mucho mayores.

61. ¿Por qué al pasar por debajo de un túnel la radio del coche deja de escucharse?

Debido a que el monte donde está enclavado el túnel impide que las ondas de radio, que son electromagnéticas, lleguen con la suficiente intensidad como para ser recogida por el aparato de radio, al producirse una pérdida de intensidad de la onda por absorción o amortiguación de la misma, al propagarse por un medio material que no es elástico.

CURIOSIDADES SOBRE EL SONIDO

- El hecho de que el oído humano no escuche sonidos con frecuencias inferiores a 20 Hz tiene la gran ventaja de que así no escuchamos todas las vibraciones de nuestro propio cuerpo, contracciones musculares, choque de los pies contra el suelo, etc., que resultarían insoportables. Luego, fisiológicamente es necesario ese hecho.

- La reverberación consiste en la superposición del sonido reflejado con el sonido incidente. Este fenómeno se tiene en cuenta para la buena audición en las salas de cine, ópera, conciertos y conferencias. El valor óptimo del tiempo de reverberación para un determinado recinto depende de su uso. Así para una sala de conferencias se recomienda 1,4 s, a fin de que el público escuche nítidamente al conferenciante; en las salas de ópera es de 1,6 s, lo que permite escuchar con claridad al cantante sin que la música deje de sonar viva; en las salas de conciertos se recomienda 2 s, para que la música suene completamente viva. Recintos con tiempos de reverberación superiores a 2 s suenan como cuevas. Para conseguir estos tiempos se juega con el diseño y los materiales absorbentes empleados.

- En la pubertad los hombres alcanzan sus tonos más graves. La hormona testosterona que segregan los testículos provoca el desarrollo de caracteres sexuales, como el ensanchamiento de la laringe, por lo que al igual que en los instrumentos musicales, cuanto más ancho es el tubo, más grave es la nota que da. Por eso, los castrados, que carecen de testículos y no producen testosterona, siguen teniendo de adultos la voz aguda. En la ancianidad tanto hombres como mujeres suelen agudizar su tono. El habla es sólo propia de los humanos, de hecho en la Universidad de Oxford (Reino Unido) han encontrado el primer gen relacionado con el habla, localizado en el cromosoma 7, y es un gen dominante.

APLICACIONES DE LOS ULTRASONIDOS

Los ultrasonidos tienen también una buena aplicación terapéutica, ya que dan buenos resultados en los casos de asma, esguinces, lumbagos, etc. Existen aparatos cuyas ondas sonoras penetran bajo la piel y contribuyen a combatir el reúma, ciática, jaquecas, tensión muscular y las lesiones producidas durante la práctica de un deporte.

Los ultrasonidos han entrado en el campo de la química, la llamada sonoquímica, donde haces ultrasónicos aceleran reacciones y posibilitan la creación de nuevos compuestos. La industria ve cómo los ultrasonidos intervienen cada vez más en los procesos de fabricación desde los ensayos no destructivos hasta la limpieza difícil de determinadas joyas, ya que los ultrasonidos generan pequeñísimas burbujas que arrancan las impurezas, allí donde ningún cepillo puede llegar.

Los ultrasonidos dejan al descubierto un mundo que hasta entonces permanecía invisible: tuberías de refrigeración de una central nuclear muestran de repente sus grietas y desperfectos, motores de aviación son examinados para encontrar defectos en el interior de sus piezas. Las soldaduras metálicas de los grandes edificios, como el edificio mayor del mundo, que es el Sears Tower (Chicago, USA), de 527 m de altura y 108 pisos, se chequean con ultrasonidos, para averiguar si existen grietas y si están bien unidas las distintas piezas.

Por último, citaremos un hecho curioso que tuvo lugar el 16 de junio de 1988, cuando un famoso caballo se volvió loco, durante una carrera, al cambiar de rumbo a pocos metros de la meta, del hipódromo Royal Ascot, en Inglaterra. El causante de este incidente fue un espectador con unos prismáticos que emitían haces ultrasónicos, como pudo comprobar la policía posteriormente. Estas emisiones ultrasónicas aterrorizaron al caballo, al enviarle rayos de 22 Hz, inaudibles para todos, excepto para el sistema nervioso del caballo.

NIVELES DE INMISIÓN RECOMENDABLES

Para conseguir un cierto bienestar es preciso controlar no sólo el ruido externo, sino también el que se produce en locales públicos internos. A continuación, se indican los niveles de inmisión recomendables, como valor máximo, en los locales públicos:

NIVELES DE INMISIÓN RECOMENDABLES	
LUGAR	NIVEL MÁXIMO DE dB
GRANDES ALMACENES	50
CAFETERÍAS	45-50
RESTAURANTES	40-45
OFICINA NUMEROSA	45
AULAS Y LABORATORIOS DOCENTES	40
CINES	30-40
SALA DE LECTURA	30-35
TEATROS Y SALAS DE CONCIERTO	30
DORMITORIO DE HOSPITAL	30

NOTA INFORMATIVA: Los Ayuntamientos disponen de Ordenanzas Municipales de Ruidos, en la que se especifican los niveles máximos de emisión permitidos en las diferentes fuentes sonoras.

"ALGUNOS AMBIENTES DE GRAN INDISCRECIÓN"

La reflexión de las ondas sonoras provoca muchos efectos inesperados en la naturaleza. En el "Oído de Dionisio", en los calabozos de Siracusa, de Sicilia (Italia), la acústica de alguna manera transmitía las palabras e incluso los murmullos de los prisioneros hacia un tubo escondido, a través del cual los escuchaba el tirano.

Un ejemplo de tiempos modernos es el de la cúpula que cubría el antiguo Palacio de Representantes, en el edificio del Capitolio (Washington, D. C.). Allí se reflejaba un murmullo de un lado de la cámara, de tal forma que incluso resultaba audible en el lado opuesto. Se dijo más de una vez que esto apenó a los representantes que susurraban los secretos del partido de sus colegas.

Pero en la catedral de Agrigento, en Sicilia, se producían penas mayores. Su forma es la de un elipsoide de revolución, de manera que el sonido producido en uno de sus focos, es casi igual de fuerte que en el otro foco. Poco después de construida, inadvertidamente se escogió uno de los focos para colocar un confesionario. El lugar fue descubierto por accidente, y durante algún tiempo la persona que lo descubrió tomó como distracción escuchar y traer a sus amigos a escuchar las confesiones, que supuestamente sólo debía escuchar el sacerdote. Se dice que un día su propia esposa ocupó el banco de penitencias y así, tanto él como sus amigos se enteraron de secretos que fueron muy divertidos para todos, excepto uno de los del grupo.

Más conocido es aún el caso de la "Galería de los Susurros", en la cúpula de la Catedral de San Pablo de Lourdes. En cualquier punto de la galería, que es circular, se oye todo lo que se dice en voz baja en cualquier otro punto, a causa de las múltiples reflexiones de la cúpula.

EL PODER CURATIVO DE LA MÚSICA

A lo largo de la historia se ha podido comprobar que la música puede ejercer una influencia tanto maléfica como benéfica sobre los seres vivos (personas, animales y vegetales). Los antiguos ya conocían que la música puede enfermar e incluso enloquecer a las personas, como lo demuestra el ejemplo histórico de la destrucción de las murallas de Jericó por el sonido de las trompetas. También sabían las propiedades terapéuticas que poseía la música. Los griegos, como ninguna civilización, tenían gran experiencia acerca de la influencia sugestiva de la música. El filósofo y matemático griego Pitágoras se libró del ataque de una manada de lobos prestos a devorarlo tocando la flauta y fue uno de los primeros que intentó curar enfermedades con la ayuda de la música.

En la actualidad numerosos experimentos han puesto de manifiesto los efectos terapéuticos de la música en los seres vivos. Una música rápida y alegre aumenta la velocidad de los latidos del corazón y, de ese modo, todos los órganos empiezan a funcionar a mayor velocidad. Una música lenta y sombría nubla la vista y baja la tensión arterial.

La música es utilizada como terapia durante las operaciones (en Alemania, Dinamarca, Suecia, etc.). Igualmente, en los partos origina la relajación de la madre y acorta la duración del mismo, pudiéndose afirmar que gracias a la música de Mozart (empleada en los partos) se han salvado un gran número de bebés. Hoy en día, los consultorios médicos cuentan con música, especialmente seleccionada, para relajar a sus pacientes.

Casi todos los científicos aceptan el hecho de que los enfermos mentales pueden ser curados con ayuda de la música. Cada sintomatología tiene un tratamiento musical diferente: La timidez, Beethoven; el agotamiento nervioso, Joseph Haydn; la depresión constante, los valses de Strauss; el insomnio o la jaqueca, Franz Schubert; el miedo, la primera sinfonía de Johanes Brahms; las tendencias neuróticas, obertura de Guillermo Tell de Rossini. Estas recetas musicales son brindadas por los médicos europeos y americanos a sus pacientes. Los resultados son extraordinarios e indican un gran redescubrimiento del poder de la música.

No obstante, su empleo inadecuado puede ser nocivo. Así, ciertas estructuras musicales, como por ejemplo el heavy metal (o rock duro) o ritmos semejantes, superexcitantes, conducen a una mayor producción de hormonas y se ha comprobado que su audición habitual provoca un desequilibrio metabólico que desemboca en arteriosclerosis e infartos.

Como hemos dicho anteriormente, la música clásica empleada en musicoterapia es sólo una ayuda para la curación de los enfermos mentales, ya que no entra en la erradicación del trastorno psicológico. En los países del Tercer Mundo, dada su pobreza, para curar los trastornos de la personalidad recurren a los Chamanes, que son sacerdotes magos que practican el trance, la adivinación y los cuidados médicos. Los Chamanes curan esas enfermedades provocando estados alterados de conciencia, mediante bailes y danzas.

Actualmente, algunos terapeutas también usan los estados alterados de conciencia, provocados en la danza de trance, con música procedente de instrumentos de percusión, para tratar trastornos de personalidad, junto con la terapia psicológica. Así han logrado curar enfermos de depresión, bulimia, anorexia, neurosis, etc. Estos terapeutas utilizan algunas de las técnicas que se usan en las Escuelas Sufíes (en Marruecos y demás países árabes, que practican el sufismo). La biocinética es una nueva rama de la psicología que emplea todo este tipo de técnicas para tratar los trastornos de personalidad. El profesor David Akstein (psiquiatra e hipnoterapeuta brasileño) usa las danzas sufíes de trance cinético para tratar estas enfermedades. En España, el terapeuta Ángel Lafuente Laarbi (terapeuta sufí) emplea las danzas sufíes de trance junto con la terapia Gestalt con magníficos resultados.

La música no sólo influye en las personas, sino también, en los animales y vegetales; así por ejemplo, algunas vacas incrementan su producción láctea escuchando "Las cuatro estaciones" de Vivaldi; de igual manera, cultivos sometidos musicalmente experimentan mejores rendimientos. La música ejerce una influencia más que notable sobre los animales. Ciertas experiencias realizadas con vacas y cerdos producían más leche y engordaban con más rapidez escuchando a Beethoven y Mozart. Las investigaciones concluyeron que eran el ritmo y no la melodía lo que provocaba esos efectos.

La compañía japonesa Pioneer está investigando la influencia de las vibraciones en el crecimiento de vegetales. En la granja los vegetales reciben un tratamiento acústico, confinados en vitrinas, tomates y berenjenas con electrodos en las hojas, dibujan en el papel del electro sus reacciones ante una polonesa de Chopin, un concierto de Brahms o un portazo. Así, las plantas oyen música clásica varias horas al día, y sus raíces reciben la influencia de las capas magnéticas creadas por imanes situados en los circuitos de agua. El resultado es que las plantas crecen más deprisa.

Como anécdota final, se sabe que cuando el Titanic chocó con un iceberg y comenzó a irse a pique, el capitán ordenó a la orquesta que tocase himnos religiosos, lo que calmó a todos y permitió que el trabajo de salvamento prosiguiera tranquilamente.

LA CONTAMINACIÓN ACÚSTICA

"Alarmas, sirenas, bocinazos, obras, frenazos... Este es el maldito ambiente de la gran ciudad, que nos agrede, nos encrespa, nos aísla en un mar de ondas perniciosas. Es la amenaza invisible y creciente de la contaminación sonora. En la actualidad palabras como estridencia, chirrido, chasquido, crujido, traqueteo, explosión, estampido, estallido, atronador, retumbar, estruendo, bombazo, etc. forman parte del lenguaje coloquial, porque la vida cotidiana está llena de ruido.

Durante mucho tiempo, se ha mantenido el criterio de que ruido era el sonido no deseado, molesto y peligroso para la salud. Ahora bien, no todos los sonidos desagradables, indeseables, inoportunos y molestos son dañinos; tan sólo aquellos que alcancen un determinado nivel de intensidad, o en los que se supere un cierto tiempo de exposición, pueden ser considerados como nocivos.

Para objetivar el ruido, hoy en día, se manejan dos magnitudes: La frecuencia (medida en hertzios) y la intensidad (medida en decibelios). Además, también se sabe que los infrasonidos y ultrasonidos pueden matar ratas en el laboratorio y dañar seriamente a las personas, aunque su oído no los perciba. Las lesiones originadas por el ruido van mucho más allá de la sordera y producen úlceras y otras dolencias digestivas, problemas respiratorios y vasculares, disfunciones del sistema nervioso central y del endocrino, afecciones de la vista, incluso cambios en la composición química de la sangre, disminución de la resistencia eléctrica de la piel, aumentos de tensión muscular y cefaleas.

Por otra parte, puede producir numerosos problemas psicológicos, tales como: insomnio, ansiedad, irritabilidad, miedo, angustia, etc., que pueden ser, directa o indirectamente, inducidos por el ruido.

A diferencia de otros contaminantes, el ruido no perdura ni se exporta; está localizado, y cesa cuando lo hace el emisor. Asimismo, es el primero que detecta el ser humano, casi instantáneamente, el que más perturba sin necesidad de acumulación, y el que más directamente afecta al bienestar.

Los otorrinolaringólogos y psicólogos alertan sobre las motos, discotecas frenéticas y los auriculares, por la hipoacusia o pérdida parcial de audición que originan entre la juventud. La Organización Internacional del Trabajo (O.I.T.) tiene catalogadas más de 500 profesiones que pueden entrañar algún peligro para la capacidad auditiva de los trabajadores. Está comprobado que en un ambiente ruidoso se produce una disminución de la capacidad intelectual y de la habilidad manual. Siendo la causa, por ejemplo, del 50 % de los errores mecanográficos y casi el 20 % de los accidentes laborales que se producen. Por encima de 40 dB se pierde concentración y memoria, y aumentan los errores; con ruidos que excedan los 60 dB aparecen jaquecas y trastornos nerviosos.

Según una reciente investigación, el ruido es actualmente la preocupación número uno en las ciudades. La O.M.S. (Organización Mundial de la Salud) establece los topes ideales de 55 dB (día) y 45 dB (noche) para lugares tranquilos y 75 y 65 dB para las calles más ajetreadas de una ciudad ruidosa. Pero por desgracia se rebasan esos topes con frecuencia.

Efectivamente, en las modernas sociedades el desarrollo industrial, el crecimiento del parque automovilístico y de otros medios de transporte, la progresiva mecanización de la vida cotidiana, han conducido a muchas personas hacia el lado peligroso de esa zona límite, situada en torno a los 80 decibelios. A partir de esa zona límite, el ruido empieza a ser perjudicial para la salud del individuo. En cualquier ciudad, el tráfico de superficie continúa siendo la principal fuente de contaminación acústica.

La contaminación acústica tiene graves consecuencias para la salud.

CONSEJO ECOLÓGICO: COCHES Y AHORRO ENERGÉTICO

Para obtener un ahorro de tiempo de unos 3 minutos, en recorrido urbano, de aproximadamente 10 km, fue necesario consumir un 52 % más de combustible, según indica el I.D.A.E., en su guía "La conducción al menor coste".

Para desplazamientos de menos de 500 m no se recomienda coger el coche. Estos desplazamientos suponen el 10 % de los que realizamos cotidianamente. Un uso racional del coche redundaría en un ahorro energético importante. Además recordemos que un automóvil consume cada 1.000 km la misma cantidad de oxígeno que necesita un ser humano para respirar durante un año.

Consejos para ahorrar energía al conducir:

1. Mantener la presión adecuada de los neumáticos. Una presión baja, además de peligrosa, es una dificultad extra para el avance del coche, ahorra el 3%.

2. Usar una marcha adecuada a la velocidad del coche. Empleando las marchas bajas lo menos posible. En coches de gasolina, se puede cambiar de marcha entre 2.000 y 2.500 r.p.m.; y en diésel, entre 1.000 y 1.500 r.p.m.

3. Un coche que rueda por inercia con una marcha puesta, no gasta combustible, mientras que en punto muerto gasta entre 0,4 y 0,7 litros por hora.

4. No circular con las ventanillas totalmente abiertas. Mejor utilizar la ventilación forzada. Supone un ahorro del 5 %.

5. No acelerar y frenar de modo brusco. Ahorra del 26 al 79 %.

6. Iniciar la marcha del vehículo inmediatamente después de arrancar el motor. En los diésel espere unos segundos. Parar el motor sin acelerar (es común darle un acelerón antes de apagarlo).

7. Emplear un aceite de viscosidad adecuada. Un aceite demasiado viscoso aumenta la resistencia de giro del motor, sobre todo con el coche frío, lo que supone un consumo extra del 3 %.

8. La resistencia del aire al avance del coche aumenta en función de la velocidad elevada al cuadrado. A partir de 100 km/h, más de la mitad de la energía se emplea en vencer la resistencia.

CONDUCIR A 90 KM/H, EN VEZ DE 110 KM/H, AHORRA UN 25 % DE ENERGÍA.

El tren es uno de los medios de transporte más adecuado para el transporte de mercancías. Con su uso evitaríamos la gran cantidad de camiones que circulan por carretera colapsando el tráfico y provocando accidentes. También es un medio ideal para desplazamientos en cercanías.

9. Tener el motor bien reglado, puede ahorrar hasta el 9 %.

10. El aire acondicionado aumenta el consumo entre un 10 y un 20 %.

11. El empleo de baca portaequipajes rompe la aerodinámica del vehículo y supone un importante freno aun estando vacía. El sobreconsumo puede ir desde el 2% al 35 %.

12. En recorridos cortos el motor no alcanza la temperatura adecuada. En los 3 primeros km el consumo puede doblarse.

13. Desconectar el motor si se va a estar detenido al menos 60 s.

El transporte, en España, se lleva el 40 % del consumo total de energía, del cual el 15 % corresponde a los automóviles. Entre las medidas que el Ministerio de Industria está llevando a cabo destacan: el uso de gas natural en 50 autobuses de Madrid y otras ciudades; promoción de los biocombustibles, sobre todo del aceite de girasol; construcción de vehículos eléctricos, para determinadas zonas, como aeropuertos.

La contaminación del aire de las ciudades españolas produce 16.000 muertes prematuras cada año.

En algunos Ayuntamientos, como el de Vitoria, en colaboración con el I.D.A.E., se han puesto en marcha fórmulas imaginativas para incentivar el transporte público. Así, a cambio de dejar el coche en casa y usar el autobús, los bono buses usados son canjeados por el Ayuntamiento para acceder a actos culturales o sociales.

Un viaje de ida y vuelta Cartagena-Madrid cuesta, en 2006: en coche, 84,8 €; en avión, entre 98 y 294 €; en tren, entre 83,4 y 129 €; y en autocar, entre 50 y 86 €. Pero si al carburante gastado por el coche le sumamos otros gastos indirectos (depreciación del coche, seguro, peaje, mantenimiento, impuestos, etc.), el viaje en nuestro automóvil sale por 460 € (coche gasolina) o 450 € (coche diésel), por lo que sería el medio más caro de todos.

Las únicas alternativas a los combustibles fósiles planteadas en el trasporte son el hidrógeno y los biocarburantes, pero sólo estos últimos son una alternativa real a corto plazo.

El programa "Comparte tu coche", de instituciones como la Universidad Autónoma de Madrid, pretende poner en contacto a los diferentes estudiantes de la Universidad para que puedan acudir en el mismo automóvil. También se ha realizado en las Universidades de Alicante y Girona.

Las grandes ciudades, como Londres o Nueva York, que no tienen abundancia de aparcamientos tienen menos problemas de tráfico que las ciudades que poseen mayor oferta de aparcamientos, ya que los ciudadanos usan preferentemente los transportes públicos y de esta manera se incentiva estos medios de transporte.

El ahorro energético en los vehículos contribuirá a minimizar el cambio climático, nuestro gran problema ambiental actual.

USAR EL AUTOBÚS EN VEZ DEL COCHE
AHORRA UN 80 % DE ENERGÍA
El transporte público consume 3,7 veces menos energía por pasajero que los coches privados.

ÓPTICA

¿Es cierto que muchos animales ven en blanco y negro?
¿Por qué parece el Sol más grande al amanecer?
¿Por qué no existe cre-púsculo del atardecer y del amane-cer en la Luna?
lisa

ÓPTICA

CURIOSIDADES Y PREGUNTAS	
¿Es cierto que muchos animales ven en blanco y negro?	¿Por qué el arco iris tiene forma semicircular?
¿Por qué es azul el cielo?	¿Por qué brillan los brillantes?
¿Cómo se forma el arco iris?	¿Qué son los espejismos?
¿Por qué parece el Sol mayor al amanecer?	¿Por qué es azul el humo de un cigarrillo?
¿Es azul el cielo de los demás planetas?	¿Por qué el mar cambia de color?
¿Cómo funcionan los cristales que se oscurecen con la luz?	¿Por qué el cielo es rojizo al atardecer?
¿Por qué las ruedas parecen girar al revés en las películas?	¿Por qué es rojo el puente Golden Gate, de San Francisco?
¿Por qué la nieve es blanca?	¿El negro es realmente un color?
¿Por qué los árboles son verdes?	¿Por qué la sangre es de color rojo?
El color verde se emplea en los centros de enseñanza, para reforzar la atención y concentración de los alumnos.	El color celeste infunde tranquilidad y satisfacción; el azul, seguridad; el rosa vivo produce tranquilidad y somnolencia.
En general, los conductores de coches rojos circulan acelerando y frenando constantemente, a velocidad excesiva, etc.	Las estaciones de metro suelen estar muy coloreadas para hacernos olvidar que estamos en un subterráneo.
¿Es el color blanco de los coches el más visible en carretera?	¿Por qué no existe crepúsculo del atardecer y del amanecer en la Luna?
¿Sabías que la elección del color de tu coche indica tu estilo de conducción?	Los colores verdes de los quirófanos tranquilizan al enfermo e impiden que el cirujano se deslumbre.
¿Por qué los servicios de correos de muchos países emplean el color amarillo?	¿Por qué en las discotecas se usan luces rojas cuando se pone una música movida?
¿Por qué los envases de cremas solares son de color amarillo o marrón?	¿Por qué los herbívoros tienen los ojos a los lados de la cara y los carnívoros en la misma cara?

ÓPTICA

PREGUNTAS Y RESPUESTAS

1. ¿Cómo se forma el arco iris?

Después de la lluvia quedan en el aire millones de pequeñísimas gotas de agua, flotando en el aire, las cuales actúan como prismas que refractan y reflejan la luz solar en bandas de color rojo, anaranjado, amarillo, verde, azul índigo y violeta, teniendo lugar un fenómeno llamado dispersión de la luz. Para poder ver el arco iris el Sol debe hallarse a tus espaldas, lo que necesariamente implica que sólo es observable en las primeras y últimas horas del día, cuando el Sol está bajo, en el horizonte.

2. ¿Por qué el arco iris tiene forma semicircular?

La luz solar se dispersa en forma de cono, cuyo vértice es el Sol. Una sección de esta figura geométrica sería el semicírculo que da lugar al fenómeno conocido como arco iris, cuando la radiación luminosa se enfrenta a la cortina de agua que es la lluvia. Suele verse en el cielo en la dirección opuesta al Sol, cerca de lluvia o de agua pulverizada en las cascadas. Cuando un rayo de Sol penetra en una gota de lluvia se refracta (o desvía) en ella y se refleja en su interior de tal forma que aparece un espectro de colores. El rayo de Sol refractado, al penetrar en la gota de agua se refleja en su interior, como en un espejo cóncavo, y sale por otro punto, teniendo lugar una nueva refracción. Este rayo aparecerá, al observador, en forma de haz de colores, producido por los fenómenos de dispersión (descomposición de la luz solar en los 7 colores del arco iris). Sin embargo, sólo pueden verse cuando el ángulo de reflexión entre el Sol, la gota de agua y la línea de visión del observador se sitúa entre 40° y 42°.

3. ¿Es cierto que muchos animales ven en blanco y negro?

Hasta hace poco se pensaba que la mayoría de los animales veían en blanco y negro, pero las últimas investigaciones han demostrado que la mayoría de los animales tienen una visión en color, aunque no todos logran ver los tres colores básicos (verde, rojo y azul).

Algunos animales no son capaces de ver en color, sino en una infinidad de tonalidades grises, que van desde el blanco al negro. Esto es debido a que nuestra retina está formada por dos tipos de células: los bastones y los conos. Los "bastones" detectan las variaciones de brillo (responden a las intensidades de luz, por eso podemos ver de noche con poca luz), pero son incapaces de apreciar los colores, los cuales son registrados por los "conos", detectando los 3 colores básicos (verde, azul y rojo). Hay diferentes tipos de conos que nos permiten diferentes visiones en colores. Por este motivo, según el número de conos diferentes en la retina la visión puede ser:

1. Tetracromática: Si hay cuatro o más conos (insectos, aves, reptiles y peces...; ven el ultravioleta).
2. Tricromática: Si hay tres tipos de conos (hombre y primates).
3. Dicromática: Si tienen dos tipos de conos, la inmensa mayoría de los animales.
4. Monocromática: Si poseen sólo un tipo de conos y ven en blanco y negro (tiburones, mapaches, salamandras...).

La mayoría de los **mamíferos** ven solo dos colores primarios, el verde y el azul y son ciegos al color rojo (incluidos los toros, como veremos más adelante). El rojo lo ven como un verde oscuro.

4. ¿Por qué es azul el cielo?

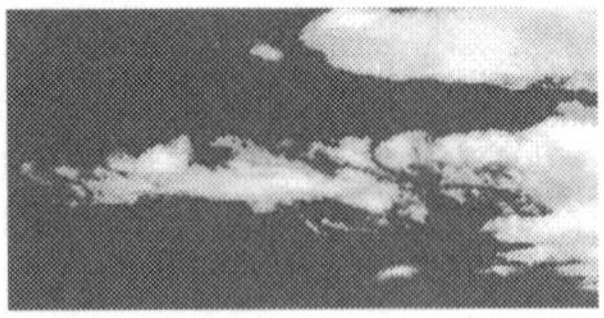

Las partículas y moléculas que se encuentran en suspensión en la atmósfera actúan de filtro de las radiaciones solares. Los rayos ultravioletas son absorbidos en las capas altas de la atmósfera, que sólo dejan pasar las radiaciones que se encuentran por encima de su longitud de onda (azules y algún violeta tenue), los colores con los que usualmente vemos el cielo (los colores violeta y azul tiene longitudes de onda menores y los naranja y rojo las tienen mayores). Los cambios meteorológicos influyen sobre las radiaciones solares y, por tanto, también en la coloración celeste. Los cielos rojos al atardecer obedecen al mismo fenómeno. Cuando los rayos del Sol chocan con la atmósfera, unos se reflejan hacia el espacio sideral y otros se refractan por el aire teniendo lugar el fenómeno conocido como dispersión de la luz. Cuando vemos el cielo azul estamos siendo testigos de la dispersión preferente de las ondas cortas de la luz del Sol (colores violeta y azul).

5. ¿Por qué es azul el humo de un cigarrillo?

Debido a que las partículas que lo componen son más o menos del mismo tamaño que la longitud de onda del color azul, por lo que se produce una dispersión de la luz igual que en el aire, como hemos visto en la pregunta anterior.

6. ¿Por qué parece el Sol mayor al amanecer?

Esta ilusión óptica es consecuencia de la refracción de la luz cuando atraviesa una superficie esférica que separa dos medios transparentes de diferente índice de refracción (en este caso el vacío y el aire). Los rayos solares atraviesan la atmósfera terrestre, y la zona de contacto entre los dos medios actúa como un dioptrio esférico, aumentando su imagen. Además, cuando el Sol está saliendo o poniéndose, se sitúa muy cerca del horizonte, donde la densidad atmosférica es muy variable. El aire que está cerca de la superficie terrestre es más denso que el que está en un estrato superior. Esto hace que la luz emitida por el borde superior del Sol atraviesa la atmósfera con un ángulo distinto que la luz del borde inferior, originando dos ángulos de difracción divergentes, que nos hacen ver al Sol con mayor tamaño.

7. ¿Por qué brillan los brillantes?

Los destellos multicolores que despiden los diamantes tallados o brillantes se deben a un efecto especial en la refracción de la luz. El índice de refracción (n) es un valor que indica cuánto más rápido se propaga la luz en el vacío respecto al material transparente considerado [n = c (velocidad de la luz en el vacío) / v (velocidad de la luz en otro medio)]. Esta desaceleración de la luz al cambiar de medio provoca que el rayo parezca quebrarse. Si, además, el índice de refracción es muy alto, como ocurre en un prisma de cristal, el haz luminoso se descompone, como siempre, en los 7 colores del arco iris. Este fenómeno se ve acentuado en los brillantes, pues, además de estar tallados de tal manera que se refuerza el efecto prisma, su índice de refracción es muy elevado (n = 2,4).

8. ¿Es azul el cielo de los demás planetas?

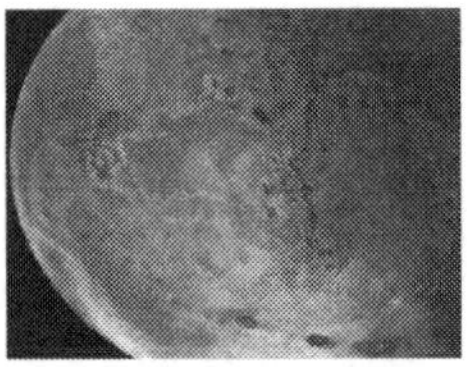

No todos los cielos son iguales. Nuestro cielo azul es exclusivo del planeta Tierra. A cada planeta del sistema solar le corresponde un cielo acorde con sus características. Hay planetas con cielos negros, verdes, o rojizos (como los de Marte y Venus). El espacio sideral es totalmente negro. En planetas como Mercurio o satélites como la Luna, al tener escasa gravedad, son incapaces de retener sus atmósferas, esto permite a la luz del Sol llegar hasta el suelo sin ser dispersada, ni absorbida en su camino, por eso sus cielos son negros, incluso a plena luz del día. En el sistema solar, todos los satélites naturales tienen su cielo de color negro (excepto Titán, de Saturno, y Tritón, de Neptuno, que son grandes y tienen atmósfera). Venus tiene una cantidad de atmósfera 100 veces mayor que la Tierra, constituida principalmente por CO_2, por lo que la luz que llega a la superficie de Venus es de color rojizo, como un crepúsculo terrestre. En Marte, la atmósfera es más tenue y su color es también rojizo. En Júpiter, Saturno, Urano y Neptuno poseen gigantescas atmósferas y sus superficies están a tanta profundidad que no reciben luz solar alguna, por lo que el cielo es negro, de día y de noche.

9. ¿Por qué el mar cambia de color?

El agua del mar absorbe una parte de las radiaciones de colores que componen la luz blanca. La preponderancia del color azul en las horas de Sol se debe a que las radiaciones rojas, amarillas o verdes son las que se absorben primero, y las radiaciones azules son entonces más difundidas. El color del agua cambia según las horas o según las estaciones, puesto que la absorción de los rayos tiene lugar de forma distinta, según sea su oblicuidad y el grado de insolación. También cambia según la naturaleza del fondo marino.

10. ¿Por qué el cielo es rojizo al atardecer?

El color rojizo del crepúsculo es lo que queda de luz solar después de que el color azul se haya dispersado. La luz solar debe recorrer un camino de aire más largo a la hora del crepúsculo del atardecer o del amanecer, que a mediodía. Por eso, las ondas violetas y azules son dispersadas incluso con más eficiencia durante este trayecto más largo, por el aire. Lo que vemos cuando miramos hacia el Sol son otras ondas de luz, las que no se han dispersado bastante, con predominio de los naranjas y rojas. Un cielo azul produce un crepúsculo rojo.

11. ¿Cómo funcionan los cristales que se oscurecen con la luz?

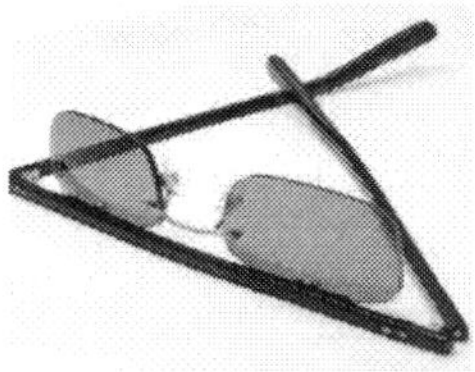

Estos cristales llamados fotocrómicos, que reaccionan con la luz, contienen minúsculos cristales de halogenuros de plata, tales como: cloruro de plata, bromuro de plata, yoduro de plata, similares a los usados en las películas fotográficas. Estas sales se ennegrecen cuando son expuestas a las radiaciones ultravioletas de la luz solar.

Estos rayos dividen las moléculas de la sal argéntica en iones plata e iones halogenuro. Los iones plata aumentan considerablemente la resistencia al paso de la luz y las gafas se oscurecen como si se tratasen de unas gafas de Sol. Cuando disminuye la intensidad de las radiaciones ultravioleta (con cielo cubierto o en el interior de una casa) el proceso se invierte: los iones de halogenuro y de plata se vuelven a unir, y los cristales recuperan su claridad.

12. ¿A qué se deben los espejismos existentes en las carreteras y en los desiertos los días de mucho calor?

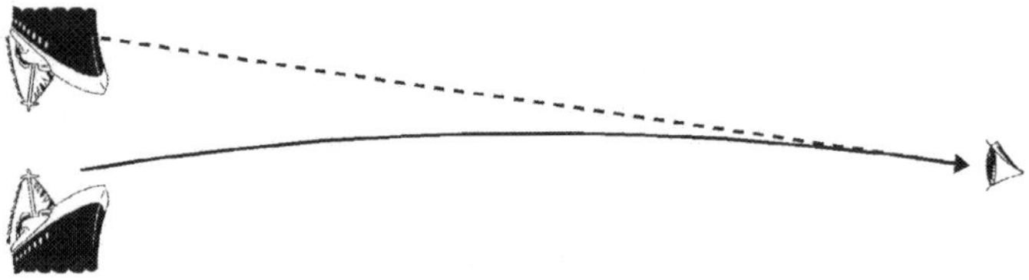

A veces puede verse una ciudad enorme flotando en el aire del desierto. Este fenómeno recibe el nombre de espejismo. El origen de este fenómeno, sobre el que se han dado muchas leyendas, se encuentra en la curvatura de los rayos de luz en la atmósfera, a causa de una distribución anormal de la densidad del aire. Debido a la elevada temperatura del asfalto o de la arena del desierto, el aire que está en contacto con ella está muy caliente y, aunque asciende por su menor densidad, rápidamente es sustituido por aire en las mismas condiciones, mediante corrientes de convección. La luz se propaga con mayor velocidad en el aire caliente; por eso, el rayo procedente de los diversos objetos situados en el asfalto o arena se van refractando en las sucesivas capas de aire, alejándose de la normal y pudiendo producir su reflexión total, en cuyo caso se produce el espejismo, por el que el objeto en cuestión aparece en un sitio que no es el suyo. Puede explicarse, por tanto, como un fenómeno de reflexión de la luz, similar al que se produce cuando se introduce parcialmente un objeto en el agua. En tal caso, parece que el objeto se ha doblado, y es que la luz se comporta de forma diferente según el medio que atraviesa.

13. ¿Por qué las ruedas parecen girar al revés en las películas?

Se trata de una ilusión óptica. Así, por ejemplo, cuando el conductor de una diligencia se lanza a la carrera, la cámara está filmándolo todo, y cuando enfoca a las ruedas parece como si éstas girasen en sentido contrario al debido. Este efecto lo producen los ejes de las ruedas. La cámara registra el movimiento imagen por imagen, exactamente 24 imágenes por segundo. El ojo humano, sin embargo, lo percibe como si se tratase de una escena continua, mientras que los fotogramas muestran la posición de los ejes sólo cada 1/24 segundos. Lo que ocurre el tiempo que resta no se filma. Si al moverse la rueda, el radio número uno pasa, a una velocidad determinada, a la posición número dos, y sucesivamente, el dos al tres, etc. dará la impresión de que la rueda permanece inmóvil. Si en la imagen precedente el eje número uno ha traspasado la posición del número dos, o si se mueve muy despacio, parecerá que la rueda gira hacia delante. Pero si, por el contrario, el radio número uno no alcanza la posición del dos, el ojo y el cerebro humano registrarán un retroceso de este eje y de todos los demás; por tanto, dará la sensación de que la rueda da vueltas hacia atrás, a pesar de que realmente lo que se ha producido es un adelantamiento.

14. ¿Por qué la sangre es de color rojo?

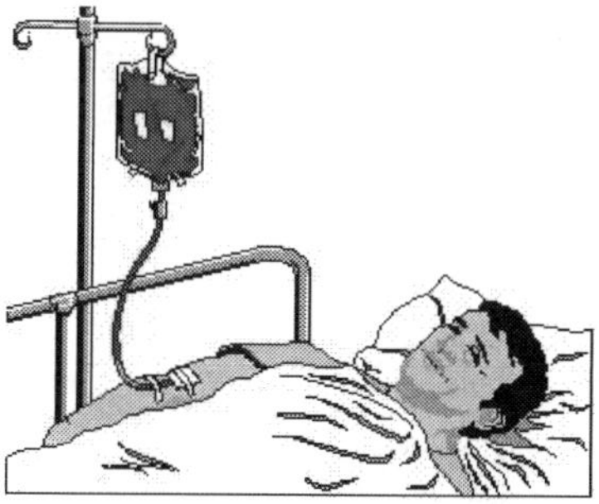

Porque sus moléculas absorben todas las radiaciones de la luz solar menos precisamente las rojas, que son reflejadas.

15. ¿Por qué la nieve es blanca?

Los amantes de los deportes de nieve disfrutan esquiando, pero quizá nunca se hayan preguntado ¿por qué la nieve es blanca? Aquí le daremos respuesta a dicha pregunta. Recordemos que los 7 colores del arco iris son: rojo, naranja, amarillo, verde, azul, índigo y violeta y que la mezcla de todos da lugar al color blanco. De este modo, la nieve es blanca porque las moléculas del agua que la forman reflejan todas las longitudes de onda de la luz solar que incide sobre ella. Esto lo podríamos comprobar experimentalmente dibujando los 7 colores del arco iris en un círculo dividido en 7 sectores circulares de unos 51°. Si hacemos girar el círculo colocándolo, por ejemplo, sobre el eje de un taladro, lo veremos de color blanco, al mezclarse los 7 colores.

16. ¿El negro es realmente un color?

No. El negro es la ausencia de color, ya que este color se produce cuando un cuerpo absorbe todas las radiaciones que inciden sobre él y no refleja ninguna; por eso, nuestros ojos no perciben color alguno.

17. ¿Por qué los árboles son verdes?

Porque las hojas de los mismos absorben todas las radiaciones de la luz solar menos precisamente las verdes, que son reflejadas. Las plantas absorben la luz roja y azul, preferentemente, reflejan la luz verde. Por eso nuestros ojos los ven verdes.

18. ¿Por qué no existe crepúsculo del atardecer y del amanecer en la Luna?

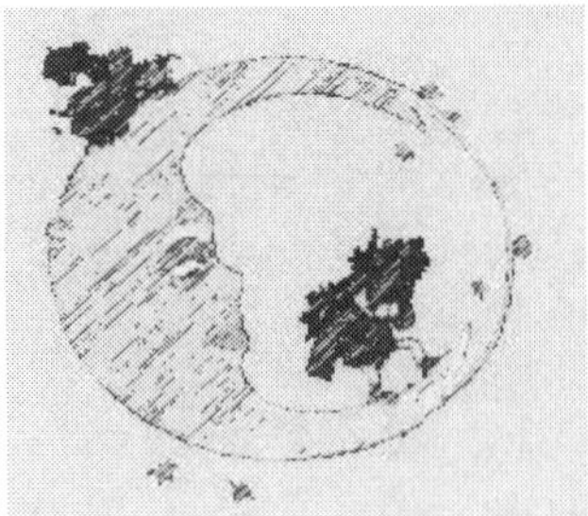

Porque en la Luna no hay atmósfera y cuando se pone el Sol lo hace inmediatamente, pasando del día a la noche en un instante, igual que de la noche al día. La atmósfera terrestre permite que la luz se difunda en ella, presentando reflexiones y refracciones que provocan una cierta luminosidad, dando lugar a los crepúsculos del amanecer y del atardecer.

19. ¿Por qué los animales herbívoros tienen los ojos dispuestos para una visión lateral (están en los laterales de la cara) y los carnívoros los tienen dispuestos para una visión frontal (en la misma cara)?

Este hecho no es fruto de la casualidad sino de la evolución propia de las especies para que no desaparezcan de nuestro planeta. Los herbívoros, por su condición de presa, deben tener un rango de visión más amplio para poder abarcar el mayor ángulo de control de los depredadores que pretenden cazarlos. Al tener los ojos dispuestos lateralmente controlan casi 360° de visión y son capaces de ver a cualquier depredador presto a devorarle y así defenderse adecuadamente de sus ataques. Por el contrario, los carnívoros tienen los ojos situados en la parte frontal de la cabeza para tener una buena agudeza visual, ya que sólo necesitan una focalización mejor que les permita calcular sin errores las distancias.

CURIOSIDADES SOBRE ÓPTICA

¿HASTA QUÉ DISTANCIA SE VE LA TIERRA DESDE UN SITIO LLANO?

Cuando estamos de pie en un sitio llano vemos la Tierra hasta un límite llamado "línea del horizonte". Este límite es debido a la convexidad de la Tierra. La distancia a la que ve la Tierra una persona de estatura media, que esté de pie, en un sitio llano, es de unos 5 km. Un jinete puede ver en un llano hasta 6 km de distancia. Un marinero subido a un mástil a 20 m de altura, ve el mar hasta 16 km alrededor de él. Desde lo alto de un faro que se eleve sobre el agua a 60 m, se verá el mar hasta casi 30 km de distancia. Desde un avión situado a 1 km de altura se abre una perspectiva de casi 120 km. Desde 10 Km de altura se puede ver hasta 380 km.

EL COLOR DEL COCHE Y LA FORMA DE CONDUCIR

La elección de cada color pone de manifiesto nuestra personalidad. Así, por ejemplo, la elección del color del coche transmite un estilo de conducir. El rojo es el color rey de la velocidad, ya que simboliza la fuerza vital, la belleza, la fuerza impulsiva, y el poder de fascinación. Es el tono de las personas impulsivas, triunfadoras y activas. Los conductores de estos vehículos circulan de forma nerviosa, acelerando y frenando constantemente, a velocidad excesiva, adelantando con riesgo, etc. El color negro es también un color de coche elegido por personas amantes de la velocidad y del riesgo; también suele ser el color de personas elegantes y presuntuosas, que les gusta aparentar. No en vano, los fabricantes de modelos de coches deportivos los realizan, sobre todo, en tres tonos: rojo, negro y blanco. El blanco es un color tradicional. Los colores más fríos (marrón, gris, verde, pardo o azul) simbolizan un poder sedante y estimulador. Los propietarios de coches con estos colores conducen de forma sosegada y tranquila, creando pocas situaciones de peligro y respetando las normas de circulación. Estas conclusiones no son una verdad absoluta, pero sí es cierto que se cumple de forma mayoritaria.

INFLUENCIA DEL COLOR EN NUESTRO ESTADO DE ÁNIMO Y EN NUESTRA VIDA COTIDIANA

La longitud de onda de cada color produce diferente sensación en los seres humanos de la que no somos conscientes. Por eso la gente que trabaja en agencias de marketing y publicidad, los asesores de imagen de empresa, los diseñadores industriales y de moda, etc., son bien conscientes de ello y utilizan los colores para asociarlos al tipo de producto que nos quieren vender. Cada color provoca una reacción especial en el cerebro. El rojo y amarillo son usados en la mayoría de las etiquetas de los artículos comerciales por el efecto que producen en las personas. A continuación se describen los efectos principales que producen algunos colores:

- El **blanco** significa: seguridad, pureza, inocencia, optimismo y limpieza.
- El **amarillo** significa: alegría, precaución, y calor.
- El **naranja** significa: entusiasmo, felicidad, creatividad, éxito, y energía.
- El **rojo** significa: Peligro, fortaleza, pasión, amor, energía, y agresividad.
- El **azul** significa: lealtad, confianza, armonía, sinceridad, y la verdad.
- El **verde** significa: equilibrio, fertilidad, seguridad, y crecimiento.
- El **negro** significa: poder, elegancia, muerte, misterio, formalidad
- El **rosa** significa: Tranquilidad, somnolencia

Las estaciones de metro suelen estar muy coloreadas para hacernos olvidar que estamos en un subterráneo. Los colores verde y ocre de los quirófanos amortiguan el sentimiento de desconsuelo del enfermo e impiden que el cirujano se deslumbre. Estos mismos colores, verde y ocre, se emplean en los centros de enseñanza, para reforzar la atención y concentración de los alumnos. Una persona en una habitación pintada de color rojo experimenta un aumento de pulsaciones y de ritmo respiratorio; pero si la habitación es azul, los músculos se relajan, la presión sanguínea aumenta ligeramente, y la persona se tranquiliza. El puente Golden Gate, de San Francisco, es rojo para alarmar y desistir a los posibles suicidas. El color amarillo produce serenidad y comunicación, por eso se emplea en los servicios de correos de muchos países. En las discotecas el uso de luces rojas se emplea cuando se pone una música movida, para provocar euforia en el público. Los envases de cremas solares son de color amarillo o marrón porque recuerda a una piel morenita.

El color verde de los quirófanos amortigua el sentimiento de desconsuelo del enfermo e impide que el cirujano se deslumbre.

¿SON LOS COCHES BLANCOS LOS QUE MEJOR SE VEN EN CARRETERA?

Un estudio realizado por MAFRE, concluye que el color de un vehículo, junto con la luz y el paisaje, son los tres factores determinantes que permiten ver al coche de forma más o menos visible al ojo humano. Los resultados de la investigación apuntan a que el color del vehículo posee una influencia objetiva en la siniestralidad. A más visibilidad, menor siniestralidad, y viceversa. Así, por ejemplo, se desmitifica la idea de que el blanco sea el color que más se ve, puesto que en conducción diurna presenta un contraste entre el coche y el paisaje de grado medio, mientras que amarillos y rojos tienen excelentes condiciones de visibilidad.

En otro estudio neozelandés, publicado en 2003 en la revista British Medical Journal, se indica que los coches con menor siniestralidad son los de color gris metalizado, seguidos de los blancos, amarillos, grises, rojos y azules. Por el contrario, los implicados en un mayor número de siniestros graves son los de color oscuro, en particular, negros, marrones y verdes. Lo mismo sucede con las motos, ya que las motos que incluyen tonos reflectantes o fluorescentes y los conductores llevan casco blanco reducen hasta un 37 % el riesgo de sufrir un percance de tráfico.

EL COLOR DE LAS HABITACIONES DE UNA CASA

En los cuartos de baño dominan los blancos porque incrementan la seguridad y la integridad. En los despachos los colores azules favorecerán la reflexión y la meditación. En la cocina, el color amarillo o los tonos marrones fomentarán la alegría, claridad y calidez. En el dormitorio, el color verde aportará equilibrio, armonía y un ambiente sereno. Por último, en el comedor, un tono rojizo convertirá este lugar en el más acogedor de la vivienda.

En el dormitorio, el color verde aportará equilibrio, armonía y un ambiente sereno

CONSEJO ECOLÓGICO: LAS ETIQUETAS ENERGÉTICAS

La Comisión Europea implantó este sistema de Etiquetas Energéticas en 1992, con el fin de mejorar y aumentar la información dirigida a los consumidores en cuanto a eficiencia energética de los electrodomésticos.

Las etiquetas energéticas nos informan de la eficiencia energética de los electrodomésticos y coches, situándolos dentro de una clase según su consumo, lo que representa una buena idea para evitar el despilfarro de energía, al consumir menos energía, y, por tanto, disminuir su contaminación, obteniendo los consumidores un beneficio económico, al gastar menos energía.

Se aplican a lavadoras, secadoras, lavavajillas, calentadores de agua, congeladores, frigoríficos, hornos, iluminación y sistemas de aire acondicionado, y a los coches. **Todos estos aparatos llevan el llamado "índice de eficiencia energética". Según este índice se clasifican en 7 clases energéticas, que van desde la letra "A" a la letra "G", siendo los primeros los de menor índice (es decir, los que menos consumen) y los últimos los de mayor índice (es decir, los que más consumen).**

A pesar de que los aparatos más eficientes (etiqueta "A") suelen ser más caros, éstos se amortizan antes de la finalización de su vida útil, por lo que el ahorro es mayor.

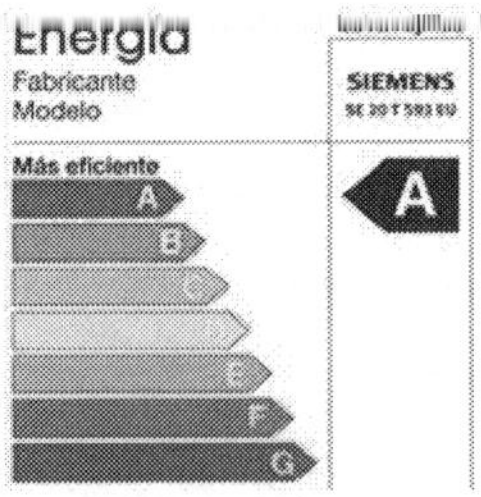

Para mayor información podéis visitar la página Web del Instituto para la Diversificación y Ahorro de la Energía I.D.A.E., cuya dirección es http://www.idae.es. No hay que confundir la etiqueta energética con la **ecoetiqueta europea**, que se otorga a los aparatos que cuidan el medio ambiente (pocos residuos, consumo de agua, etc.).

ELECTRICIDAD

ELECTRICIDAD

CURIOSIDADES Y PREGUNTAS	
¿Por qué las antiguas bombillitas de los belenes, que se montan en Navidad, dejan de funcionar cuando se funde una de ellas?	¿Para qué sirven la tira de material encauchado que cuelga de los coches o las cadenas que llevan colgando los camiones?
¿Cuál es la descarga máxima que soporta una persona?	¿Es cierto que las plantas generan electricidad?
¿Por qué se recomienda en las tormentas no usar el teléfono, grifos o electrodomésticos?	¿Por qué al arrancar un automóvil por la noche, disminuye la intensidad de la luz de los faros?
Al bajar del coche y tocar la carrocería se experimenta un pequeño calambre, ¿a qué se debe?	¿Por qué las empresas de telefonía recomiendan, en sus manuales de instrucciones, no limpiar el teléfono con un paño seco?
¿Qué sucede al conectar o desconectar el televisor y pasar la mano por la pantalla?	¿Qué ocurre tras frotar una regla de plástico y acercarla a unos trocitos de papel?
¿Por qué el plástico transparente para envolver alimentos se adhiere tan bien?	Si acercas la regla de plástico frotada a un chorrito de agua, que cae del grifo, ¿qué sucede?
¿Por qué está electrizado el aire de la atmósfera?	¿Dónde se hallan los iones negativos o iones buenos para la salud?
¿Por qué la intensidad que circula por los filamentos de volframio es pequeña?	¿Cuáles son las causas que alteran el equilibrio eléctrico terrestre?
¿Por qué en las ciudades hay exceso de iones positivos?	¿Qué trastornos provocan en las personas los iones positivos?
¿Por qué se recomienda en las tormentas colocarse dentro de la casa lejos de la chimenea?	¿Por qué se recomienda en las tormentas no estar de pie debajo de un árbol alto?
¿Por qué se recomienda en las tormentas no montar en bicicleta?	¿Por qué se recomienda en las tormentas no encontrarse en el agua?
¿Qué efectos positivos poseen las nubes?	¿Cómo pudo haberse formado la vida en la Tierra?
¿Cuál es el fundamento del pararrayos?	¿Cuál es la zona aproximada de protección de un pararrayos?

CURIOSIDADES Y PREGUNTAS	
¿Para qué llevan los filamentos de volframio forma de espiral?	¿Por qué se emplea el volframio en los filamentos de las lámparas?
¿Por qué acaba fundiéndose una bombilla incandescente?	¿Qué soluciones se arbitran para evitar la combustión del filamento de volframio?
Si en las bombillas incandescentes el voltaje es constante y la intensidad de corriente es pequeña, ¿cómo será la resistencia de las bombillas?	¿Por qué cuando los helicópteros se disponen a realizar una misión rescate en el mar, dejan caer un cable metálico hasta tocar el agua, antes de dejar caer la escalerilla?
El rendimiento de una lámpara es bajo, ¿en qué se invierte la energía perdida?	¿Por qué puede arder el filamento de una lámpara incandescente si no se aísla del exterior?
¿Por qué notamos un cosquilleo al tocar el televisor?	¿Qué misión tienen los fusibles en una instalación eléctrica?
¿Por qué los tejidos de nylon chasquean al rozar la cabeza, en tiempo muy seco?	¿Por qué se produce un aumento de intensidad al tocar un hilo de un circuito un destornillador?
Los fusibles comerciales suelen ser de delgados hilos de plomo, ¿por qué razón se emplea el plomo y no el cobre, que es mejor conductor?	Al abrir un circuito eléctrico, la intensidad de corriente que circula por el mismo es muy grande, pero después ésta disminuye, ¿por qué?
¿Por qué los antiguos tejedores escogían lugares húmedos para montar sus instalaciones?	¿Por qué los camiones que transportan combustible arrastran una cadena por el suelo?
¿Por qué los pájaros no se electrocutan al posarse en los cables eléctricos?	¿Por qué cuando una cisterna carga combustible se conecta la toma de tierra al vehículo?
¿Por qué los discos de música, de vinilo, atraen el polvo?	¿Sabías que un reloj digital puede funcionar con una patata?
¿Por qué después de peinarse, un día seco, arrimamos el peine a unos pedacitos de papel y los atrae?	¿Por qué los tendidos eléctricos aéreos de alta tensión llevan un alambre de acero recubierto de alambres de aluminio?
¿Qué es el fuego de San Telmo?	¿Cómo funciona el microondas de la cocina?

ELECTRICIDAD

PREGUNTAS Y RESPUESTAS

1. ¿Por qué el plástico transparente para envolver alimentos se adhiere tan bien?

   El plástico se pega tanto a las manos como al borde de ollas y platos debido a la atracción entre cargas eléctricas. De hecho, cuando éste se fabrica queda cargado negativamente. Cuando después se acerca a otros cuerpos, atrae sus cargas positivas y se adhiere. Como el plástico es aislante, este efecto dura largo tiempo y pierde lentamente su propia carga, si el ambiente no es muy húmedo. Basta mojarlo y la propiedad mágica desaparece.

2. ¿Qué es el fuego de San Telmo?

   Nuestro planeta está rodeado por un vasto campo eléctrico que es el responsable de toda una serie de fenómenos luminosos de mayor o menor intensidad. Uno de ellos es el llamado fuego de San Telmo. Se trata de una descarga eléctrica visible a veces en el mástil de un barco, en las torres metálicas o en las partes salientes de los aviones, originada por la concentración del campo eléctrico atmosférico en dichas zonas y favorecido por la presencia de nubes.

3. ¿Por qué las empresas de telefonía recomiendan, en sus manuales de instrucciones, no limpiar el teléfono con un paño seco?

   Porque se electriza el plástico y atrae las partículas de polvo con mayor facilidad, por lo que se debe emplear un paño húmedo.

4. ¿Cuál es la descarga máxima que puede soportar una persona?

Dependerá del voltaje y de la resistencia eléctrica de nuestro cuerpo. Si contactamos con una fuente de 220 V, pero llevamos un calzado aislante (de goma) y las manos están secas, la resistencia eléctrica de nuestro cuerpo será de unos 10.000 Ω, y fluirá a través de nuestro cuerpo una intensidad de corriente de 0,022 A, que aunque no es letal se hace notar, por ser molesta y difícil de soportar. Si por el contrario tocamos el cable con las manos mojadas y nuestro calzado no lleva un buen aislante, la resistencia eléctrica de nuestro cuerpo se reduce a 1.000 Ω, aproximadamente, lo que supone que fluyan unos 0,22 A, suficiente para matar a una persona, por fibrilación ventricular, parálisis respiratoria y un inevitable paro cardiaco.

5. ¿Para qué sirven las tiras de material encauchado que cuelgan de los coches o las cadenas que llevan colgando los camiones?

Para eliminar la electricidad estática que se acumula en la carrocería del vehículo, debido al frotamiento con el aire. La electricidad estática se descarga a tierra al parar el vehículo y tocar el suelo la cadena, por ser buena conductora de la electricidad.

6. ¿Por qué notamos un cosquilleo al tocar el televisor?

El bombardeo de electrones en la parte interior de la pantalla produce una carga negativa en el tubo de rayos catódicos de nuestro televisor. En la parte exterior del cristal aislante se forma una carga positiva. La tensión puede subir hasta varios miles de voltios. Al tocar la pantalla, la carga toca tierra a través de nuestro cuerpo, pero no resulta peligrosa ya que tiene una intensidad muy pequeña. Al acercar la mano al cristal, los electrones saltan y se producen pequeñas chispas, visibles y audibles, al tiempo que sentimos un cosquilleo en la piel. También podemos observar cómo se eriza el vello del dorso de la mano, porque los pelos son atraídos por la carga eléctrica de la pantalla.

7. ¿Por qué al ponerse en marcha un automóvil por la noche, disminuye la intensidad de la luz de los faros?

Porque casi toda la corriente disponible de la batería es utilizada para hacer girar el pesado motor, lo que reduce la intensidad de corriente que circula por los faros y, consecuentemente, se debilita la luz que irradian. Una vez arrancado el motor, la luz de los faros vuelve a ser igual de intensa, ya que no solo que la batería no se descarga, sino que por el contrario se carga.

8. A veces, al bajar de un coche y tocar la carrocería, se experimenta un pequeño calambre, ¿a qué se debe? ¿Pasaría lo mismo un día de lluvia?

   El frotamiento de la carrocería con el aire seco, produce una electrización, y como está aislada del suelo por los neumáticos de goma, si al bajarse se toca la carrocería, ésta se descarga a través del cuerpo. Un día lluvioso no ocurriría, ya que el agua impide que los cuerpos se electricen por frotamiento, descargándose a través de los neumáticos mojados, que contienen impurezas que conducen la corriente.

9. ¿Qué ocurre tras frotar una regla de plástico y acercarla a unos trocitos de papel?

   Que los atrae. Al fenómeno ocurrido se le llama electrización por frotamiento.

10. Si acercas la regla de plástico frotada a un fino chorrito de agua, que cae del grifo, ¿qué sucede?

    Que desvía la caída vertical, porque es atraído por la regla electrizada.

11. ¿Por qué después de peinar nuestro cabello, un día muy seco, arrimamos el peine a unos papelitos y observamos que los atrae?

    Porque el peine se ha electrizado por frotamiento y atrae a cuerpos livianos.

12. ¿Es cierto que las plantas generan electricidad?

    Hasta hace poco los botánicos pensaban que los vegetales no usaban los impulsos eléctricos, quedando reservado esa habilidad para el sistema nervioso animal, pero recientemente han descubierto que cuando una zona de la planta sufre un daño, por ejemplo, la agresión de un parásito, se produce un intercambio de señales eléctricas que ponen en alerta al resto del vegetal. Este mecanismo se produce ante cualquier agresión que sufre la planta.

13. ¿Por qué está electrizado el aire de la atmósfera?

Como consecuencia del frotamiento de la atmósfera con la Tierra.

14. ¿Cuáles son las causas que alteran el equilibrio eléctrico terrestre?

Las tormentas, la contaminación, los vientos y los objetos sintéticos.

15. ¿Por qué en las ciudades hay exceso de iones positivos?

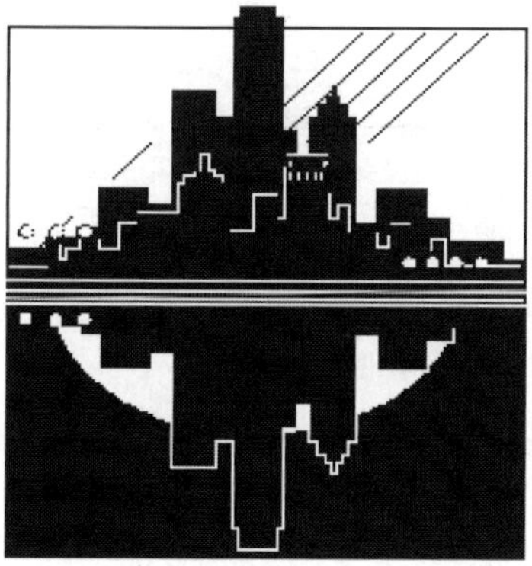

Debido al frotamiento del aire con los objetos sintéticos y a la contaminación.

16. ¿Qué trastornos provocan en las personas los iones positivos?

Dolores de cabeza, irritabilidad, angustia y problemas respiratorios.

17. ¿Dónde se hallan los iones negativos o iones buenos para la salud?

En el campo, montaña, playa, etc. Es decir, en todos aquellos lugares donde la naturaleza apenas ha sido alterada.

18. ¿Por qué se recomienda en las tormentas no montar en bicicleta?

Porque las partes metálicas de la misma pueden atraer el rayo.

19. ¿Por qué se aconseja en las tormentas no encontrarse en el agua?

Porque si cae el rayo al agua, ésta conduce la corriente y quedaría electrocutado.

20. ¿Por qué se sugiere en las tormentas no estar de pie debajo de un árbol alto?

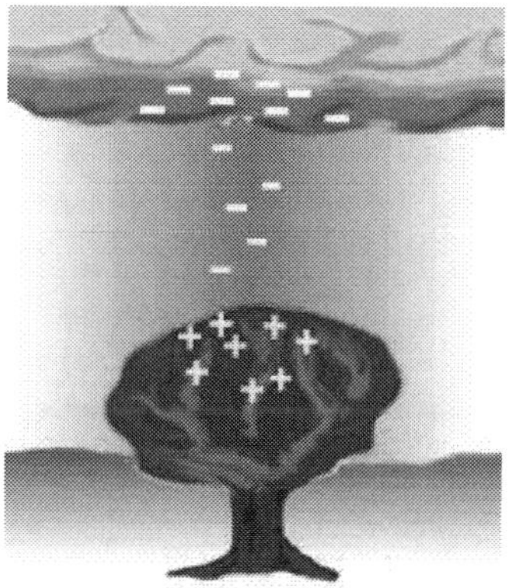

Porque al ser el árbol el objeto más alto, hay más probabilidad de que caiga el rayo en él.

21. ¿Por qué se recomienda en las tormentas colocarse dentro de la casa lejos de la chimenea?

La chimenea es el lugar más alto y, por tanto, hay más posibilidad de que caiga el rayo en ella.

22. ¿Por qué se aconseja en las tormentas no usar el teléfono, grifos o electrodomésticos?

Porque si el rayo cae sobre el tendido telefónico, eléctrico o tuberías de agua, nos electrocutaría.

23. ¿Qué efectos positivos aporta la formación de nubes?

Aportar fertilizantes (nitratos) a la Tierra, al formarse éstos durante la tormenta y conservar el equilibrio eléctrico de la Tierra.

24. ¿Cómo pudo haberse formado la vida en la Tierra?

Al provocarse descargas eléctricas en la atmósfera existente, se producen aminoácidos, pilar básico de todas las formas de vida terrestre.

25. ¿Cuál es el fundamento del pararrayos?

Las varillas metálicas acabadas en punta, en la parte más alta de los edificios, unidas con cables gruesos a tierra, atraen a los rayos.

26. ¿Por qué las antiguas bombillitas de los belenes, que se montan en Navidad, dejaban de funcionar cuando se fundía una de ellas?

Porque estaban montadas en serie y al fundirse una de ellas, no se podían encender las demás, debido a que no circulaba la corriente eléctrica. Por eso, en las ciudades el alumbrado de las calles se monta en paralelo, para que si una de las lámparas se funde, el resto pueda seguir funcionando. En la actualidad, las bombillitas de los belenes llevan un dispositivo que permite que las demás funcionen aunque una de ellas se funda.

27. ¿Cuál es la zona aproximada de protección de un pararrayos?

Un cono de base un círculo de radio igual a la altura del pararrayos y vértice la punta del pararrayos.

28. ¿Por qué se emplea el volframio en los filamentos de las lámparas?

Porque es el conductor eléctrico de mayor punto de fusión, 3.410 °C (el carbono tienen un punto de fusión superior: 3.727 °C, pero no es adecuado para filamentos).

29. Al abrir un circuito eléctrico, la intensidad de corriente que circula por el mismo es muy grande, pero después ésta disminuye, ¿por qué?

Como la resistencia, inicialmente, está fría y se tiene que cumplir la Ley de Ohm, al ser el voltaje constante, la intensidad será grande. Una vez encendida, la resistencia aumenta, por el calor, y la intensidad disminuye para que el voltaje siga siendo constante.

30. ¿Qué soluciones se arbitran para evitar la combustión del filamento de volframio?

Hacerle el vacío o llenarla de gas inerte a baja presión.

31. ¿Por qué la intensidad que circula por los filamentos de volframio es pequeña?

Porque al ser intensidad el factor que más influye en el calor desprendido por la lámpara, si la intensidad es grande la cantidad de calor también lo será y puede fundir el filamento. El factor que más influye en el calor desprendido por una resistencia es la intensidad, ya que el calor desprendido depende de la intensidad al cuadrado [Ley de Joule: Q (calor) = I^2 (intensidad).R (resistencia).t (tiempo)].

32. ¿Por qué puede arder el filamento de una lámpara incandescente si no se aísla del exterior?

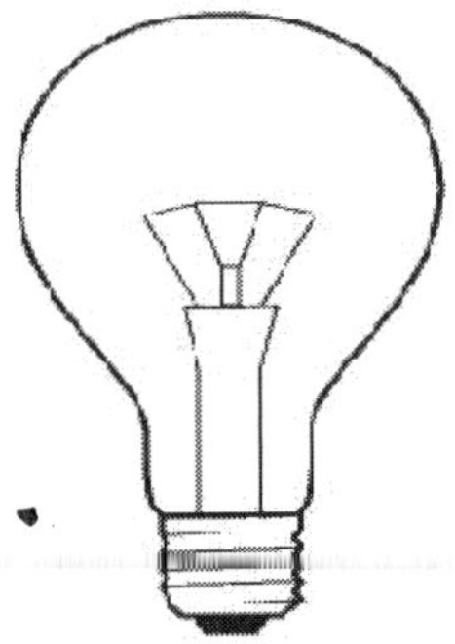

Porque el volframio del filamento reacciona con el oxígeno del aire y arde igual que cualquier sustancia.

33. Si en las bombillas incandescentes el voltaje es constante y la intensidad de corriente es pequeña, ¿cómo será su resistencia eléctrica?

Las resistencias de las lámparas incandescentes son grandes, ya que según la Ley de Ohm, como V (voltaje) = R (resistencia). I (intensidad), al ser "V" constante, si la intensidad disminuye, pues la "R" tiene que aumentar, y por, tanto, si "I" es muy pequeña, entonces "R" será muy grande.

34. ¿Para qué llevan los filamentos de volframio forma de espiral?

Para contrarrestar las corrientes de convección, que origina el gas inerte, que reducen la temperatura del filamento y la intensidad luminosa.

35. ¿Por qué acaba fundiéndose una bombilla incandescente?

Porque poco a poco el volframio se va evaporando y quedando en el cristal y al ser el hilo cada vez más fino, llega un momento en el que el calor es suficiente para fundirlo.

36. El rendimiento de una lámpara incandescente es bajo, ¿en qué se invierte la energía perdida?

La energía disipada se emplea en aumentar la temperatura del medio ambiente. El rendimiento de una lámpara incandescente es de un 5 %, que aprovecha para iluminar, el 95 % de disipa en forma de calor. Sin embargo, en las lámparas de bajo consumo su rendimiento energético es del 50 %. Por eso, la sustitución de las bombillas incandescentes por lámparas de bajo consumo es una excelente medida de ahorro y eficiencia energética en el hogar y en la industria, ya que se puede ahorrar hasta un 80 % de energía y duran 8 veces más.

37. ¿Qué misión tienen los fusibles en una instalación eléctrica?

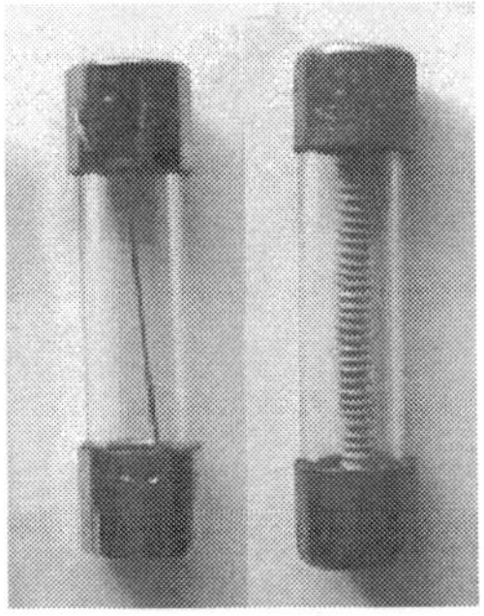

Evitar incendios, ya que cuando hay un cortocircuito (por ejemplo, al ponerse contacto dos cables) se produce un aumento de calor por los hilos conductores del circuito y al existir el fusible, éste se funde antes que el resto del circuito, interrumpiendo el paso de la corriente en el circuito y evitando el incendio.

38. Los fusibles comerciales suelen ser de delgados hilos de plomo, ¿por qué razón se emplea el plomo y no el cobre, que es mejor conductor?

Porque el plomo funde a una temperatura (327,4°C), muy inferior a la del cobre (1083°C), necesitando poco calor para alcanzar su fusión.

39. Los fusibles comerciales van graduados por amperaje y permiten pasar una corriente eléctrica máxima igual a la cantidad de amperios indicados. ¿Cómo explicarías que se produzca un aumento de intensidad al tocar un hilo de un circuito un conductor grueso, como un destornillador?

Al ser un conductor grueso su resistencia será muy pequeña y la intensidad (Ley de Ohm: $V = I.R$) muy grande, por lo que se produce un aumento de intensidad (I) y, por tanto, de calor (q) por los hilos conductores del circuito ($q = I^2.R.t$).

40. ¿Por qué los antiguos tejedores escogían lugares húmedos para montar sus instalaciones?

Para evitar la acumulación de cargas originadas en los rozamientos de los hilos durante la fabricación del tejido, ya que la humedad favorece la descarga, evitando que se aglutinaran los hilos, por atracción electrostática, dificultando su manejo.

41. ¿Por qué los jerséis chasquean al rozar la cabeza, en tiempo muy seco?

Con el frío todos nos ponernos prendas de abrigo. Pero seguro que en alguna ocasión, alguno de los lectores habrá experimentado que al quitarse un suéter ha escuchado unos pequeños ruiditos, como chasquidos. La razón de este fenómeno es que con las calefacciones los ambientes se vuelven muy secos y en estas condiciones los jerséis, que son cuerpos aislantes eléctricamente, se electrizan con facilidad con el rozamiento al pasar por la cabeza y rozar el pelo, dando lugar a una acumulación de cargas que son la causa de pequeñas descargas eléctricas, inofensivas, que se escuchan, al pasar las prendas de vestir por la cabeza.

42. ¿Por qué los discos de música, de vinilo, atraen el polvo?

Porque están fabricados con un material que al ser frotado con la aguja del giradiscos se carga positivamente y atrae fácilmente el polvo del ambiente, cargado negativamente.

43. ¿Por qué los camiones que transportan combustible arrastran una cadena por el suelo?

Para descargar las cargas (electricidad estática) que se producen por electrización del camión con el rozamiento con el aire, evitando así una acumulación excesiva de cargas, que produzca una descarga en chispa que pueda inflamar el combustible.

44. ¿Por qué cuando una cisterna carga combustible se conecta la toma de tierra al vehículo?

Para evitar que cualquier carga acumulada en la cisterna pueda pasar a otro cuerpo y provocar la descarga eléctrica una explosión.

45. ¿Por qué cuando los helicópteros van a realizar una misión rescate en el mar, dejan caer un cable metálico hasta tocar el agua, antes de dejar caer la escalerilla?

Para descargar la carga electrostática acumulada por el roce de las hélices con el aire y evitar las consecuencias graves que originaría.

46. ¿Por qué los pájaros no se electrocutan al posarse en los cables eléctricos?

Porque la diferencia de potencial entre sus patas es despreciable, por lo que sólo una inocua fracción de corriente pasa desde el cable al cuerpo del ave, de acuerdo con la Ley de Ohm (V = R. I). Pero si el pájaro tocase un cable con cada pata, se electrocutaría al instante, ya que la diferencia de potencial sería muy elevada.

47. ¿Por qué los tendidos eléctricos aéreos de alta tensión llevan un alambre de acero recubierto de alambres de aluminio?

El hilo de acero se emplea solamente para que sea capaz de soportar las tensiones a que se le somete en los tendidos aéreos. Pero como el acero no tiene muy buena conductividad eléctrica, se colocan alambres de aluminio trenzados a su alrededor, porque tiene una conductividad eléctrica mucho mayor que el acero.

48. ¿Cómo funciona un microondas?

Las microondas son unas radiaciones electromagnéticas que vibran con una frecuencia intermedia entre las ondas de radio y la de los rayos infrarrojos. Se emplean para las comunicaciones y para los hornos. Cuando las microondas producidas en el horno alcanzan un alimento obligan a las moléculas del mismo a vibrar al mismo ritmo. El roce molecular produce una elevación de la temperatura en su interior. Para ello, las moléculas tienen que ser dipolos (dos cargas iguales, de signo contrario, separadas una pequeñísima distancia), como el azúcar, el agua, etc. Por eso los platos no se calientan, pero los alimentos sí, por contener agua. Lo que hace girar los dipolos del agua es un campo eléctrico.

49. ¿A qué velocidad se mueve la electricidad?

La electricidad se mueve a la velocidad de la luz, es decir a 300.000 km/s, aunque los electrones de los hilos conductores por los que se mueve la misma se desplazan a una velocidad muy inferior, cuyo valor es de 1 m/h. Para entender esto mejor lo vamos a explicar con una analogía mecánica. Supongamos una gran cadena, en cuanto se mueva su movimiento se trasmitirá íntegramente a la misma, aunque la velocidad con que se mueva sea pequeña, pero la velocidad de transmisión es muy grande.

Como medida cautelar se recomienda alejarse de las líneas de alta tensión y de las antenas de telefonía móvil, al menos a 600 m, dados los efectos perjudiciales que pueden producir en la salud.

CURIOSIDADES SOBRE ELECTRICIDAD

- Las modernas lentes de contacto blandas están fabricadas con unos compuestos químicos cuyas moléculas atraen eléctricamente a las proteínas de las lágrimas del ojo.

- Los tiburones son sensibles a pequeñísimas variaciones de campo eléctrico producidos por las cargas de cualquier cuerpo que se le acerque como un pez. Esto les permite detectar presas que se hayan escondido en el mar, ya que esa especial sensibilidad les sirve como sistema de orientación.

- Las llamadas "**jaulas de Faraday**", como un automóvil o un avión, sirven para proteger a sus ocupantes de la caída de cualquier rayo. Por este mismo motivo, si envolvemos una pequeña radio de pilas con papel de aluminio, comprobaremos que deja de escucharse; sin embargo, si se escuchará si se envuelve con papel o cualquier material no metálico. La razón de este fenómeno reside en que la carga de cualquier conductor volumétrico de la forma que sea, que esté hueco, en equilibrio, se distribuye uniformemente en su superficie exterior, con lo cual su campo eléctrico en su interior es nulo, y su cavidad interior queda apantallada de los campos eléctricos externos, por eso también sirve para proteger las señales eléctricas que viajan por cable (cables coaxiales).

Si tapamos una radio con papel de aluminio, dejará de oírse.

IONES BUENOS, IONES MALOS

El aire que existe en la atmósfera terrestre está electrizado, debido al frotamiento con la Tierra. Ese aire cargado eléctricamente tiene repercusiones en el comportamiento humano.

El aire es una mezcla de varias moléculas: nitrógeno, oxígeno, dióxido de carbono, agua, gases nobles, dióxido de azufre, amoníaco, metano, hidrógeno y óxidos de nitrógeno. Estas moléculas se ionizan al frotarse con los objetos de su entorno y según las características químicas de los mismos, dan lugar a iones positivos o negativos (recordemos, que ion es un átomo o grupo de átomos cargados eléctricamente, al perder o ganar electrones). Si pierden electrones dan lugar a los iones positivos o cationes y al ganar electrones dan lugar a los iones negativos o aniones).

En el aire libre de contaminación existe un equilibrio entre los cationes y los aniones. Este equilibrio natural se altera con las tormentas, con la contaminación, con los vientos y con los objetos sintéticos. En las ciudades, debido a la existencia de agentes contaminantes, fibras artificiales, el aire acondicionado, la calefacción, las radiaciones emitidas por pantallas de televisión y ordenadores, etc., se produce un exceso de cationes o iones positivos. Científicamente se ha comprobado que este desequilibrio eléctrico del ambiente, provoca en las personas infinidad de trastornos. Así, el exceso de cargas positivas es responsable de muchos dolores de cabeza, irritabilidad, angustia y problemas respiratorios; por el contrario, los iones negativos, que se encuentran fuera de las ciudades: campo, montaña, playa, etc., son muy beneficiosos para el organismo humano.

La radiactividad natural también produce iones positivos sobre la superficie terrestre. Las tormentas generan iones positivos, mientras que la lluvia produce iones negativos. Por eso los días antes de que se produzca las tormentas tenemos sensación de pesadez, malestar general y todo lo contrario sucede cuando se produce la lluvia. Asimismo, cuando la Luna se encuentra en fase llena (se producen más partos, germinan las semillas, aumentan los hechos delictivos, etc.) se produce una variación de la concentración de iones. También los vientos que proceden de las zonas secas y cálidas transportan iones positivos; así, el siroco provoca dolores de cabeza, irritabilidad, angustia, etc.

Los iones producidos en la atmósfera son captados a través de las vías respiratorias y de la piel y comienzan a influir en todas nuestras funciones. Está científicamente comprobado que la abundancia de iones positivos aumenta la producción de serotonina, un neurotransmisor muy influyente en el sistema nervioso. Esta elevada concentración de serotonina en la sangre origina hiperactividad y es responsable del agotamiento, los estados de ansiedad y la depresión, originados por los iones positivos. Por el contrario, los iones negativos favorecen, la producción de reserpina, un neurotransmisor tranquilizante, y disminuyen la de serotonina, de ahí su acción tranquilizante sobre el organismo.

Los americanos han creado unos aparatos llamados ionizadores, que producen iones negativos, artificialmente. Estos aparatos son muy populares en los Estados Unidos. En Europa, ya se empiezan a emplear en muchos hogares, coches y despachos. Así, algunas empresas automovilísticas quieren incorporar a los vehículos el ionizador, para crearle al conductor un ambiente más relajado y evitarle el estrés que supone la conducción del vehículo. Colocados en los dormitorios se elimina el insomnio, favorecen la respiración y relajan. En las oficinas, permiten una mayor concentración mental y dinamismo físico, a la vez que reducen la fatiga y el cansancio. En medicina, son eficaces para el tratamiento de la bronquitis, asma bronquial y sinusitis, pues los iones negativos favorecen la circulación del oxígeno a través de la sangre, lo que aumenta la presión alveolar. En algunos hospitales de Suiza y Alemania se emplean para disminuir el dolor en las salas de cuidados intensivos. Ya en la Segunda Guerra Mundial eran utilizados en los submarinos alemanes, para aumentar el optimismo y fomentar la confianza de sus soldados. En las fábricas se colocan para aumentar la productividad.

La electricidad estática ha sido usada por la medicina desde hace más de 2 siglos, para curar el sistema nervioso. Así, por ejemplo, se usaba la piel de gato para los reumáticos, por generar ésta electricidad estática al ser frotada con los dedos. El cuerpo tiene una electricidad estática natural positiva, generada fundamentalmente con el roce de los vestidos, los cuales quedan cargados negativamente.

TORMENTAS, RAYOS Y PARARRAYOS

Desde las épocas más remotas, el ser humano ha especulado sobre el gran poder y fuerza destructiva de los rayos, producidos en las tormentas. El rayo es una descarga eléctrica, que se produce en la atmósfera en zonas cargadas de electricidad estática y que va acompañada de una intensa luz (relámpago) y de un fuerte ruido (trueno).

El rayo empieza a formarse con el proceso de separación entre partículas con carga positiva y partículas con carga negativa que se producen en las nubes. Aún no se conoce exhaustivamente cómo se separan las cargas eléctricas en las nubes. Las nubes de tormenta pueden cargarse fácilmente, originando una diferencia de potencial entre la nube y la tierra de 50 millones de voltios.

En la mayoría de las nubes de tormenta las partículas positivas se acumulan en la parte superior, mientras que las negativas, se sitúan a varios km, se acumulan en la parte inferior. Cuando esta separación crea una diferencia de potencial capaz de superar la resistencia del aire que separa ambas partes, se produce el rayo en el interior de la nube, o entre zonas con carga opuesta de nubes distintas, o entre una nube y la tierra.

El trueno producido es nítido y se debe a la rápida expansión de la columna de aire intensamente calentada por la descarga eléctrica (se alcanzan temperaturas del orden de 20.000 °C), lo que provoca ondas de choque causantes de la fortísima explosión del trueno. El sonido del trueno viaja más despacio que el destello del relámpago. Si se mide el intervalo entre el destello y el trueno, se puede averiguar la distancia del relámpago.

Se estima que cada año ocurren en el mundo unos 16 millones de tormentas con aparato eléctrico y que a cada momento se están produciendo 1.800, que generan unos 600 relámpagos cada segundo. Pese al poder mortífero del rayo, al cabo del año no es elevado el número de víctimas, pero sí el número de incendios forestales que origina.

El rayo tiene efectos beneficiosos. Es causa de que el nitrógeno y el oxígeno del aire se combinen y se disuelvan en gotas de lluvia. Cuando la lluvia cae a tierra y se filtra por el suelo proporciona a los vegetales nitratos, que son fertilizantes de gran valor. El rayo pudo haber sido también una de las causas originales de la vida en este planeta. Los científicos han logrado obtener aminoácidos (estructura básica de las formas de vida existentes en la tierra) provocando una descarga en una mezcla de hidrógeno, metano, amoníaco y agua (similar a la primitiva atmósfera de la Tierra).

Los rayos mantienen el equilibrio eléctrico en la Tierra, ya que los electrones que se fugan a la atmósfera son equilibrados con los que caen a ésta. Son más frecuentes los relámpagos al anochecer que al amanecer, en la tierra, y al contrario en el mar. Se producen más en verano que en invierno. Es muy corriente que un rayo caiga dos veces en el mismo sitio.

El pararrayos fue inventado por Benjamín Franklin (1752) al demostrar que la instalación de varillas metálicas acabadas en punta, en la parte más alta de los edificios, unidos a cables gruesos a tierra, hace que el rayo que caiga en la zona de alcance de la varilla, sea atraído y se descargue a tierra sin causar daños, ya que los rayos que caen de una nube al suelo buscan el punto más alto existente en la zona.

La zona de protección del pararrayos está dentro de un cono imaginario, que tiene por vértice la punta del pararrayos y como base, en el suelo, un círculo de radio igual a la altura del pararrayos. La toma a tierra consta de varias barras de metal clavadas en el suelo.

Normas elementales de seguridad personal en las tormentas:

1. No estés de pie debajo de un árbol alto.
2. Procura no ser lo más elevado del lugar donde te encuentres. Si estás en el agua sal de ella.
3. No lleves ningún objeto metálico. Si tus zapatos llevan clavos, quítatelos. No montes en bicicleta.
4. Si adviertes que el pelo se te pone de punta, puede ser señal de que el rayo está a punto de caer. Agáchate pero no te arrodilles, ni te tiendas en el suelo.
5. Entra en un edificio grande, en una casa o en un automóvil, pero no toques nada metálico en el interior, ni pongas la radio.
6. Dentro de la casa, el mejor sitio es el centro de la habitación mayor, lejos de la chimenea.
7. No uses el teléfono, los grifos o los electrodomésticos.
8. Aléjate de puertas y ventanas, de radiadores y estufas.

CAZADORES DE ALTA TENSIÓN (PECES QUE GENERAN ELECTRICIDAD)

La anguila eléctrica, que habita en los ríos de América del sur, puede producir una descarga de intensidad suficiente para encender más de una docena de bombillas domésticas. Sus baterías producen una descarga de unos 600 voltios con una corriente de cerca de dos amperios, suficiente para mantener a raya a sus enemigos y matar a presas, como peces y ranas. La descarga, que sólo dura fracciones de segundo, es producida por miles de células adheridas a su cola. La batería queda agotada, pero al cabo de una hora vuelve a cargarse, dispuesta de nuevo para el ataque o la defensa. Cuando se desplaza, arroja débiles impulsos eléctricos producidos por pequeñas baterías "pilotos" para detectar presas o enemigos invisibles. Existen otros tipos de peces eléctricos, tales como: el pez gato eléctrico de agua dulce (alcanza 350 voltios) y la raya eléctrica, la cual produce 220 V, para atrapar a sus presas, siendo capaz de producir 50 descargas en 10 minutos.

LA LUZ ELÉCTRICA

La luz eléctrica es la principal aplicación del efecto de Joule. El químico inglés Davy (1778-1829) demostró que se podía producir luz calentando un alambre a alta temperatura mediante la corriente eléctrica que circulaba por él. El mayor inconveniente era que el filamento se consumía gradualmente. La solución fue incluir el filamento en un recipiente de vidrio, del que se había extraído el aire.

Thomas Alva Edison (1847-1931), no fue el primero en inventar una luz incandescente, lo que hizo fue desarrollar una bombilla práctica para ser utilizada en las casas y consiguió un sistema para distribuir la electricidad, que abrió camino para el consumo en gran escala de la Energía Eléctrica, en Estados Unidos. Edison se dio cuenta de que las bombillas debían de conectarse en paralelo y no en serie.

La bombilla eléctrica original ha reemplazado los filamentos carbonizados por filamento de volframio, para aumentar su rendimiento y su vida, por ser el conductor eléctrico de mayor punto de fusión (3.410 °C). Las lámparas incandescentes para evitar la combustión del filamento se les hace el vacío o se les llena de un gas inerte a baja presión (generalmente, argón). La temperatura que alcanza el filamento oscila entre 2.000 y 3.000 °C. La intensidad es de unas décimas de amperio, para evitar que se produzca mucho calor y funda el filamento, ya que la intensidad es el factor que más influye en el efecto Joule. La resistencia suele valer algunos cientos de ohmios, una vez encendida. La duración de una bombilla normal es de unas 1.000 horas.

Al alcanzar la temperatura de incandescencia se evaporan pequeñas partículas de volframio que chocan con la parte interior del cristal. Con el tiempo, el cristal se va obscureciendo y la bombilla acaba por estropearse; los filamentos llevan forma de espiral para contrarrestar las corrientes de convección, que origina el gas inerte de relleno, las cuales tienden a reducir la temperatura del filamento y, por tanto, la intensidad luminosa.

La transformación energética, de energía eléctrica en luminosa, que tiene lugar en una lámpara incandescente es muy poco rentable, ya que el 95% de la energía consumida se pierde en forma de calor. Son las lámparas que más consumen y menos duran.

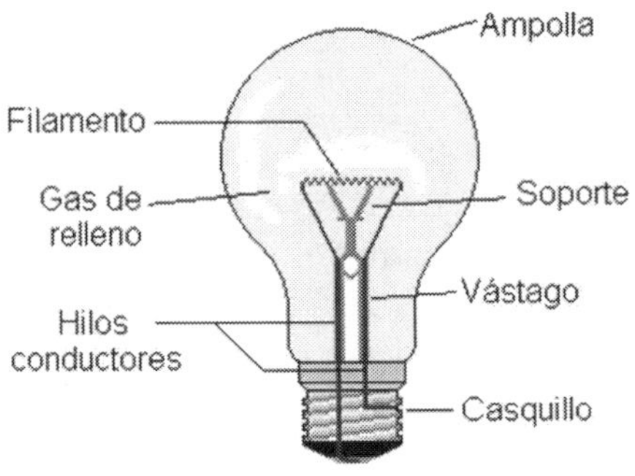

Partes de una bombilla

Además de las lámparas incandescentes existen otros tipos de lámparas domésticas, tales como:

☺ **Lámparas halógenas**: El fundamento es similar a las incandescentes, pero la luminosidad no disminuye con el tiempo, como en ellas, sino que permanece constante durante su vida útil. Son más caras, pero duran más y son más pequeñas. Las más eficaces son las llamadas de doble envolvente, que duran el doble que las convencionales, ahorran el 10 % de energía, y no necesitan transformador, aunque son más caras.

☺ **Tubos fluorescentes**: Se basan en la emisión luminosa que algunos gases como el flúor emiten al paso de la corriente eléctrica. Su eficacia luminosa es mucho mayor que en las incandescentes (emiten la misma luz, pero mucho menos calor). Son más caros que las incandescentes, pero menos que las halógenas. Consumen hasta un 80% menos de energía que las incandescentes y duran entre 8 a 10 veces más. Los que llevan reactancias electrónicas son más eficaces.

☺ **Lámparas de bajo consumo**: Son pequeños tubos fluorescentes con casquillo de rosca de bombilla. Son más caras que las incandescentes, pero duran 8 veces más, con un ahorro de energía del 80 %. Apenas se calientan. Las de tipo electrónico tienen la ventaja de que encienden instantáneamente y son aconsejables para habitaciones donde se encienda la luz con frecuencia, ya que las convencionales de bajo consumo reducen su vida útil con los encendidos frecuentes.

☺ **Lámparas de inducción**: Son las más modernas del mercado. Su eficiencia es similar a las lámparas de bajo consumo. Su vida útil es muy larga, ya que no tienen electrodos ni filamentos. Duras de 40.000 a 100.000 horas. Son muy caras.

En el alumbrado de las ciudades se usan también otras lámparas, tales como las lámparas de sodio y las lámparas de mercurio. Todas las lámparas, como el resto de los electrodomésticos, tienen una etiqueta energética, las más eficientes son de etiqueta "A".

No olvidemos que la necesidad de iluminación aumenta con la edad. Así para realizar la misma tarea, una persona de 60 años necesita 15 veces más intensidad luminosa que un niño de 10 años.

El I.D.A.E. (**Instituto para la Diversificación y Ahorro de la Energía**) aconseja para ahorrar energía en iluminación tomar las siguientes medidas:

El ahorro energético disminuye la contaminación y permite atenuar el cambio climático.

1. Aprovechar la luz natural.
2. No olvidarse las bombillas encendidas.
3. Optar por la iluminación localizada.
4. Usar colores claros en la decoración. Las superficies rugosas y las superficies mates devuelven una luz más difusa, más confortable.
5. Instalar reguladores para las lámparas halógenas.

6. Colocar tubos fluorescentes, sobre todo en baños y cocina.
7. Detectores de presencia en zonas de paso (sensores de presencia).
8. Elegir bien las lámparas de bajo consumo.
9. Si va a tener apagada una lámpara fluorescente, menos de 20 minutos, es mejor dejarla encendida, pues un encendido de la lámpara cada 10 minutos reduce su vida a menos de la mitad.
10. Mantener limpias las lámparas, pantallas y superficies reflectantes, de esta forma aumentará la luminosidad, sin aumentar la potencia.

SEGURIDAD ELÉCTRICA Y PREVENCIÓN DE ACCIDENTES EN EL HOGAR

La seguridad de las instalaciones eléctricas en las viviendas, está regulada a partir de 1973, por el Reglamento Electrotécnico para Baja Tensión, cuya última actualización tuvo lugar en el año 2002 (R.D. 842/2002, de 2 de agosto).

Cada vivienda tiene un cuadro de mando y protección. El interruptor de control de potencia o limitador de potencia, se encuentra entre el contador y el cuadro de mando y protección (en las comunidades de propietarios, está junto al contador, en el cuarto de contadores). Este aparato desconecta la instalación (se dispara) cuando la suma de las potencias de los aparatos conectados a la vez, sobrepasa la potencia contratada. El cuadro de mando y protección está formado por el "Interruptor diferencial" y los "Pequeños interruptores automáticos".

El interruptor diferencial es un aparato destinado a la protección de las personas. Desconecta, automáticamente, la instalación cuando se produce una derivación en algún aparato electrodoméstico, o en algún punto de la instalación.

Esta desconexión evita la posibilidad de un accidente eléctrico. Si se desconectara, se puede volver a conectar manualmente, pero si volviera a dispararse es porque existe una avería o derivación en la instalación; en este caso, no se debe volver a conectar hasta haber averiguado la causa y separado el receptor que produjo el disparo.

Los interruptores diferenciales de alta sensibilidad, aportan, además, una protección contra incendios. Una vez al mes se pulsará el botón de prueba para comprobar si funciona correctamente. Si no se dispara al pulsar el botón es que está averiado. En este caso, no estás protegido.

Los pequeños interruptores automáticos son elementos de corte y protección de cada uno de los circuitos interiores. Protegen de sobrecarga o cortocircuitos, con arreglo a la capacidad de cada uno. Sirven para evitar que se queme por calentamiento la instalación eléctrica o cualquier aparato y sobre todo al actuar en caso de producirse un cortocircuito, ofrece una protección muy eficaz contra incendios. Su número coincide con el de circuitos que hay en la vivienda y sirve para cortar cada uno de ellos.

Además de la instalación de la vivienda, existe una instalación denominada "Red de tierra" a la que hay que conectar todas las carcasas y partes metálicas de los aparatos eléctricos, de manera que si existe una derivación, la envíe a tierra y de esta forma, proteger al usuario. Por tanto, las viviendas que cumplan el Reglamento actual ofrecen un alto grado de seguridad, desde el punto de vista eléctrico.

NORMAS DE SEGURIDAD EN UNA VIVIENDA

1. Para utilizar, enchufar, desenchufar, conectar, etc., cualquier aparato eléctrico, hay que tener siempre las manos bien secas.
2. Evitar estar descalzo o con los pies húmedos al utilizar un aparato eléctrico.
3. No tirar nunca del cordón sino de la clavija, al desenchufar un aparato.
4. Antes de poner en marcha un electrodoméstico nuevo, tener en cuenta la potencia eléctrica contratada y leer las instrucciones del aparato.
5. No manipular la instalación sin desconectar el diferencial.
6. Evitar hacer conexiones en enchufes múltiples, utilizar un enchufe para cada aplicación.
7. En el cuarto de juego de los niños, debe haber el mínimo de aparatos eléctricos, cables, enchufes, etc.
8. Tapar los enchufes con disimuladores, si hay niños en casa.

9. No regalar juguetes eléctricos que se enchufen a la red.
10. No manipular la instalación eléctrica delante de los niños.

¿QUÉ HACER EN CASO DE ACCIDENTE ELÉCTRICO?

Lo primero es aislar la víctima de la electricidad, cortando la fuente de alimentación de la corriente. En caso urgente coger al individuo de la ropa y tirar de ella, no tocando nunca la piel, para ello puedes cubrirte la mano con una toalla, camisa, etc. Si se producen quemaduras localizadas deberemos:

1. Lavarnos las manos.
2. Enfriar la quemadura con agua o hielo, no utilizar cuerpos grasos, como vaselina.
3. Limpiar con una compresa húmeda alrededor de la quemadura, pero no tocarla directamente.
4. Echar un antiséptico (mercurocromo, por ejemplo).
5. Recubrir la herida con una compresa estéril y algodón.

¿QUÉ EFECTOS NOS PRODUCE LA CORRIENTE?

Según la intensidad de corriente, pasa por un cosquilleo (a menos de 0,01 A), fuerte dolor y no poder soltar el cable (hasta 0,02 A), dificultad de respiración (hasta 0,07 A), muerte por arritmia (hasta 0,1 A), y quemaduras graves con interrupción de la respiración (a más de 0,2 A).

La corriente que atraviesa a una víctima está determinada por la resistencia eléctrica de la piel, que va de 1.000 Ω, para la piel mojada, a 500.000 Ω, para la piel seca. La resistencia interna es menor, y va de 100 a 500 Ω. Los músculos sólo se agarrotan con valores comprendidos entre 0,01 y 0,02 A.

La electricidad es peligrosa. ¡Aplica las normas de seguridad!

EXPERIMENTOS DE FÍSICA RECREATIVA

EL RINCÓN DEL ALQUIMISTA

EL RELOJ FRUTERO

¿CÓMO HACER FUNCIONAR UN RELOJ DIGITAL CON UNA PATATA?

Este experimento marcará un antes y un después con tus amigos, porque quedarán asombradísimos y una vez más lograrás quedar como un auténtico mago, con este original experimento.

Recordemos que **la energía no se crea, ni se destruye, sino que se conserva, transformándose de una forma en otra**. Vamos a poner de manifiesto que la energía química (la que contienen los combustibles y también los alimentos, como la fruta) puede transformarse en energía eléctrica, mediante un sencillo experimento. Para ello, construiremos una **pila vegetal**, con productos tales, como patatas, limones, naranjas, plátanos, peras o manzanas, y esta pila vegetal permitirá que funcione un reloj digital, montando lo que en física recreativa se conoce como un **RELOJ FRUTERO**.

Para ello, colocaremos dos tiras rectangulares (electrodos) en una patata, una de cobre y otra de cinc, separada unos centímetros (4 o 5 cm), dependiendo del tamaño de la patata. Después, cerraremos el circuito, a través de unos cables normales, que unirán los terminales del reloj digital, con las dos tiras rectangulares. Una vez unidas, veremos cómo el reloj digital comienza a funcionar, ya que se produce una reacción química entre los metales y el ácido de la patata, que genera corriente eléctrica. De cada patata se consiguen 0,85 voltios, y como un reloj digital necesita 1,5 voltios para funcionar regularmente, colocaríamos 2 patatas en serie para que funcionara, porque cuando se montan las pilas en serie, el voltaje se suma.

Lo mismo sucede con naranjas, limones, manzanas, etc. En el caso de las naranjas y limones éstos deben estar previamente macerados con las manos, para romper las celdillas donde llevan el zumo. Con un limón grande se produce 0,6 mA (miliamperios) y con uno pequeño 0,3 mA. Se cumple que, a mayor tamaño, mayor intensidad. Si se unen los limones en serie, aumenta la intensidad.

Estas pilas vegetales en vez de conectarse a un reloj digital también se podrían conectar a un LED (diodo), produciendo una tenue luz.

Tanto en la patata, como en el limón, naranja y manzana, contienen ácido ascórbico (vitamina C), junto con otros ácidos, como el ácido cítrico, en naranjas y limones, que actúan como electrólitos, es decir, como sustancias conductoras de la electricidad.

Recordemos que la vitamina C es un fuerte antioxidante, que elimina los radicales libres que provocan el envejecimiento en las personas.

Como siempre, para que el truco te salga bien, y no quedes en evidencia, debes practicarlo varias veces antes.

CONSEJO ECOLÓGICO: EL USO DEL STAND BY

Una de las medidas más eficaces para fomentar el ahorro y la eficiencia energética es la de apagar los electrodomésticos y aparatos eléctricos cuando no se usan, en vez de la de dejarlos en la posición de stand by. El desarrollo tecnológico ha permitido que la mayoría de nuestros electrodomésticos tengan mando a distancia para apagarlos, sin tener que levantarnos, dejándolos así en stand by, como sucede con el TV, vídeo, DVD, equipos de música, ordenadores, etc.

La posición de stand by consume energía eléctrica a pesar de que el aparato no está en funcionamiento. Seguro que no somos conscientes del derroche energético que conlleva el uso del stand by. Para que nos hagamos una idea daremos el siguiente dato: Una investigación llevada a cabo en 2005 publicó un dato escalofriante, respecto al consumo de los electrodomésticos en dicha posición, que concluyó que:

LOS ELECTRODOMÉSTICOS EN STAND BY DE LA UNIÓN EUROPEA CONSUMÍAN LA MISMA ENERGÍA QUE TODA SUDAMÉRICA EN EL MISMO PERIODO DE TIEMPO

Otro dato similar indica que el 45 % del consumo de un televisor se produce en la fase de stand by. Por último señalar que los electrodomésticos puestos en Stand by consumen un 13 % de la electricidad doméstica.

El ahorro energético en los electrodomésticos será una excelente medida ecológica y económica y contribuirá a minimizar el cambio climático, que es el gran problema ambiental que amenaza a la Tierra actualmente, y cuyo efecto será especialmente intenso en España, por estar rodeada de mar en casi toda su periferia.

MAGNETISMO

¿Es perjudicial el uso del teléfono móvil?
¿Cómo se orientan las aves en sus migraciones
¿Son los campos magnéticos nocivos para las personas?

MAGNETISMO

CURIOSIDADES Y PREGUNTAS	
¿Cómo se forman las auroras boreales?	¿Cuál es el fundamento del timbre de tu casa?
¿Son sensibles los animales a los campos magnéticos?	¿Son los campos magnéticos nocivos para las personas?
¿Sabías que en el cerebro humano hay cristales de magnetita, como en las aves?	Los científicos de la Unión Europea han descubierto que las radiaciones de los teléfonos móviles rompen el ADN en los cultivos celulares.
El sentido de la orientación de ciertos animales, como la paloma, se debe a la existencia de magnetita en su cerebro.	¿Qué le sucede a una brújula cuando se pone cerca de un cable por el que circula una corriente eléctrica continua?
¿Conocías que los zahoríes pueden descubrir yacimientos de agua, gracias a su sensibilidad a las variaciones del campo magnético?	En 1989 una gran tormenta magnética dejó sin electricidad a 6 millones de personas, los satélites artificiales se desviaron de sus órbitas y se produjeron auroras boreales.
La levitación magnética permite mantener suspendidos objetos en el aire, como los trenes de levitación magnética que funcionan en Japón.	La ionización del aire que envuelve los conductores eléctricos de una red de alta tensión es importante, y produce iones positivos, que son nocivos para la fisiología humana.
Siempre que una persona se encuentre cerca de un aparato eléctrico se hallará sometida a un campo electromagnético.	Las radiaciones electromagnéticas interaccionan con toda la materia que se encuentran y les transfieren parte de su energía.
El corazón y el cerebro de las personas producen corriente eléctrica y crean pequeños campos magnéticos, muy tenues, alrededor del dorso y del cráneo.	Los electrodomésticos más peligrosos son el móvil (por su gran potencia y su cercanía a la cabeza al usarlo) y el ordenador (por la prolongada exposición a su pantalla).
Evita utilizar el teléfono en zonas con poca señal, porque los teléfonos móviles llevan un sistema que aumenta de forma automática la potencia de emisión.	Ensayos en animales prueban que una exposición prolongada a campos magnéticos puede desarrollar varios tipos de cánceres, provocar abortos y malformaciones en fetos.

CURIOSIDADES Y PREGUNTAS

Es saludable alejarse de las líneas de alta tensión y de las antenas de telefonía móvil.	**Emplea el dispositivo de manos libres de tu móvil y no duermas junto al móvil encendido.**

Las ondas electromagnéticas interfieren los impulsos cerebrales y reducen la secreción de melatonina, que es la hormona que regula el sueño.

Las consecuencias de la contaminación electromagnética, provocada por las radiaciones no ionizantes, no se conocen con exactitud, por eso se debe aplicar el principio de precaución y las recomendaciones europeas 1999/519/CE.

MAGNETISMO

PREGUNTAS Y RESPUESTAS

1. ¿Por qué se forman las auroras boreales?

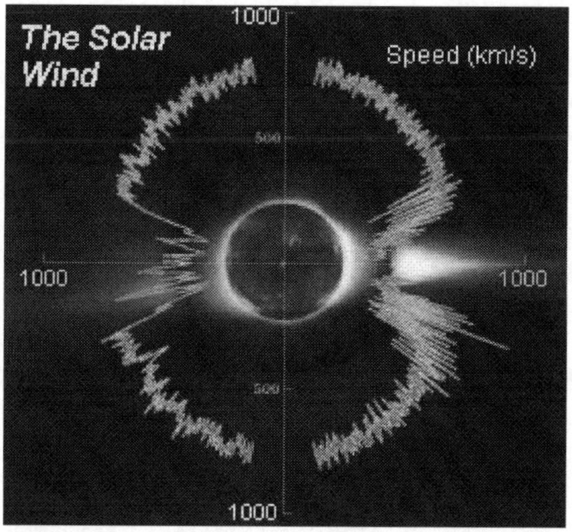

El origen de este espectacular fenómeno luminoso consistente en rápidas ondulaciones de luces y colores reside en la confluencia de tres fenómenos: el viento solar, su interacción con las capas altas de la atmósfera y el campo magnético terrestre. El viento solar no es otra cosa que un flujo de partículas (protones, electrones, etc.) que escapan del Sol y llegan a la Tierra. Dichas partículas, al colisionar con los átomos de los gases de los estratos más altos de la atmósfera, como el oxígeno y el nitrógeno, provocan su ionización. Estos iones recién formados emiten radiación electromagnética de distintas longitudes de onda, principalmente roja y azulada, los colores típicos de las auroras. El campo magnético terrestre hace que el viento solar desvíe su trayectoria a los polos, puntos en los que estos espectáculos de luz son más frecuentes.

2. ¿Qué le sucede a una brújula cuando se pone cerca de un cable por el que circula una corriente eléctrica continua?

Que se desvía, colocándose perpendicularmente a la corriente, si inicialmente era paralela a la corriente, debido a la creación de un campo magnético, generado por la corriente (experimento de Oersted). Si el sentido de la corriente se cambia, también cambia el sentido de giro de la aguja imantada de la brújula.

3. ¿Cuál es el fundamento del timbre de tu casa?

Que lleva un electroimán, al igual que otros aparatos cotidianos que empleen este dispositivo, tales como el teléfono, telégrafo, grúas (para trasladar chatarra), etc.

4. ¿Son los campos magnéticos nocivos para las personas?

Según mantienen los científicos, campos magnéticos inferiores a 8 µT (micro tesla = 10^{-6} T; T es el símbolo del tesla, que es la unidad de campo magnético en el Sistema Internacional de unidades) no suelen crear problemas en las personas, pero cuando su magnitud es superior a 8 µT, podrían ser peligrosos. La razón está en que la orientación, en el sentido del campo magnético, de gran parte de las macromoléculas presentes en el organismo frenaría peligrosamente ciertos procesos biológicos. No obstante, gracias al diamagnetismo, es posible hacer levitar a un pequeño animal, como una rana, sin dañarlo (las sustancias diamagnéticas, como el oro, plata o el agua disminuyen el campo magnético en su interior, por tener una permeabilidad magnética inferior a la del vacío). La inocuidad de los campos magnéticos periódicos es mucho menos clara. El problema se plantea, por ejemplo, con el calentamiento local debido a las ondas electromagnéticas de los teléfonos móviles.

Y Lo Mejor de todo Es...
Que No Ronca

5. ¿Son sensibles los animales a los campos magnéticos?

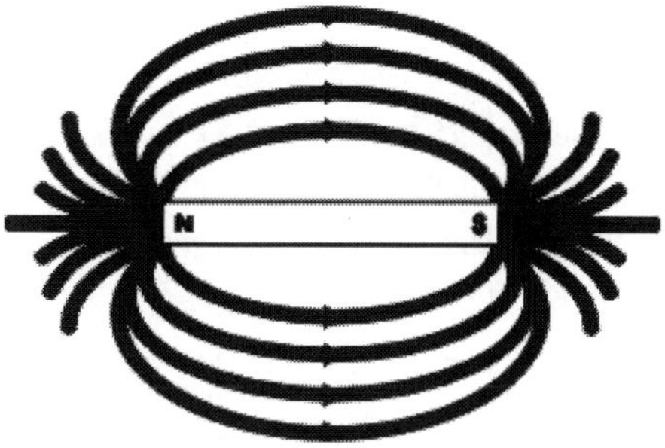

La mayoría de las especies carecen de órganos anatómicamente definidos para detectar las variaciones del campo magnético. No obstante, en muchos de ellos existen minúsculas agujas de ferrita, como las palomas mensajeras. En cambio, ciertas tortugas que emigran a miles de kilómetros para encontrar alimento y su zona de desove, parecen utilizar su sensibilidad al campo magnético. Las mariposas monarcas, los atunes, los delfines, y los murciélagos también poseen depósitos de magnetita.

6. ¿Qué son los cinturones de Van Allen?

La existencia del campo magnético terrestre ejerce un efecto protector de la vida sobre la Tierra. De no ser por él, el nivel de radiación procedente del espacio sería mucho más alto y el desarrollo y mantenimiento de la vida, en la forma actualmente conocida, probablemente no hubiera sido posible. A la radiación cósmica procedente de las explosiones nucleares que se producen continuamente en los cuerpos celestes del universo, se le suma la que proviene de la actividad de la corona solar. Un chorro de partículas cargadas, compuesto principalmente por protones y electrones, es proyectado desde el Sol hacia la superficie terrestre, como si de una corriente de viento se tratara, por lo que se denomina viento solar. Al llegar a la zona de influencia del campo magnético terrestre todas estas partículas cargadas que provienen de la radiación cósmica y del viento solar, sufren la acción desviadora de las fuerzas magnéticas. Éstas se producen en una dirección perpendicular a la trayectoria y a las líneas de fuerza del campo magnético terrestre y sitúan a una importante cantidad de protones y electrones en órbita en torno a la Tierra, como si se tratasen de pequeños satélites (sólo una pequeña fracción, formada por aquellas partículas que inciden en la dirección de las líneas de fuerza, no experimenta fuerza magnética alguna y alcanza la superficie terrestre). Ese conjunto de partículas cargadas, orbitando alrededor de la Tierra, se concentra a modo de cinturones, en ciertas regiones del espacio. Son los llamados cinturones de radiación de Van Allen. En ellos, la densidad de partículas cargadas moviéndose a gran velocidad es tan alta que en las expediciones espaciales, atravesarlos supone siempre un riesgo, tanto para los astronautas como para el instrumental de comunicación.

7. ¿Qué sucede cuando acercas a unos clips un clavo de hierro que tiene arrollado un cable alrededor del mismo (en forma de espiral) y cuyos extremos están conectados a una pila de petaca?

   Que son atraídos por el clavo. De esta manera, hemos obtenido un electroimán, ya que al cerrar el circuito el paso de la corriente eléctrica origina un campo magnético, al circular alrededor de un material magnético, como es el hierro. El electroimán, a diferencia del imán natural, sólo atrae cuando el circuito está cerrado y el imán natural atrae siempre y no necesita corriente eléctrica para atraer. También podrás observar que el fenómeno sucede igualmente aunque cambies la polaridad de los cables. Este es el fundamento del timbre de las casas y del timbre de los teléfonos.

Las personas que viajan con frecuencia en avión están sometidas a una mayor radiación ionizante procedente de la radiación cósmica.

CURIOSIDADES SOBRE ELECTROMAGNETISMO

BIOMAGNETISMO, NUESTRO POTENCIAL OCULTO

Debido a que en el corazón y el cerebro de las personas se producen movimientos regulares de corriente eléctrica, existen pequeños campos magnéticos, muy tenues, alrededor del dorso y del cráneo humano. Sin embargo, las personas no poseen ningún órgano con el que puede exteriorizarse esa fuerza a distancia, tal y como lo hacen los peces eléctricos.

Todos los años observamos las migraciones de las aves, que huyen del frío invernal, ¿pero cómo se orientan las aves para recorrer tantos km sin desviarse? El sentido de la orientación de muchos animales (aves, caracoles, abejas, palomas mensajeras, etc.) es debido a la existencia de microcristales de magnetita (como el imán), que facilitan su orientación al comportarse realmente como una brújula incorporada en su propio cerebro. Estos microcristales también se han encontrado en algas, atunes, mariposas, y delfines.

Los científicos mantienen que los humanos también poseen un sentido natural de orientación, que es tan auténtico como la vista, el olfato o el oído. Este sentido es de naturaleza magnética, ya que cuando personas que se orientan bien se las colocan cerca de campos magnéticos intensos, como los producidos por imanes, se desorientan fácilmente.

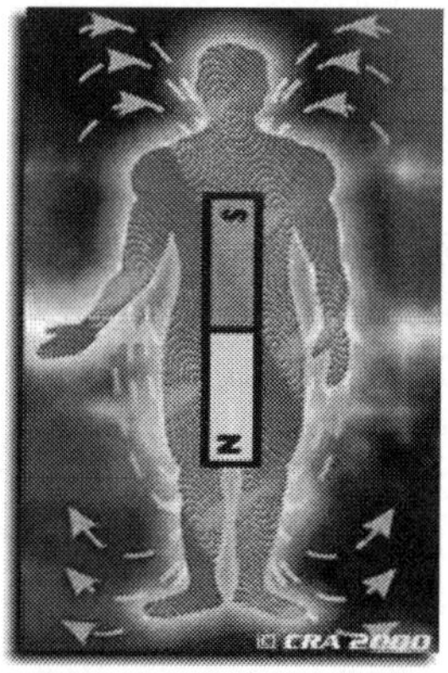

El conocimiento sobre el funcionamiento electromagnético del cerebro humano podría aportarnos muchos beneficios.

Algunas personas son muy sensibles a las variaciones de los campos magnéticos débiles, pero cercanos. Esta sensibilidad puede explicar la capacidad de ciertas personas para descubrir depósitos subterráneos de agua. Otros investigadores están convencidos de que la telepatía puede explicarse por medio de la capacidad del cuerpo para transmitir y recibir señales electromagnéticas débiles.

Dado que en nuestro cuerpo se producen tanto reacciones químicas, como impulsos eléctricos y que el paso de la corriente eléctrica produce campos magnéticos, este hecho podría explicar nuestra sensibilidad a los campos magnéticos. En medicina se ha comprobado que campos electromagnéticos adecuados aceleran la curación de los huesos fracturados y en ciertos animales han acelerado el crecimiento de los mismos.

La varita del zahorí o el péndulo que usan algunas personas, llamadas radiestesistas, para descubrir yacimientos de agua, se basa en la sensibilidad de ciertas personas a las variaciones del campo magnético.

La actividad del cerebro va acompañada de manifestaciones eléctricas y magnéticas. Los seres vivos producen campos magnéticos; así, algunos órganos, como el corazón y el cerebro tienen una actividad magnética regular, que se traduce en variaciones de campo magnético en las inmediaciones de la caja torácica o alrededor de la cabeza. Recordemos que las corrientes eléctricas crean campos magnéticos, pero como estas corrientes que circulan por el cuerpo humano son minúsculas, los campos magnéticos que crean son extremadamente débiles. Pero gracias a unos detectores ultrasensibles llamados "SQUID", los investigadores pueden medir estos campos tan débiles. La magnetoencefalografía se usa para detectar y localizar anomalías del funcionamiento cerebral.

El hallazgo de magnetita en el cerebro humano ha sido uno de los descubrimientos mineralogenéticos más importante de los últimos años. La magnetita es un excelente material absorbente de las radiaciones, sobre todo entre 0,5 y 10 GHz. Y como la absorción de radiaciones puede producir variaciones de concentración de determinadas sustancias, tales como melatonina, serotonina y otros neurotransmisores, pues la controversia sobre los efectos generados en los seres vivos por la exposición continuada a determinados campos eléctricos, magnéticos o Electromagnéticos está servida. Se admite, como hecho probado, que un campo electromagnético externo interacciona con el campo electromagnético de nuestros cerebros, aunque no se sabe aún de qué forma.

LAS TORMENTAS MAGNÉTICAS

El 12 y 13 de marzo de 1989, el campo magnético terrestre se volvió loco. Durante 36 horas, una violenta tormenta magnética privó de electricidad a 6 millones de personas en Québec, provocó la parada de una central nuclear durante 42 horas, varios satélites artificiales fueron desviados de sus órbitas y se produjeron varias auroras boreales. Las tormentas magnéticas tienen su origen en el Sol, debido a unas erupciones solares que se manifiestan por manchas en la superficie del Sol. Estas erupciones, producen un viento de partículas de alta energía que invaden la Tierra a una velocidad de 1.000 km/s. Este viento solar perturba la dirección e intensidad del campo magnético terrestre, provocando cortes de suministro de energía eléctrica, desviación de satélites artificiales, auroras boreales, etc.

LA LEVITACIÓN MAGNÉTICA

Levitación magnética permite mantener suspendidos objetos en el aire o en el vacío. Un ejemplo conocido son los trenes de levitación magnética que funcionan en Japón. Por otra parte, los experimentos de fusión nuclear se llevan a cabo mediante confinamiento magnético, para impedir que el calor liberado en la reacción de fusión, pueda fundir las paredes del recipiente de la vasija que contiene los materiales fusionables.

CONTAMINACIÓN ELECTROMAGNÉTICA Y SALUD

En los últimos años las radiaciones no ionizantes han sido objeto de atención. Siempre que una persona se encuentre cerca de un aparato o instalación que funcione con energía eléctrica, se hallará sometida a un campo electromagnético. Comienza a extenderse la preocupación pública por todas las formas de ionización del aire y por sus consecuencias e influencias sobre los organismos vivos, especialmente los seres humanos. Nos referimos aquí, a los efectos de los campos eléctricos, magnéticos y ambos combinados, teniendo en cuenta que asistimos a los inicios de lo que habrá de ser una gran polémica, que se prolongará en el tiempo y que tendrá repercusiones notables sobre la industria y las normativas vigentes. Así como resulta fácil apantallar un campo eléctrico, con cualquier estructura (Por ejemplo, el campo eléctrico creado por una línea de alta tensión, es apantallado, casi en su totalidad, por la propia vivienda), es muy complicado apantallar un campo magnético.

La polémica sobre la influencia de las radiaciones no ionizantes sobre los seres vivos no ha hecho más que empezar y las interpretaciones que se hacen de las diferentes investigaciones deben ser analizadas en su justa medida, dependiendo de quién sea la entidad que emite los resultados.

Efectivamente, los enormes intereses económicos de ciertas empresas y las cuantiosas cifras que supondrían las modificaciones que tendrían que realizar, hacen que el ciudadano de a pie, sólo se crea la mitad de la mitad, y el resto lo ponga en duda.

El análisis crítico es fundamental en una sociedad moderna y democrática, para impedir que los poderes fácticos de turno nos engañen de manera descarada y que las administraciones públicas reaccionen de forma tardía y lenta, como ha pasado con el tabaco y tantos otros casos que afectan a la salud pública. Por eso, nos encontraremos con muchos puntos de vista diferentes, según el interés crematístico de la entidad que lleva a cabo el estudio. Así en 1996, el Consejo Nacional de Investigación de EE.UU., realizó una investigación, a lo largo de 17 años, concluyendo que no se han encontrado pruebas de que las líneas de alta tensión supongan un peligro para la salud. Pero no olvidemos que la ciencia nunca puede probar que algo es seguro.

En 1998, la Fiscalía de Madrid ordenaba enterrar tres líneas de alta tensión, ante la queja de los vecinos, por supuestos riesgos para la salud. Para ello, se basó en unos estudios científicos que indican que campos magnéticos con intensidades superiores a 0,2-0,3 μT (microtesla), y con una exposición continuada, aumentan los riesgos de padecer leucemia y cáncer cerebral, entre otras enfermedades, y estos niveles los superan las líneas de alta tensión. El campo magnético de las líneas de alta tensión no desaparece sólo con enterrarlas, sino que, además, hay que aislarlas.

Otra sentencia judicial contra la contaminación electromagnética se produce en el Juzgado de Primera Instancia Nº. 2 de Murcia, en 2002, la primera en esta Comunidad Autónoma, donde el juez condenó a Iberdrola a que procediese a adoptar las medidas precisas, a fin de que los campos electromagnéticos que generaba un transformador que se encontraba en los bajos de la vivienda de los demandantes, no invadiesen el domicilio. En este caso el campo electromagnético era superior a 1 µT y en ocasiones llegó a 4 µT. El juez se basó en un informe de la Universidad de Alcalá de Henares, realizado por el profesor José Luis Bardasano, especialista en electromagnetismo, según el cual campos electromagnéticos superiores a 0,3 µT son perjudiciales para la salud. Tras los correspondientes recursos, el Tribunal Supremo, en sentencia firme obligó a la empresa Iberdrola a retirar un transformador, para evitar radiaciones.

La Audiencia Provincial de Murcia, en una sentencia de 29-7-05, recoge en una resolución que: "La exposición a campos electromagnéticos de intensidad no superior a 100 microteslas (µT) no conllevan la existencia de daño, ni riesgo alguno para la salud de las personas, según el estado de la ciencia actual". Esta sentencia, basada en el Real Decreto 1006/2001, no respeta los principios de precaución y no garantiza unos mínimos de seguridad, según los grupos ecologistas. En este sentido conviene recordar que la legislación en los países de nuestro entorno es mucho más severa que la nuestra. Así en Suiza, en 1999, se adoptó como valor límite 1 microtesla (µT), y en Italia se fijaron 0,2 µT.

De todo lo anterior se desprende que es necesario y urgente un cambio en la normativa legal en España, que considere el principio de precaución, minimice las emisiones electromagnéticas, aumente las distancias de seguridad y el blindaje electromagnético, ya que nuestra salud está en juego.

Las ondas electromagnéticas interfieren los impulsos cerebrales y reducen la secreción de melatonina, que es la hormona que regula el sueño. Los síntomas son variados: jaquecas, mareos, depresiones, insomnio, fatiga, irritabilidad, etc. Su efecto depende de la sensibilidad de cada persona. Lo cierto es que los efectos a largo plazo se desconocen, dado que los aparatos eléctricos se han introducido en nuestras vidas recientemente.

Ensayos en animales prueban que una exposición prolongada a campos magnéticos puede desarrollar varios tipos de cánceres, provocar abortos y malformaciones en fetos. Es decir, pueden alterar nuestro código genético. El cuerpo humano contiene cargas eléctricas libres, sobre todo en los fluidos que son ricos en iones, como la sangre, y cuando se expone a un campo electromagnético dichas cargas se mueven, generando corrientes eléctricas en el interior del organismo. Las corrientes inducidas en el cuerpo dependen de muchos factores: intensidad del campo, distancia entre cuerpo y fuente, etc. Dentro de los aparatos eléctricos, el más peligroso es el teléfono móvil. Las emisiones de sus antenas alteran las ondas cerebrales, provocando estrés y ansiedad, durando su efecto varias horas.

Los trabajadores que se exponen a campos electromagnéticos de baja frecuencia tienen un riesgo de suicidios entre 3 y 6 veces mayor que la población general, según un estudio de la Universidad de Carolina del norte (U.S.A.). Las mayores tasas se dieron en personas que trabajan en tendidos eléctricos y electricistas. La explicación está en la producción de la melatonina, hormona asociada con la depresión, ya que la exposición a campos electromagnéticos altera la producción de dicha hormona.

Las tendencias existentes en el mercado eléctrico, relativas a la concentración de los lugares y centrales de producción, hacen que el transporte de la energía adquiera cada vez más importancia, tanto por la longitud de las líneas, como por las servidumbres que han de imponerse a las zonas atravesadas por ellas. Hasta el momento, las líneas de mayor envergadura alcanzan tensiones del orden de los 380/400.000 voltios, aunque existen numerosos tramos, en otros países, de 750.000 voltios (sin mencionar los proyectos que pretenden alcanzar el millón de voltios).

La ionización del aire que envuelve los conductores eléctricos de una red de alta tensión es importante, y se traduce en: Producción de ozono (O_3), con la aparición de iones positivos, que son nocivos para la fisiología humana; producción de ruido, semejante al de las abejas, audible simplemente acercándose a las líneas; creación de un campo eléctrico proporcional a la tensión y que altera el campo electromagnético natural, que es del orden de 100-150 voltios/metro. Los campos creados por estas líneas son de 750 kV/m, para las de 400 kV; y de 810 kV/m, para las de 750 kV.

En cuanto a las líneas de alta tensión y la relación que hay entre la exposición a los campos producidos por las mismas y la leucemia, el National Research Council, de la Academia de Ciencias, de EE.UU., publicó un informe de enorme calidad científica, a finales de 1996. En dicho informe, se dice "En el estado actual de los conocimientos científicos, la exposición a los campos electromagnéticos procedentes de las líneas eléctricas no supone ningún peligro para la salud". Los datos del mismo sugieren un riesgo ligeramente incrementado de leucemia para los niños que viven en las inmediaciones de las líneas eléctricas, pero no suministran ningún elemento de prueba que permita establecer una relación causa a efecto entre las líneas eléctricas y este riesgo ligeramente incrementado de leucemia. En Finlandia, se hizo un riguroso estudio a niños que vivían cerca de líneas de alta tensión y el número de cánceres observado era idéntico o incluso inferior al del resto de la población.

Un informe de la Agencia Internacional de Investigación sobre el Cáncer, dependiente de la Organización Mundial de la Salud (O.M.S.), advierte que vivir cerca de fuentes que desprenden más de 0,4 μT y con una frecuencia de 50 a 60 Hz, es peligroso y en los niños duplica el riesgo de leucemia. En un estudio realizado por este organismo pone de manifiesto que los campos electromagnéticos generados por ordenadores, televisores, etc., pueden presentar un riesgo de leucemia infantil dos veces superior a lo normal. Se estima que sólo un 1 % de los hogares supera el límite de 0,4 μT, por ser grandes consumidores de electricidad. No obstante, la existencia de un vínculo matemático, en términos estadísticos, entre leucemia y radiaciones electromagnéticas, no quiere decir que haya una relación de causa a efecto. En dicho estudio, han observado que cuando la exposición es inferior a 4 μT el riesgo de leucemia, tumores cerebrales u otros tumores sólidos no es significativamente diferente del riesgo normal.

De todos los electrodomésticos existentes en un hogar moderno, los más peligrosos, son el teléfono móvil, por su gran potencia y por su proximidad a la cabeza al ser usado, y el ordenador, por la prolongada exposición a su pantalla.

El temor a los teléfonos móviles se centra en el tumor cerebral. A las frecuencias utilizadas por los teléfonos móviles (entre 900 y 1800 MHz), los efectos biológicos más visibles de la energía de radiación son térmicos. Es muy difícil demostrar la existencia de alguna relación entre cáncer y exposición a un factor medioambiental, cualquiera que sea, entre otras razones porque la aparición de la enfermedad no depende de una sola y única causa. Hasta ahora, no se ha demostrado de forma rigurosa una relación entre teléfono móvil y cáncer cerebral. Mientras se llega a conclusiones fiables, el usuario preocupado por su salud dispone de una serie de medidas preventivas, tales como usar un aparato de escucha externo (auricular), evitar utilizar el teléfono en zonas con poca señal, porque los teléfonos móviles llevan un sistema que aumenta de forma automática la potencia de emisión. Los teléfonos de nueva generación GPRS y UMTS (que permiten la conexión a Internet) incrementan las emisiones electromagnéticas. Las antenas de telefonía también son unas fuentes muy importantes de emisiones de ondas electromagnéticas.

Los Peligros Del Móvil

El ordenador es otro aparato emisión de radiaciones electromagnéticas, debido a sus altavoces y al monitor. El altavoz usa electroimanes que producen ondas electromagnéticas, pero los ordenadores modernos llevan una carcasa protectora que sirve de filtro, así que la radiación que nos llega es mínima. No sucede lo mismo con el monitor de tubo de rayos catódicos, que inciden sobre el material fosforescente de la pantalla y que produce tres tipos de radiaciones: rayos X (las más peligrosas, aunque desde hace varios años las normativas europeas han eliminado prácticamente este tipo de emisión), el calor y las ondas electromagnéticas a baja frecuencia. Como medidas preventivas, se aconseja moderar el tiempo de exposición ante el ordenador, guardar cierta distancia de la pantalla y no colocar los portátiles encima de las rodillas. Además, si es posible económicamente, deben usarse monitores de baja radiación o, mejor, de cristal líquido, pues emiten menos radiaciones y menos calor. Al comprar un ordenador mira la etiqueta para comprobar los niveles de radiación electromagnética y electricidad estática.

El televisor, igual que los ordenadores, emite radiaciones electromagnéticas, por lo que es recomendable situarse a unos 3 m de distancia y evitar colocar la parte posterior del televisor próxima al dormitorio, sobre todo si es el de un niño o bebé, ya que los campos electromagnéticos débiles, como los generados por una instalación eléctrica de 220 V y 50 Hz, pueden provocar alergias, tensión nerviosa, aumentar la presión sanguínea, aumentar la producción de cortisona, etc. Las emisiones de los electrodomésticos se ven agravadas por la mala calidad de sus transformadores internos, así, por ejemplo, un radio despertador eléctrico permanece junto a nosotros muchas horas y a poca distancia, por lo que para que no perjudique debería situarse a 1 m de distancia o sustituirlos por otros de pilas. No obstante, hay que señalar que todavía no se ha demostrado el daño que pueden causar las instalaciones y los aparatos eléctricos de manera científica. A pesar de todo, la Organización Mundial de la Salud (O.M.S.) está realizando una investigación para evaluar los efectos sanitarios y ambientales, que se publicará este año. Lo cierto es que los efectos adversos que pueden producir dependen de la potencia de la emisión, de la proximidad y del tiempo de exposición.

Probablemente, la cocina es la habitación donde se reúnen mayor número de aparatos eléctricos, produciendo muchas ondas electromagnéticas. Estas emisiones son de baja intensidad, por eso la contaminación que producen no es inmediata, sino acumulativa. Se debe evitar en lo posible rodearse de electrodomésticos innecesarios y reducir el tiempo de exposición a ellos. Todas las radiaciones electromagnéticas interaccionan con toda la materia que encuentran a su paso y les transfieren parte de su energía.

Las emisiones electromagnéticas radioeléctricas, procedentes de las telecomunicaciones en general y de la telefonía en particular, han quedado reguladas por ley en España, tras un período de vacío legal que ha provocado cierta alarma social. El Real Decreto 1066/2001, del 28 de septiembre, de los Ministerios de Ciencia y Tecnología, y Salud y Consumo, establece los límites de exposición al público, acordes con las recomendaciones europeas 1999/519/CE, aplicando el principio de precaución, a pesar de que los expertos no han encontrado relación directa entre campos electromagnéticos y riesgo para la salud. No obstante, las emisiones de muy baja frecuencia (50 a 60 Hz) producidas por las redes de distribución eléctrica de alta tensión y las de los motores, incluidos los electrodomésticos, han sido excluidas de esta normativa.

La última novedad es que los científicos han descubierto que las radiaciones de los teléfonos móviles rompen el ADN en los cultivos celulares. Los cultivos de células mantenidas en laboratorio se ven afectados cuando se las somete a radiaciones de la misma intensidad que las creadas por los teléfonos móviles. Este efecto va más allá del calentamiento por las emisiones, según recoge el Proyecto Réflex, un trabajo financiado por la U.E., que ha durado 4 años y en el que han participado grupos de investigadores de 7 países, entre ellos España, con un grupo de investigadores, del servicio de Bioelectromagnetismo, del hospital madrileño "Ramón y Cajal". Con estas conclusiones se ha demostrado que a los niveles considerados seguros hay efectos celulares, pero esto no quiere decir que sean nocivos. Tampoco se puede predecir lo que pasará con un ser vivo, ya que un organismo sano tiene mecanismos de corrección de las roturas en el ADN y otros factores de protección ante las radiaciones.

Finalmente, aunque no hay certezas científicas de los daños, es recomendable tomar las siguientes **precauciones**:

1. No acumular en la misma habitación elementos que generen radiaciones.
2. En la cocina, colocar sólo los electrodomésticos estrictamente imprescindibles.
3. Comprobar que los aparatos domésticos disponen de una correcta toma a tierra.
4. Alejarse de las lámparas halógenas un metro.
5. Fijarse en el etiquetado de los nuevos aparatos, para ver su potencia y nivel de radiación.
6. Usar el móvil sólo cuando se tenga buena cobertura.
7. Emplear el dispositivo de manos libres y no dormir junto al móvil.
8. Limitar el uso del teléfono móvil.

9. Alejarse de las líneas de alta tensión y de las antenas de telefonía móvil: deberían estar al menos a 600 m de las viviendas.

10. En el trabajo debemos conocer la normativa del Instituto Nacional de Seguridad e Higiene en el Trabajo, para ver si nuestro puesto de trabajo reúne las condiciones adecuadas.

CAMPO MAGNÉTICO DE LOS ELECTRODOMÉSTICOS		
APARATO	CAMPO MAGNÉTICO A 5 cm (μT)	CAMPO MAGNÉTICO A 1 m (μT)
TELEVISOR	2 a 50	0,1 a 0,5
MICROONDAS	5 a 250	0,1 a 1,5
LAVADORA	0,75 a 40	0,05 a 0,5
BATIDORA	150 a 500	0,05 a 0,5
SECADOR DE PELO	18 a 1500	0,15 a 1
TUBO FLUORESCENTE	20 a 500	0,25 a 2,5
ASPIRADORA	150 a 500	0,15 a 2,5
ORDENADOR	2 a 500	0,025 a 1

1 μT = microtesla = 10^{-6} T

LÍNEAS DE ALTA TENSIÓN		
LÍNEAS DE ALTA TENSIÓN	CAMPO MAGNÉTICO A 25 m (μT)	CAMPO MAGNÉTICO DEBAJO (μT)
400 kV	0,5-4	1-8
220 kV	0,2-2	0,8-5
132 kV	0,1-0,7	0,6-3
RADIACIÓN MEDIA DEL SOL		0,05
CAMPO MAGNÉTICO TERRESTRE		40

CONSEJO ECOLÓGICO: EL USO DE LA BICI

Actualmente, en España, hay 459 vehículos por cada mil habitantes, por lo que de continuar ese ritmo de crecimiento la movilidad en nuestro país se hará insostenible. En 2006, sólo había 1.700 km de vías verdes en toda España, cifra excesivamente pequeña si se compara con la de otros países de nuestro entorno. El uso de la bicicleta es más económico energéticamente, menos contaminante y más saludable, porque nos mantendrá en forma.

Según datos del proyecto Civitas de la UE, **el uso habitual de la bicicleta puede reducir en más de 500 kg las emisiones de CO_2, por persona y año**, a la vez que proporciona un ahorro de tiempo en trayectos urbanos de hasta el 60 %.

El uso habitual de la bicicleta puede reducir en más de 500 kg las emisiones de CO_2, por persona y año

La Comisión Europea señala que la bicicletas el medio de transporte adecuado para recorrer distancias urbanas inferiores o iguales a los 8 km (Barcelona, por ejemplo, mide 8x9 km).

En Europa, un tercio de los viajes urbanos efectuados en coche recorre menos de 3 km (pedaleando, en 10 minutos, es posible recorrer, sin gran esfuerzo, aproximadamente 3,2 km).

En una calle de 3,5 m de ancho, durante una hora pueden circular en coche unas 2.000 personas; en bicicleta podrían circular 14.000 personas. Además, este medio de transporte ocupa, en términos de aparcamiento, la séptima parte del espacio que necesita el automóvil.

En Holanda Y Dinamarca el 30 % de los desplazamientos urbano se realizan en bicicletas. Estos son dos ejemplos a seguir por todo el mundo occidental.

Algunos Ayuntamientos, dentro del Programa de mejora ambiental **"AGENDA LOCAL 21"**, han puesto a disposición de los ciudadanos el carril bici, para descongestionar el tráfico, paliar la contaminación en la ciudad y contribuir a minimizar el cambio climático que es el gran problema ambiental que amenaza al planeta Tierra actualmente.

En Bilbao, Gijón, Santander, Plasencia, Cartagena, y San Vicente del Raspeig (Alicante), entre otras ciudades han implantado, o lo están haciendo, servicios gratuitos de préstamos de bicicletas, que surgió en Vitoria en 2004.

No obstante, las administraciones ofrecen muy pocas opciones para favorecer la movilidad en bicicleta, que tantas ventajas supondría para las personas que las usasen y para el propio funcionamiento de la ciudad. Para mayor información pueden visitar las webs www.viasverdes.com y www.conbici.org.

El uso de la bicicleta es más económico energéticamente, menos contaminante y más saludable.

REFERENCIAS BIBLIOGRÁFICAS

- AA.VV., 1980, El gran libro de lo asombroso e inaudito, Selecciones del Reader's Digest, Madrid.
- AA.VV., 1984, Enciclopedia Salvat de Ciencia y Técnica, Salvat, Navarra.
- AA.VV., 1985, Nuevo manual de la UNESCO para la enseñanza de las Ciencias, Edhosa, Barcelona.
- AA.VV., 1986, Enciclopedia de las Ciencias, Orbis, Barcelona.
- AA.VV., 1987, La ciencia en la ciencia-ficción, Orbis, Barcelona.
- AA.VV., 1990, El magnetismo del cerebro, Mundo Científico, Nº. 106.
- AA.VV., 1990, Gran Enciclopedia Larousse, Planeta, Barcelona.
- AA.VV., 1995, Almanaque Universal 1996. Editorial América Ibérica.
- AA.VV., 1997, Los campos electromagnéticos en nuestro entorno, UNESA, Madrid.
- AA.VV., 1999, ¿Las líneas de alta tensión pueden provocar cáncer? OCU Salud, Nº. 22.
- AA.VV., 1999, Si no tuviéramos Luna, Documental de Discovery Channel.
- AA.VV., 2001, Ondas, ¿qué razones para tener miedo?, Mundo Científico, Nº. 220.
- AA.VV., 2003, Guía práctica de la energía. Consumo eficiente y responsable. I.D.A.E.
- ADAE, 1981, Cómo usar mejor sus electrodomésticos, Asociación de Aplicaciones de la Electricidad, Madrid.
- ADAE, 1983, Seguridad eléctrica y prevención de accidentes en el hogar, ADAE, Madrid.
- Anguita, R., 2004, Menos humos para ir al trabajo, Energías Renov., Nº. 33.
- Arthus Bertrand, Y., 2003, 365 días para reflexionar sobre nuestra Tierra Lunwerg.
- Asimov, I., 1980, Introducción a la ciencia, Plaza Janés, Barcelona.
- Asimov, I., 1989, Nuestro cuerpo. Muy Interesante. Nº. 103.
- Averbuj, E., 1987, Las respuestas de las nubes, Cuadernos pedagogía, 146.
- Barba-Llorens-Marcos-Pérez-Ruzafa, 2004, Medio Ambiente y Desarrollo Sostenible, Diego Marín.
- Barr, G., 1971, Experiencias científicas, Kapelusz, Buenos Aires.
- Barr, G., 1971, Observa e investiga mientras juegas, Kapelusz, Buenos Aires.
- Barr, G., 1971, Pruebas y juegos científicos, Kapelusz, Buenos Aires.
- Barrero, A., 2003, "El I.D.A.E. viaja a través de las energías", Energías renovables, Nº. 15.
- Bourseiller, P., 2005, 365 gestos para salvar el Planeta, Lunwerg.
- Browne, M., 1987, El mundo de los nuevos fluidos, Diario "El País", 27-5-87.
- Calvani, P., 1988, Juegos científicos, Pirámide, Madrid.
- Creus Sole, A., 2004, Energías Renovables, S.L. Ediciones.
- Cusso-López-Villar, 2004, Física de los Procesos Biológicos, Ariel.
- De Benito, E., 2004, Las radiaciones de los teléfonos móviles rompen el ADN en los cultivos celulares, El País, 23-12-04.
- De la Rosa, R., 1998, Los aparatos eléctricos pueden altear nuestro código genético, La Verdad, 27-2-1998.
- Fernández de Bobadilla, V., 1999, Hollywood se burla de la ciencia, Muy In-

teresante, Nº. 216.

- Fernández Panadero, Javier. 2005, ¿Por Que la Nieve Es Blanca?, Páginas de Espuma.
- Fuster Casas, J., 1977, Mundo y Ciencia, Magisterio Español, Madrid.
- G. González, T., 1990, El poderoso influjo del color, Tráfico, sep.-1990.
- Gamow, G., 1980, Biografía de la física, Alianza Editorial, Madrid.
- García, J., 2000, Un juez reconoce que los campos electromagnéticos de un transformador pueden ser nocivos para la salud, La Verdad, 20-5-2000.
- Giraldo, J. y Gómez, T., 2005, 105 Ideas Claves Ecología, Océano.
- Glover, D., 1998, Biblioteca de los experimentos. Experimentos y hechos científicos, Everest.
- GRAF, R., 1985, Juegos y experimentos eléctricos, Labor, Barcelona.
- Gutiérrez Pérez, C. et al., 1987, La electricidad, una forma de energía, Centro de Profesores de Cartagena, Murcia.
- Gutiérrez Pérez, C. et al., 1988, El calor, una forma de energía en tránsito, Centro de Profesores de Cartagena, Murcia.
- Gutiérrez Pérez, C. et al., 1991, Constitución de la materia, Centro de Profesores de Cartagena, Murcia.
- Gutiérrez Pérez, C. et al., 1994, El mundo del sonido (Estudio de las ondas sonoras), Centro de Profesores de Cartagena, Murcia.
- Gutiérrez Pérez, C., 1984, Nociones de química, Editado por el autor. Murcia.
- Gutiérrez Pérez, C., 1987, Comprobación experimental de la presión atmosférica, La Escuela en Acción, Volumen VIII, pp. 26-28.
- Gutiérrez Pérez, C., 1989, Física I: Introducción a la mecánica de los sólidos, Editado por el autor. Murcia.
- Gutiérrez Pérez, C., 1997, Energías renovables y medio ambiente, Editado por el autor. Murcia.
- Gutiérrez Pérez, C., 2000, El ahorro energético. No plantearse el ahorro energético es detenerse en el pasado. Revista de Educación, Concejalía de Educación del Ayuntamiento de Cartagena. Nº. 21.
- Gutiérrez Pérez, C., 2006, Ahorro y eficiencia energética. Revista del Centro de Recursos de Educación Ambiental de Murcia (C.R.E.A.), Ayuntamiento de Murcia. Nº. 10, marzo 2006.
- Hann, J., 1981, Los amantes de la Ciencia, Blume, Barcelona.
- Harlow, R. y Morgan, S., 1998, Biblioteca de los experimentos. Experimentos y hechos científicos, Everest.
- Helmut Brandt, E., 1990, La levitación, Mundo Científico, Nº. 107.
- Hernández Neira, J. L. y Gisbert Briansó, M., 2003, Física, de 2º Bachillerato, Bruño, Madrid.
- Iturribarría, F., 2001, Los campos magnéticos de los electrodomésticos pueden ser cancerígenos, La Verdad, 3-7-2001.
- James Tovée, M., 1995, Los genes de la visión de los colores, Mundo Científico, Nº. 155.
- Klein, E., 2005, ¿Existe el Tiempo?, Akal.
- Laszlo, P., 2005, ¿Por Qué el Mar Es Azul?, Akal.

- Levy Leblond, J.M., 2003, La Física en Preguntas (Mecánica), Alianza Edit.
- Levy Leblond, J.M. y Butoli, A., 2003, La Física en Preguntas, (Electricidad y Magnetismo), Alianza editorial.
- Manfred Hever, H., 1981, Mozart salvó a 30 bebés, Mundo desconocido.
- Martínez Frías, J., 1997, Diminutos cristales de magnetita en el cerebro, El País, 22-1-97.
- Michel, F., 2005, La Ecología a tu alcance, Oniro.
- Ministerio de Obras Públicas y Urbanismo, 1982, El ruido, M.O.P.U., Madrid.
- Moch, A., 1988, Los efectos psicológicos del ruido, Mundo Científico Nº. 86, Diciembre 88.
- Morgan, N., 1990, Mal tiempo magnético en perspectiva, Mundo Científico, Nº. 107.
- Motavalli, Jim (compilación), 2005, El Cambio Climático, Paidós.
- Nelson, P., 2005, Física Biológica, Reverte.
- Ochoa, J. M. y Bolaños, F., 1990, Medida y control del ruido, Marcombo, Barcelona.
- Perelmán, Y., 1975, Problemas y experimentos recreativos, Mir, Moscú.
- Perelmán, Y., 1983, Física recreativa, Mir, Moscú.
- Prats, F. y Amo, Y., 1983, Trabajos prácticos de Física y Química, Akal, Madrid.
- Rabinowitz, J., 1991, Los efectos fisiológicos del ruido, Mundo Científico, Nº. 112, Abril 91.
- Reuben, G., 1982, Electrónica recreativa, Altea, Madrid.
- Reuter, 1996, No encuentran pruebas de que las líneas eléctricas sean perjudiciales, El País, 2-1-1996.
- Reyraud, C., 1999, El magnetismo, Mundo Científico, Nº. 198.
- Ríos, M. y Pimentel, G., 2005, Contaminación: la Tierra Agredida
- Rocard, Y., 1984, ¿Un sexto sentido? La percepción del campo magnético, Mundo Científico, Nº. 34.
- Roig, J., 1982, El sonido, un tema olvidado, Cuadernos de Pedagogía, Nº. 90.
- Rosenfeld, S., 1973, La magia de la electricidad, Kapelusz, Buenos Aires.
- Ruiz de Elvira, M., 2001, Emisiones bajo control, El País, 31-10-01.
- Sagan, C., 1984, ¿De dónde vienen los colores?, Muy Interesante, Nº. 41.
- Sagan, C., 1988, Cielos de otros mundos, Muy Interesante, Nº. 91.
- Santini, A., 1980, Mi laboratorio, Kapelusz, Buenos Aires.
- Sears, F. W. y Zemansky, M. W., 1975, Física, Aguilar, Madrid.
- Senent, F. y Aguilar, J., 1968, La Física tiene la respuesta, Saber, Valencia.
- Shapiro, G., 1981, Física sin matemáticas, Alhambra, Madrid.
- Tipler, P. A., 1985, Física, Editorial Reverté, Barcelona.
- Walker, J., 1979, La feria ambulante de la Física, Limusa, México.
- Wilkes, A., 1990, Mi primer libro de ciencia.

ÍNDICE TEMÁTICO

MOVIMIENTOS

GRAVEDAD Y UNIVERSO

ENERGÍA

FENÓMENOS EN LÍQUIDOS Y GASES

CALOR

SONIDO

ÓPTICA

ELECTRICIDAD

CURIOSIDADES Y ANÉCDOTAS	P.
Científicamente se ha comprobado que este desequilibrio eléctrico del ambiente, provoca en las personas infinidad de trastornos	258
El exceso de cargas positivas es responsable de muchos dolores de cabeza, irritabilidad, angustia y problemas respiratorios, etc.	258
Los iones negativos, que se encuentran fuera de las ciudades: campo, montaña, playa, etc., son muy beneficiosos para el organismo humano	258
La radiactividad natural también produce iones positivos	259
Las tormentas generan iones positivos, y la lluvia produce iones negativos	259
Cuando la Luna se encuentra en fase llena se produce un incremento de iones positivos	259
Los vientos que se proceden de las zonas secas y cálidas transportan iones positivos, provocando dolores de cabeza, irritabilidad, angustia, etc.	259
La abundancia de iones positivos aumenta la producción de serotonina, un neurotransmisor muy influyente en el sistema nervioso	259
Los iones negativos favorecen, la producción de reserpina, un neurotransmisor tranquilizante, con acción tranquilizante	259
Los americanos han creado unos aparatos llamados ionizadores, que producen iones negativos, artificialmente	259
Algunas empresas automovilísticas han incorporado a los vehículos el ionizador, para que el conductor esté más relajado	259
Los ionizadores colocados en los dormitorios se elimina el insomnio, favorecen la respiración y relajan	259
Los ionizadores en las oficinas, permiten una mayor concentración mental y dinamismo físico, a la vez que reducen la fatiga y el cansancio	259
Los ionizadores se usan en medicina para tratamiento de la bronquitis, asma bronquial y sinusitis, pues los iones negativos favorecen la circulación del oxígeno a través de la sangre, lo que aumenta la presión alveolar	259
En la Segunda Guerra Mundial los ionizadores se usaban en los submarinos alemanes, para aumentar el optimismo de sus soldados	259
La electricidad estática se usa en medicina para curar el sistema nervioso	260
El cuerpo humano tiene una electricidad estática natural positiva, generada con el roce de los vestidos, los cuales quedan cargados negativamente.	260
Las nubes de tormenta pueden cargarse fácilmente, originando una diferencia de potencial entre la nube y la tierra de 50 millones de voltios.	260
En la mayoría de las nubes de tormenta las partículas positivas se acumulan en la parte superior, mientras que las negativas, a distancias de varios kilómetros, se acumulan en la parte inferior	260
El trueno se debe a la rápida expansión de la columna de aire intensamente calentada por la descarga eléctrica (se alcanzan temperaturas del orden de 20.000 °C)	260
Si se mide el intervalo entre el destello y el trueno, se puede averiguar la distancia del relámpago	260
Se estima que cada año ocurren en el mundo unos 16 millones de tormen-	261

MAGNETISMO

Más información: **www.cayetanogutierrez.net**, **www.disfrutalaciencia.es**, en **youtube** (canal "disfruta la ciencia") **http://goo.gl/rT0dMH**, y en **Twitter** **@disfrutalacienc**.

NOTA: Para cualquier sugerencia, propuesta de mejora o posible error u omisión, en el presente libro, pueden dirigirse al autor, a través del siguiente correo electrónico: **fisiquotidiania@ono.com.**

Cartagena, enero 2007.

Made in United States
Orlando, FL
04 November 2026

90206071R00175